《排污权监管机制研究》作者

沈满洪　周树勋　谢慧明　魏　静　徐少君　周　楠　徐　铭

沈文婷　求宁宁　余冬筠　张兵兵　黄文若　陈　齐　沈玲佳

资助：浙江省高校人文社科重点研究“浙江理工大学应用经济学基地”

生态文明论丛
沈满洪 | 主编

排污权监管机制研究

沈满洪　周树勋　谢慧明　魏　静　徐少君 ⊙ 等著

THE STUDIES OF SUPERVISION MECHANISM FOR POLLUTION RIGHTS

中国环境出版社 · 北京

图书在版编目（CIP）数据

排污权监管机制研究 / 沈满洪等著. —北京：中国环境出版社，2014.3

（生态文明论丛）

ISBN 978-7-5111-1745-8

Ⅰ. ①排… Ⅱ. ①沈… Ⅲ. ①排污交易—监管机制—研究 Ⅳ. ①X196

中国版本图书馆 CIP 数据核字（2014）第 032639 号

出 版 人 王新程
责任编辑 陈金华 王海冰
责任校对 唐丽虹
封面设计 陈 莹

出版发行 中国环境出版社
（100062 北京市东城区广渠门内大街 16 号）
网 址：http：//www.cesp.com.cn
电子邮箱：bjgl@cesp.com.cn
联系电话：010-67112765（编辑管理部）
发行热线：010-67125803，010-67113405（传真）

印 刷 北京中科印刷有限公司
经 销 各地新华书店
版 次 2014 年 9 月第 1 版
印 次 2014 年 9 月第 1 次印刷
开 本 787×960 1/16
印 张 15.75
字 数 290 千字
定 价 50.00 元

前 言

1. 排污权制度有偿使用和交易制度改革的总体背景

随着我国经济社会的快速发展，生态环境却呈现出退化的趋势。如何呼吸一口新鲜的空气、如何喝上一口洁净的水、如何吃上一口放心的饭，实现“山青、水秀、天蓝、地净”的目标已经成为全体国民的共同诉求。在人民群众日益增长的生态环境质量需求与政府不尽理想的生态环境质量供给之间的矛盾日益加剧的背景下，特别需要大力开展环境保护制度创新。

党的十八大报告系统阐述了“大力推进生态文明建设”，明确指出“积极开展节能量、碳排放权、排污权、水权交易试点”。党的十八届三中全会通过的《中共中央关于全面深化改革若干重大问题的决定》系统阐述了“加快生态文明制度建设”，并强调“推行节能量、碳排放权、排污权、水权交易制度”。从一年前的“试点”到一年后的“推行”，充分说明了中央对于实施排污权制度的坚定决心。

中国的环境形势尚处于倒U形环境库兹涅茨曲线的上升阶段，环境质量好转的拐点尚未出现，环境保护的力度必须加大。在这一背景下，实施最严格的环境保护制度、实施“重典治污”战略是必然选择，因此，总量控制、产业准入、环境标准、污染治罪等强制性手段必须放在突出的位置。同时，又要以尽可能小的成本实现环境保护的目标和环境经济的兼顾，在市场机制逐渐完善的情况下大胆使用环境税收制度、生态补偿制度、排污权交易制度等环境经济手段。经济发展阶段和环境污染形势决定着“以总量控制为前提的排污权交易制度”是中国环境保护的大势所趋。

从2002年嘉兴市秀洲区最早实施排污权有偿使用和交易制度以来，浙江省的排污权有偿使用和交易的试点已经经历了十多年的时间。试点的结果表明，排污权有偿使用和交易制度的实施既需要让市场机制在排污权配置中发挥决定性作用，又需要加强政府的监管和各个经济主体之间的相互监督。因此，浙江省排污权交易中心推出了公开招标项目“浙江省排污权有偿使用和交易监管机制研究”，以我为首席专家的课题组一举中标。

本书就是该项目的最终成果基础上修改而成的，并定名为《排污权监管机制研究》。排污权制度改革集中体现在以下4个方面：①环境保护从“浓度控制”转向“总量控制”；②环境产权从“开放产权”转向“封闭产权”；③环境容量从“无偿使用”转向“有偿使用”；④环境产权从“不可交易”转向“可以交易”。排污权有偿使用与交易制度是排污权制度改革的核心，主要是指在区域污染物排放总量控制的前提下，面向合法排污单位进行排污指标初始分配，允许具有不同边际治污成本的排污单位进行排污权交易，以此实现污染减排与环境治理目标的制度安排。因此，将课题报告的名称简化为“排污权监管机制研究”是合适的。

本书除了前言、后记等外，全书由12章构成。12章的内容分别是：排污权制度改革的回顾与总结、排污权市场监管机制建设的必要性、排污权市场经济主体分析及监管框架构建、排污权市场排污总量监管机制建设、排污权市场环境监测监管机制建设、排污权市场环境统计监管机制建设、排污权市场网上交易监管机制建设、排污权市场排污许可监管机制建设、排污权市场环境财政监管机制建设、排污权市场环境金融监管机制建设、排污权市场环境执法监管机制建设、排污权市场监管机制的保障措施。12章内容大致上分为三大部分：第1章至第3章为本书研究背景和监管机制框架；第4章至第11章为具体的八大监管机制，其中第4章至第7章为技术性监管机制，第8章至第11章为制度性监管机制；第12章为监管机制付诸实施的保障措施。

2. 排污权监管机制建设是排污权制度从建立到完善的必然要求

浙江省排污权制度改革的10年探索经历了自主探索阶段、深化实践阶段和推广应用阶段。10年间，浙江省排污权制度改革始终以总量控制为前提、以监测技术为基础、以市场定价为导向、以体制创新为推力、以政策先行为保障，取得了明显的环境效益、经济效益和社会效益：通过排污权有偿使用和交易制度提高了环境容量效益并实现了全省经济增长情况下的污染减排的总量控制目标，通过排污权有偿使用和交易制度助推了“招商选资”机制的建立并促进了全省经济结构的转型升级，通过排污权制度改革的“浙江做法”、“浙江模式”、“浙江经验”的总结宣传使得作为“市场大省”的浙江的改革声誉进一步得到彰显。

然而，浙江省排污权制度实施过程中的问题和弊端不断显现，市场机制、政府机制和社会机制均面临失灵的威胁。市场机制失灵主要表现为排污权市场有价无市、排污权主体信息不充分、排污权价格信息不充分等方面；政府机制失灵主要表现为排污权政府定价、市场主体监管缺失、交易利得监管缺失等方面；社会机制失灵主要表现在社会组织和个人参与机制的缺失以及社会监督缺乏相应的信息披露等方面。虽然排污权制度实施中存在诸多失灵，但是排污权制度改革只有“进路”没有“退路”。在推进和完善排污权制度的过程中，必须不失时机地推进排污权监管机制的建设。

任何制度或机制的建设都需要一定的基础和条件。浙江省排污权监管机制建设具有下列优势：经济基础十分雄厚——2012 年人均 GDP 已经达到 10 000 美元左右；制度条件相对完善——地方性法规规章初步建立；实施机制较为健全——形成各个主体共同参与和相互监督的机制；参与主体比较完备——政府、企业和中介的全面参与和明确分工；技术条件十分优越——在线监控和刷卡排污体系基本建立。因此，浙江省基本具备对排污权进行监管的基础和条件。

3. 排污权监管机制建设是矫正“三个失灵”的体系构建

针对排污权市场可能面临的市场机制失灵、政府机制失灵和社会机制失灵，排污权市场必须进行机制创新，监管机制建设就是机制创新的重点。体制内出现的问题既需要从体制内寻找根源，又需要从体制间和体制外寻找根源。因此，排污权监管机制的建设是市场机制创新、政府机制创新和社会机制创新的组合创新。

就市场机制创新而言，必须明确企业的“逐利性”，并要求这种“逐利性”是建立在环境约束的基础之上；就政府机制创新而言，必须明确政府是排污权市场发展的推动者——将环境容量资源配置权交给市场和管理者——保障排污权市场秩序；就社会机制创新而言，需要培育排污权市场的中介组织，努力构建“管”（政府部门的排污权管理）、“易”（中介机构的排污权交易）分离的排污权交易机构。

基于排污权市场中各个经济主体错综复杂的关系及其资金流量分析，说明“三个失灵”的根源在于利益关系。为了防止“公权私用”和“私权滥用”，排污权监管机制建设要从技术性监管机制建设和制度性监管机制建设两个方面着手。技术性监管机制包括排污总量监管、环境统计监管、环境监测监管和网上交易监管，制度性监管机制包括排污许可监管、环境执法监管、环境财政监管和环境金融监管。技术性监管是排污权制度改革的前提，制度性监管是排污权制度改革的关键。

4. 排污权监管机制建设的重心之一：技术性监管机制建设

（1）排污总量监管机制建设。排污总量监管机制建设涉及 3 个方面：总量核定监管、总量调整监管和总量分配监管。总量核定的基本方法是容量总量核算法和目标总量核算法，目前可行的方法是后者。目标总量核算是基于现状和目标之间的差距而展开的，因此，要建立在线监测、监督性监测和年度审查相结合的污染排放监管机制；要建立区域水环境、大气环境、土壤环境等主要的环境质量监管机制；要建立基于环境质量满意度评价的群众评价监管机制。排放总量与环境质量之间的关系大致需要经历4个阶段，第一阶段：排放总量递增，环境污染加剧；第二个阶段：排放总量递减，环境污染仍在加剧；第三阶段：排放总量再减，环境质量改善；第四阶段：排放总量稳定，环境质量满意且稳定。可见，浙江省的总量调整实际上是总量核减。总量核减的监管，要把污染减排真正作为具有强制力的约束性指标，要把污染减排力度大小与环境质量监测结果关联起来，要以环境监测、排放监测和环境统计作为监管依据。总量分配涉及更高一级的区域政府向更低一级的区域政府的分配和区域政府向企业的分配两个层次。总量分配的监管重点是政府，要通过信息公开、公众参与等手段保障政府在总量分配中的公平公正。

（2）环境监测监管机制建设。环境监测是排污权总量核定和核减的基础，也是排污权使用合法与否的“眼睛”。浙江省排污权市场中的环境监测渐成体系，但也存在监测体制条块衔接不足、监测制度不够健全、环境监测能力有待提高、缺乏第三方监督与管理等缺陷。因此，浙江省排污权市场环境监测监管机制建设的着力点是：实施条块结合的环境监测行政管理体制，明确环境监测垂直领导、注重块与块的监测制衡、加强条块监测的衔接；推行统一的环境监测制度规范，统一监测技术规范、统一监测分析方法、统一监测质量管理、统一环境监测法规制度；构建一体化的污染监控网络体系，涵盖环境监测的终端设备管理、监测信息的管理维护到末端信息发布。

（3）环境统计监管机制建设。环境统计是排污权有偿使用和交易制度实施的基础，它关系到总量核定是否科学、总量核减是否有效、交易数据是否准确、减排数据是否真实、监管机制是否有力。我国地区环境统计的监管十分薄弱，统计主体不协调、统计口径不一致等问题非常突出。就环境统计主体不协调问题而言，我国统计部门统计和环境部门统计两条统计路线一直不能融合；美国等环境统计的成功经验为明确我国环境统计主体和确保统计数据质量提供了重要的借鉴意义。要构建以SEEA（环境与经济核算体系）为基础的环境统计指标框架，以确保统计口径的一致性。健全环境统计监管的法律法规、加强对基层统计人员的管理与培训工作和设计合理的奖励与惩罚机制是确保环境统计数据质量的重要保障措施，从而为排污权市场顺利运行奠定良好的基础。

（4）网上交易监管机制建设。网上交易是排污权交易的中心环节，网上交易监管是监管机制的核心。国内外的经验表明，排污权网上交易监管应该建立起横向部门监管、纵向系统监管、时序全程监管的立体式监管体系。以浙江省排污权网上交易及监管的现状来看，浙江省排污权网上交易体系的可能模式是：各自独立的网上交易系统、全省统一的网上交易系统、有分有合的网上交易系统。浙江省排污权网上交易监管机制建设的重点是：各具特色的网上交易监管体系、统一规范的网上交易监管体系、监管机制相互配合的网上交易监管体系。与此同时，加强网上交易监管实施的举措主要包括：明确排污权网上交易监管平台、健全排污权网上交易监管法规、鼓励排污权网上交易监管队伍建设、加强与排污权网上交易监管有关各方的相互配合。

5．排污权监管机制建设的重心之二：制度性监管机制建设

（1）排污许可监管机制建设。完善的排污许可证制度是排污权交易实现的前提和保障，亦是对排污权交易进行监管的依据。要充分发挥排污许可证的监管作用：①完善相关的排污许可证法律规范，明确总量控制制度和排污权交易制度的法律地位。②构建一个包括政府、公众和排污者在内的全方位监督机制，以确保排污许可证的有效实施。建立有效的政府监督机制，需要建立长期的监督检查机制；构建多部门联动机制；加强排污许可证管理手段的革新。建立有效的公众监督机制，需要完善信息公开制度和公众参与制度，明确环保部门及排污许可证持证者信息公开的义务及相应的责任。建立有效的排污者自我实施机制，需要明确规定排污者自我监测、自我报告和记录维持的义务，并采取有效措施刺激排污者自我监测、自我披露和纠正违反许可证的行为。③增加排污者的违法成本。通过增加违法责任形式、加大处罚力度来强化排污者的法律责任。

（2）环境财政监管机制建设。排污权市场中的财政监管主要包括对排污权财政性收入的监管和排污权制度实施的财政支出的监管。浙江省排污权市场的实践中，财政监管发挥了重要的作用，但是也存在着诸如“财政收支错配、事权财权错配”等问题。破解该问题的关键是：理清排污权交易中心的性质定位；加强对排污权初始定价机制、财政收入来源、财政收入分配、财政支出项目的监管，建立“收与支对等”的监管体系；遵循“一级政府、一级事权、一级财权、一级权益”的原则，通过一系列保障机制，构建并监督承担主体责权一致、激励相容的运行机制，从而确保财权和事权的对等与统一。

（3）环境金融监管机制建设。浙江省排污权交易实践过程中出现的排污权抵押贷款、排污权二级市场的公开拍卖和排污权租赁等金融创新产品，在为拓展排污企业的融资渠道、促进污染减排等方面发挥了积极作用，但也存在着诸如排污权抵押贷款风险控制难、排污权租赁“市场失灵”、排污权公开拍卖存在着不正当竞争等问题。因此，在排污权

市场的金融监管中，一方面，急切需要加强法律法规的建设，尤其是要重视对“排污权”这一特殊标的引发的相关问题的规定与对应的处理方式；另一方面，要明确责任主体，强化信息披露，健全市场建设，进行全面的风险管控，如构建排污权抵押贷款的贷前、贷中、贷后的完整监督体系，通过租赁前、中、后的全程监督严防多重排污和交叠排污，对排污权拍卖过程进行全程式监管等。通过对排污权市场进行严格金融监管，从而促进排污权交易的可持续金融支持发展模式。

（4）环境执法监管机制建设。排污权交易的环境执法监管是一个多方参与的过程，环境执法的效果既取决于执法主体执法能力的提高，也需仰赖执法对象的积极配合，同时还需要社会公众的积极监督。鉴于此，应在完善排污权交易相关法律规范的基础上，围绕排污权交易环境行政执法主体、执法对象以及社会公众三方面来完善排污权交易环境执法监管机制。①通过强化污染源执法性监测能力、完善环境行政执法责任制和完善部门联动执法机制来强化排污权交易环境行政执法主体的能力；②综合多种强制执法措施对排污权交易主体实行全方位、多角度的全程监管，并完善环境行政指导、环境行政合同和环境行政奖励等非强制性执法措施促使执法对象积极配合执法；③提升公众的环保观念，完善公众参与监督制度，通过完善环境诉讼制度等保障公众参与的权利和能力来建立有效的公众监督机制。

6.“人人监管、监管人人”是排污权监管机制建设的根本保障

政府、企业、中介机构是排污权市场的三大参与主体，也是构建排污权监管机制的三大监管或监督主体。政府是排污权交易市场的主要监管者，企业和中介是排污权市场的重要监督者。同时，政府、企业和中介机构本身也需要被监管和监督。三大主体之间相互监管或监督，形成了如下几对重要关系：政府监管企业，企业监督政府；企业监督中介机构，中介机构监督企业；政府监管中介机构，中介机构监督政府。这样就形成了“人人监管、监管人人”的格局。“人人监管”就是政府、企业和中介机构都是监管者或监督者；“监管人人”就是政府、企业和中介机构都是被监管者或监督者。排污权监管或监督的成果必须要“充分利用”。就排污权市场的监管或监督发现的问题，该法律惩处的就法律惩处，该纪律处分的就纪律处分，该道德教育的就道德教育。总之，可以通过进一步强化排污权交易的民事责任、行政责任、刑事责任来推动排污权监管机制建设真正发挥时效。

浙江省在市场化改革中一直走在全国前列，在环境保护的市场化手段运用方面同样走在全国前列。市场经济体制需要继续完善，排污权制度也需要继续完善。加

强排污权监管机制建设是完善排污权制度的重要内容。一方面要有紧迫感，加快推进浙江省排污权制度改革及其排污权监管机制建设；另一方面要有充分的思想准备，排污权制度改革及其监管机制建设是一个长期的过程，是一个边建设边完善、边完善边强化的过程。

排污权制度已经在某些国家得到成功运用并取得效果，但是，在中国常常显得“水土不服”。这既与市场机制尚在完善之中、还有市场失灵有关，又与环境保护决策者不敢全面推行、还有政府失灵有关。在这种背景下更加需要环境经济学者、环境法学者等环境制度学者的不懈努力。

沈满洪

2014 年 3 月

目 录

第 1 章　排污权制度改革的回顾与总结

自 2002 年嘉兴市秀洲区开始尝试排污权有偿使用以来，已经 10 年有余。10 年来，浙江省排污权制度改革从秀洲区推广到嘉兴市，从嘉兴市推广到全省各地市，从浙江省推广到环太湖流域乃至全国，犹如燎原之势。回顾浙江省排污权制度改革的 10 年探索过程既是制度创新阶段性总结的需要，也是进一步完善和发展排污权制度的需要，更是在新时期构建排污权有偿使用和交易监管机制的需要。

1.1　排污权制度改革的阶段划分

1.1.1　自主探索阶段（2002—2006 年）：区级层面尝试

进入“十五”以来，作为经济先发地区的嘉兴市秀洲区，一方面面临经济发展的新一轮跨越，另一方面又遭遇环境容量资源的严重不足：水环境容量已近饱和；水环境质量尚未达标；水污染结构发生变化（沈满洪，2006）。粗放式的经济发展模式必然导致秀洲区需要更多的环境容量资源，而特殊严格的环境保护政策却又要求秀洲区减少污染物的排放，环境经济矛盾凸显。

秀洲区环保局领导于 2001 年从环境统计结果中找到了突破口，打算采取“环境容量置换法”，即通过工业排污指标的有偿使用为生活污水的处理筹集资金，而通过生活污水处理所削减的污染量，部分削减指标可用于工业经济的发展（郭荣根等，2002）。经过两年的准备，秀洲区政府于 2002 年 4 月出台了《秀洲区水污染排放总量控制和排污权有偿使用管理试行办法》。该办法规定，以企业环境影响评价批复中规定的污染物排放量为基准并参照 2000 年太湖流域治理达标时企业拥有的污水处理设施的处理能力来分配初始排污权，并以固定价格出售（旧企业价格优惠），有效期为 50 年。同年 10 月，来自秀洲区洪合、王店等镇的泰石漂染厂等 11 家企业在“全区首批废水排污权有偿使用启动仪式”上办理了排污权有偿使用手续，合同成交金额 143 万余元，实际到位资金近百万元。嘉兴市秀洲区开创了中国排污权有偿使用的先河。

经过 4 年的探索，秀洲区在 2005 年共有 54 家污水排放企业购买了排污权，交易金额达 720 多万元（杜德荣，2006）。这意味着，秀洲区自实施排污权有偿使用制度以来，不仅创建了“秀洲模式”，而且实现了“多赢”目标。它通过环境经济制度创新，实现了预定的环境保护目标，全区工业废水的排放量低于嘉兴市下达的排放指标；通过设置“经济壁垒”促进了产业结构调整，产品高附加值的优质资产增多；通过有偿使用制度，拓宽了环境保护融资渠道（沈满洪、谢慧明，2010）。

秀洲区 5 年的尝试实质上是通过“环境容量置换法”为农业面源污染治理募集资金，并以较低的减排成本实现减排的目标。暂且不论这一举措是否具有可持续性，但是治污融资制度恰恰创造了秀洲区排污权的短期供给。与此同时，在排污权供给问题上，地方政府认为盘活现有的存量也很重要。不过，不管是从减排成本低的行业低成本获取排污权，还是盘活现有闲置的排污权，地方政府都面临着一个强大的内在激励——融资激励。行业减排成本越低，政府从置换中融到的资金越多，收益也越大；闲置的排污权越多，政府回购的排污权也越多，出售排污权的收益也越大（沈满洪、谢慧明，2010）。因此，政府具有极强的制度创新动力，这为排污权有偿使用制度在地市层面乃至更广阔地区的推广创造了条件。

1.1.2 深化实践阶段（2007—2009 年）：市级层面探索

“十一五”时期，国家开始实施主要污染物总量控制并下达减排任务。浙江省政府要求嘉兴市以 2005 年环境统计为基准，在“十一五”期间每年完成化学需氧量（COD）和二氧化硫（SO_2）分别削减 3.5%和 3.6%的任务。为完成约束性减排任务，缓解经济发展中的环境压力，嘉兴市在秀洲区自主探索排污权有偿使用制度的基础上，开始在市级层面推广应用排污权有偿使用和交易制度。2007 年 9 月，嘉兴市人民政府正式颁布实施《嘉兴市主要污染物排污权交易办法（试行）》；2007 年 11 月，嘉兴市排污权储备交易中心正式挂牌运行；规定了 COD 和 SO_2 的排污权有偿使用制度，排污权有偿使用通过排污权储备交易中心实施，从而将“秀洲模式”扩展至“嘉兴模式”。“嘉兴模式”在排污权有偿使用与初始分配的基础上，规范了排污权交易流程，并探索了排污权交易制度的创新措施，如开展排污权抵押贷款、试水排污权公开拍卖、实现排污权强制回收等（钱水苗等，2010；杨华国，2010）。2007 年 11 月到 2009 年 11 月，已有 890 家企业参与排污权有偿使用和交易，总交易额达 1.49 亿元。

排污权有偿使用和交易制度在嘉兴市率先推广后，浙江省内其他地市也相继开展试点，树立了多个排污权有偿使用和交易制度的实践典型。2007 年，绍兴市启动排污权有偿使用和交易制度试点。绍兴市试点的特色是在处理新老污染源关系时，采取老污染源排污入网费自动转换为排污权有偿使用金的管理方式，顺利解决了老污染源的问题，并在排污权抵押贷款制度方面先试先行。2008 年，湖州市启动排污权有偿使用和交易制度试点。湖州市试点的特色是根据太湖流域污染防治的实际，增加了氨氮、总磷两项排污权交易指标；2009 年，台州市启动排污权交易制度试点。台州市试点的特色是在跨产业排污权交易方面进行了尝试，将农村环境综合整治过程中形成的污染物减排量通过交易作为企业发展之用。与地级市层面排污权有偿使用和交易制度的试点相比，县级市的试点成效也十分显著，形成了一定的地区特色，如桐乡市积极推进刷卡排污制度，平湖市开展排污权租赁工作，南湖区确立排污权回购制度和排污权拍卖机制，兰溪市全面开展排污许可证发放工作，建立“一企一档案”制度，等等。

与积极推进排污权有偿使用和交易制度的地市相比，浙江省有一些地市推进排污权有偿使用和交易制度的力度并不大，甚至持反对意见。2008 年，宁波市在获悉嘉兴市、绍兴市等地开展排污权有偿使用和交易制度时仍对这一制度持保留意见，只是在镇海区的少数几家企业中开展相关试点。为了保证经济基本面的良好发展势头，低环境门槛下的招商引资使得宁波市经济发展与环境污染矛盾日益加剧，而严峻的环境污染状况严重地影响了地区经济的进一步发展与社会生活的和谐稳定。而嘉兴市由于实行了排污权有偿使用和交易制度，整个地区的环境形势有所好转，高环境门槛下的招商引资使得嘉兴市吸引到一批高产出、低污染的高新技术产业和低能耗产业。这一鲜明的对比揭示出排污权有偿使用和交易制度的推广和深入具有内在的原动力。截至 2009 年 3 月，浙江省 11 个设区市中，已有 9 个开展了排污权交易试点工作，全省 90 个县（市、区）中，有 17 个开展了这项工作，走在了全国前列。

在这一阶段，浙江省排污权有偿使用和交易制度试点如雨后春笋般在各地区启动。相对于秀洲区而言，嘉兴市、湖州市、绍兴市等地在地级市层面上推进排污权有偿使用和交易制度之所以能够顺利推广的根源在于市场机制的魅力——即通过排污权市场参与主体充分发挥价格机制的作用，互通有无并以较低成本实现总量控制的目标。与第一阶段相比，这一阶段政府推进制度创新的动力不再局限于排污权有偿使用费的融资激励，更在于如何运用市场机制来实现地区总量控制的目标。由于这一制度安排一方面会使地区传统产业面临巨大治污成本，另一方面会在招商引资过程中提高企业落户门槛，因此这一制度创新曾经一度饱受质疑并在各种阻力中艰难前行。不过，阻力只是暂时的，排污权有偿使用和交易制度具有制度移植和推广的内原动力，从而使它能够一路前行，并且促进了地区经济社会可持续发展。

1.1.3 推广应用阶段（2010—2012 年）：省级层面推行

自 2002 年秀洲区开创了排污权有偿使用制度的“秀洲模式”以来，政府从有偿使用中获得了更多可以支配的有偿使用资金，先发企业从有偿使用和交易模式中获得了排污权的升值收益，后发企业从有偿使用和交易模式中可以更方便快捷地获得排污权，而整个社会通过有偿使用和交易制度实现了在总量控制政策下的减排目标。因此，排污权有偿使用和交易制度在浙江省各地区乃至在全省范围内不断被推广和移植。

2009 年 3 月，浙江省按照环境保护部、财政部批准的《浙江省主要污染物排污权有偿使用和交易试点工作方案》，正式启动全省排污权有偿使用和交易试点工作。2009 年 3 月 2 日，浙江省排污权交易中心正式挂牌。同年，省政府制定出台了《关于开展排污权有偿使用和交易试点工作的指导意见》，为制定全省排污权有偿使用和交易制度及政策确定了方向。2010 年，浙江省政府相继出台了《浙江省排污许可证管理暂行办法》和《浙江省排污权有偿使用和交易试点工作暂行办法》，规定浙江全省都将参与 SO_2 排污权有偿使用和交易试点；除宁波、舟山和丽水外，太湖流域、钱塘江流域和温州、绍兴、台州都将参与 COD 有偿使用和交易试点。至此，浙江省开始全面推行排污权有偿使用和交易制度。

浙江省环保厅总量处 2011 年 8 月 25 日发布统计数据称，浙江省排污权有偿使用和交易金额累计突破 11 亿元。徐朝晖（2012）报道，截至 2012 年 6 月底，已有 11 个地市 45 个县（市、区）开展排污权有偿使用和交易试点。全省累计开展排污权有偿使用 6 316 笔，共 10.55 亿元；排污权交易 1 868 笔，共 3.54 亿元。同时，有 186 家排污单位通过排污权抵押，获得银行贷款 10.52 亿元。另据浙江省排污交易中心消息，2012 年 6 月 29 日，浙江省成功举办 2012 年第一期政府储备 SO_2 排污权指标电子竞价会，标志着全省统一排污权交易平台初步建成投运。自此，“自下而上”的排污权制度的“浙江模式”初步形成（周树勋等，2012），如图 1-1 所示。

浙江省在省级层面上推行排污权有偿使用和交易制度是对排污权有偿使用和交易制度的一次综合。不论是在实施细则上，还是在操作规范上，或是在排污权定价原则上，浙江省级层面的法律法规和细则规范均对相关内容作出了明确规定和相应综合。在这一综合过程中，政府机制推动的特征显著。国家环保部和财政部的支持、浙江省政府的重视以及浙江省环保厅在相关实施细则和法律法规上的积极筹备是浙江省能够在全省范围内推广排污权有偿使用和交易制度的最直接决定因素。同时，深入探索阶段上市场机制的功能已初步显现，在推广应用阶段上其功能更得到了充分发挥，表现为各地级市纷纷积极响应并努力贯彻执行浙江省排污权有偿使用和交易制度的相关规定。

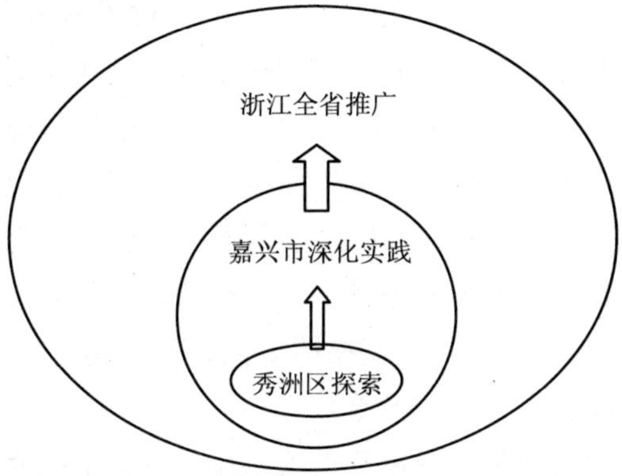

图 1-1　浙江省排污权制度改革的“自下而上”模式

1.2　排污权制度改革的主要做法

浙江省排污权制度改革经历了自主探索、深入实践和推广应用 3 个阶段。在这 3 个阶段中，排污权有偿使用和交易制度的发展特色鲜明、成效显著。

1.2.1　以总量控制为前提

排污权有偿使用和交易制度是在总量控制前提下推进污染减排的一项环境制度创新。其中，总量控制是相对于浓度控制而言的，是以环境质量目标为基本依据，对区域内各污染物的排放总量实施控制的管理制度。排污权制度以总量控制为前提，旨在通过排污权有偿使用与交易实现区域污染减排，最终达到降低区域污染排放总量，改善区域环境状况的目的。

区域排污总量的确定有两种依据，即容量总量和目标总量。前者依据环境质量达标为基础测算，后者根据区域环境质量、污染排放现状以及污染物总量控制目标来确定污染物排放总量。沈满洪等（2009）指出，按照排污权交易原理，初始排污权的分配应该按照地区环境容量来确定。而目前环境容量的确定缺乏专家一致认可的计算方法，再加上我国目前的总体状况是污染排放超过了环境容量。因此，排污权交易推行的过程必然是污染减排的过程。“目标总量控制”避免了环境容量测定的不确定性，可视为当“容量总量控制”条件不成熟时过渡阶段的一个替代性指标（于卿婵，2009）。

浙江省探索实行排污权有偿使用并非允许企业“付了钱就可以随便排污”，而是要求在总量控制的大前提下开展排污权有偿使用与交易，企业能否取得排污权以及能购买多少排污量都需经过评估（顾春，2007）。浙江省环保厅明确规定，新建、扩建、技改项目新增主要污染物排放量，必须在总量平衡条件下寻找替代削减指标，就是在污染物排放总量控制条件下，新增的主要污染物排放量必须从已经占有环境资源的老企业在完成规定的减排任务后，多削减下来的减排指标中解决，并规定新建、扩建、技改项目根据不同的行业以 1∶1.5 和 1∶1.2 的削减指标审批项目（蔡翡燕等，2010），总量控制计划的实施有力地支撑了排污权交易的开展。

在浙江省排污权有偿使用和交易制度的实践中，以总量控制为前提具体是指在排污权初始分配的过程中需要根据地区可以排放的污染物总量进行分配。“新老划断、区别对待”是《浙江省人民政府关于开展排污权有偿使用和交易试点工作的指导意见》（浙政发[2009]47 号）中明确规定的一条排污权有偿使用和交易制度的基本原则。它是指本着尊重历史、推进改革的精神，对现有排污单位和新建、改建、扩建项目，在排污权有偿使用和交易上实行差别化的政策。积极推进现有排污单位的排污权有偿使用，新建、改建、扩建项目一般应通过排污权交易取得排污权。

假定历史上 t 期企业 i 的污染物排放量记为 $E_{i,t}$，那么整个地区污染物排放量记为 E_t，而且 $E_t = \sum_i E_{i,t}$。此时，每个企业在当地排放的污染物占地区污染物排放量的比重为 $r_{i,t} = E_{i,t} / E_t$。当在 $t+1$ 期实行总量控制政策后，整个地区污染物排放总量为 E_{t+1}。当减排目标设定为 $a\%$时，那么此时这个地区可以排放的污染物总量即为 $(1-a\%)E_t$。如果区域内原有企业都参与了排污权初始分配，并且没有新增企业，那么本着尊重历史的原则，在总量控制政策下原有企业所能分配到的排污权数量为：

$$E_{i,t+1} = r_{i,t} \cdot E_{t+1} = r_{i,t} \cdot \left(1-a\%\right) E_t$$

当然，区域内必然有老企业退出，也有新企业进入，此时在总量控制政策不变的情形下，政府就可以回收部分排污权并将之通过有偿使用的方式出售给新增排污单位。根据《浙江省排污许可证管理暂行办法实施细则（试行）》（浙环发[2010]65 号）的规定，浙江省鼓励排污单位采取先进的经济、技术和管理手段，持续削减主要污染物排放总量。排污单位削减的主要污染物排放总量指标，除满足县级以上人民政府下达的减排要求以外，经县级以上环境保护行政主管部门核定后可以储存，供其自身发展使用。在实施排污权有偿使用和交易试点的地区，削减的总量指标需满足交易试点的相关规定。

1.2.2　以政策先行为保障

排污权有偿使用和交易制度的推行与实施需要一个较为完善的政策体系作指引，制度运行必须拥有配套的总体实施办法、总量核算与分配技术方案、资金收支管理办法、交易规程规范等。

自 2002 年 4 月秀洲区出台《秀洲区水污染排放总量控制和排污权有偿使用管理试行办法》以来，各地区试点所出台的相关政策法规不计其数，如表 1-1 所示。根据 3 个阶段的划分，标志性的政策法规如《嘉兴市主要污染物排放权交易办法（试行）》、《浙江省排污权有偿使用和交易试点工作暂行办法》等。从表 1-1 可以看出，排污权有偿使用和交易制度实施环节众多、步骤繁杂，在地方试点的过程中需要地方政府对每一个环节和每一个细节作出具体说明和详细规定。排污权有偿使用和交易制度就是在这一系列政策法规的指引下逐步实践并推广的。

自 2009 年从省级层面推广应用排污权制度以来，浙江省始终坚持政策法规先行，根据《浙江省主要污染物排污权有偿使用和交易试点工作方案》，按照建设四大不同支撑体系的要求，在排污权交易试点工作中坚持政策法规先行（周树勋等，2012）。截至 2011 年，省级层面共制定政策文件 11 个，排污权有偿使用和交易政策法规体系的框架已基本建立。这些都为浙江省排污权有偿使用和交易试点工作顺利开展提供了政策保障。表 1-2 为省级层面推行排污权制度的部分代表性政策法规。

尽管浙江省排污权有偿使用和交易制度的政策法规有待完善，如排污权的产权界定不够明晰，现有法律对企业进行排污权交易缺乏强制力等（徐学勤，2010），国家层面的《排污许可证管理办法》也尚未出台。然而，在诸多阻力和各种压力的情况下，浙江省开始推动地方立法，并形成了一套相对完善的排污权有偿使用和交易制度政策体系。十余年的实践表明相关的政策规定在推动排污权有偿使用和交易制度的过程中是有效的，它们共同构成了排污权有偿使用和交易制度的政策保障。

表 1-1 浙江省各地市排污权有偿使用和交易制度相关政策法规一览表

地区	政策法规	年份
杭州	杭州市主要污染物排放权交易管理办法	2006
	杭州市主要污染物排放总量控制配额分配方案	2007
	杭州市主要污染物排放权交易实施细则（试行）	2008
	杭州市污染物排放许可管理条例	2008
	杭州产权交易所主要污染物排放权交易规则（试行）	2009
宁波	宁波市镇海区污染物排放总量有偿使用管理办法（试行）	2008
	宁波市镇海区排污许可证管理实施办法（试行）	2008
	宁波市镇海区污染物排放总量有偿使用管理工作相关具体规定及办法的通知	2008
	宁波市镇海区污染物排放总量核定办法（试行）	2009
	宁波市镇海区污染物排放总量有偿使用费专项资金征收使用管理（暂行）规定	2009
温州	温州市排污许可证发放管理办法（试行）	2009
	温州市排污权有偿使用和交易试行办法	2011
	温州市排污权有偿使用和交易规则（试行）	2011
湖州	湖州市主要污染物排污权有偿使用和交易管理暂行办法	2008
	湖州市主要污染物排污权有偿使用和交易实施细则（试行）	2009
嘉兴	嘉兴市主要污染物排污权交易办法（试行）	2007
	嘉兴市主要污染物排污权交易办法实施细则（试行）	2007
	关于进一步规范排污权交易工作的通知	2008
	嘉兴市商业银行排污权抵押贷款管理办法（试行）	2008
	关于开展主要污染物排污权分配量核定工作的通知	2009
	关于进一步明确排污量核定过程中有关问题的通知	2009
	嘉兴市主要污染物初始排污权有偿使用办法（试行）	2010
	嘉兴市主要污染物初始排污权有偿使用实施细则（试行）	2010
	嘉兴市市级排污权有偿使用资金管理暂行办法	2010
绍兴	绍兴市区排污权有偿使用和交易实施办法（试行）	2008
	绍兴市区排污权有偿使用金管理办法（试行）	2008
	绍兴市区排污权交易实施细则（试行）	2009
	绍兴市排污权抵押贷款管理办法	2009
台州	台州市主要污染物排污权交易办法（试行）	2009
	台州市工业企业排污总量核定意见（试行）	2009
	台州市可交易排污权认定工作程序（试行）	2009
	可交易排污权监测技术规定（试行）	2009
	台州市排污权交易规则	2010
	关于台州市排污权交易若干问题的意见	2010
舟山	舟山市主要污染物排污权交易管理办法（试行）	2009

资料来源：浙江省环境保护厅，《浙江省排污权交易相关政策汇编》，2011 年 9 月。

表 1-2　浙江省省级层面推行排污权制度的部分代表性文件

启动时间	政策法规	分类依据
2009 年	《关于开展排污权有偿使用和交易试点工作的指导意见》	试点基础
2010 年	《浙江省排污权有偿使用和交易试点工作暂行办法》	
2011 年	《浙江省排污权有偿使用和交易试点工作暂行办法实施细则》	
2010 年	《浙江省排污许可证管理暂行办法》	保障条件
2010 年	《浙江省排污许可证管理暂行办法实施细则》	
2010 年	《浙江省排污权有偿使用收入和排污权储备资金管理暂行办法》	收益管理
2010 年	《浙江省排污权抵押贷款暂行规定》	
2011 年	《浙江省初始排污权有偿使用费征收标准管理办法（试行）》	
2011 年	《浙江省环境保护厅排污权交易报批程序规定（试行）》	内部程序
2011 年	《浙江省排污权交易中心排污权有偿使用和交易程序规定（试行）》	
2011 年	《浙江省环境保护厅排污权交易内部审查程序规定（试行）》	
2010 年	《浙江省主要污染物排放权指标核定和分配技术方法（试行）》	技术依据

资料来源：周树勋，陈齐. 排污权交易的浙江模式[J]，环境经济，2012（3）。

1.2.3　以市场定价为导向

排污权定价是排污权有偿使用和交易制度实施的一大难题。排污权有偿使用的价格与排污收费的价格是截然不同的，前者属于环境容量以内的环境容量资源的价格，后者属于超标排污所造成的外部成本的定价；前者是排污权稀缺性的具体化，后者是外部成本内部化的惩罚性价格（沈满洪、谢慧明，2010）。在完全竞争市场的假设条件下，排污权的市场价格独立于排污权的初始分配，取决于各个企业的边际污染治理成本，且能实现价格出清；在不完全竞争市场条件下，排污权市场价格的决定将在一定程度上依赖于排污权的初始分配，同时交易成本、市场势力、经济增长、环保意识等都会对排污权交易的数量和价格产生影响（沈满洪、赵丽秋，2005）。

成本加成定价方法是浙江省排污权有偿使用和交易制度定价的最基本方法。一般而言，初始排污权有偿使用费征收标准应当根据环境容量资源的稀缺程度、污染物治理成本、经济社会发展水平、排污权有偿使用期限和国家有关政策规定等因素合理制定并适时调整。但是成本加成定价是政府定价，政府定价面临失灵的困境，主要表现为目前成本加成定价的加成基础是治理成本。正如排污权价格和排污收费的差异所揭示的那样，排污权价格的核心是反映排污权的稀缺程度，而不仅仅局限于污染治理成本。

排污权有偿使用和交易制度实施初期，尽管有企业选择了通过有偿使用方式来获得排污权，但排污权交易很难发生，排污权交易市场仍在孕育之中。在没有排污权交易市场和没有排污权拍卖时，排污权的价格往往是政府的指导性价格，但政府希望通过市场机制来实现排污权有偿使用的价格和排污权的交易价格。早在 2002 年，秀洲区就开始探索排污权有偿使用试点，但截至 2006 年 8 月，秀洲区还没有发生一起正式的排污权交易。沈满洪（2006）指出，没有发生排污权交易的根本原因在于政府通过数量管制和价格管制两套指标把市场机制给束缚住了。这里的价格管制就是指排污权交易纯粹由政府指导定价。

随着固定价格出售问题的显现，部分地区开始推行指导价格下的拍卖制度，使得排污权交易市场得到一定程度的发展。虽然拍卖价格不一定是市场的均衡价格，但一定是购买企业的愿意支付价格。从需求理论来看，不同生产者的愿意支付价格和不同生产者的排污权数量的组合共同构成了排污权的市场需求。从离散的拍卖中可以得到折线形的需求曲线，而每一次拍卖时排污权供给量是固定的，由此就形成了不同拍卖场合不同的排污权市场价，如图 1-2 所示。图 1-2 中，Q_1 和 Q_2 分别表示两次拍卖时的排污权拍卖数量，P_1 和 P_2 分别代表两次拍卖时需求者的愿意支付价格，A 和 B 分别代表两次拍卖时的均衡价格。两次拍卖价格的不一致并不表明排污权市场的一般均衡发生了变化，即排污权的需求曲线并未发生移动，而是表现为局部均衡的一种规律性变化，这表明排污权价格市场定价还处在初级阶段，这也是排污权交易市场机制进一步完善的基础。

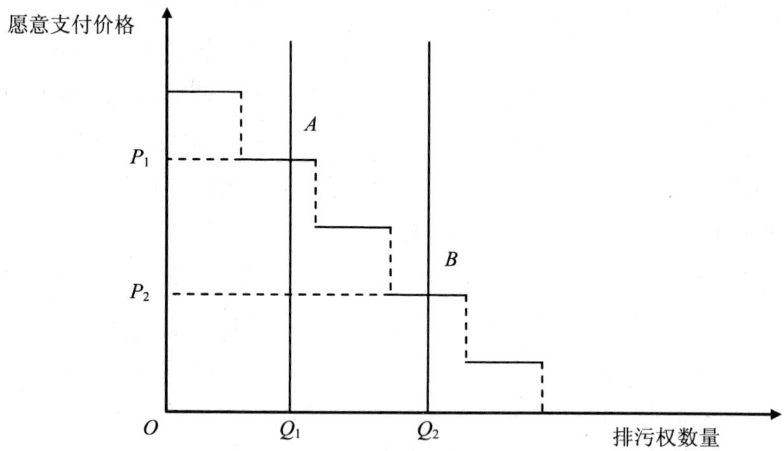

图 1-2 排污权拍卖价格离散分布示意图

截至 2012 年 2 月，南湖区参与排污权交易的企业已达 940 余家，交易金额达到 8 800 万元。排污权市场定价是内化在嘉兴市南湖区排污权有偿使用和交易制度实施过程中的一个最重要的做法。杭州市也通过杭州市产权交易所进行了多次排污权拍卖，排污权最终均被买走，排污权每一次拍卖的价格和每一次拍卖被买走的排污权数量构成了杭州市排污权的市场需求。在所有的拍卖中，COD 的最高价格为每吨 25 万元。

总之，在浙江省排污权有偿使用和交易制度试点地区，排污权价格基本上还是通过政府定价的方式进行的，但是，越来越多的地区开始通过拍卖方式来对排污权进行定价，排污权价格市场化是一种趋势。以市场定价为导向的排污权有偿使用和交易制度既是在不同阶段上这一制度革新的内在要求，也是浙江省在全省范围内统一排污权有偿使用和交易制度的需要，它符合浙江省生产要素市场化改革的要求。

1.2.4　以监测技术为基础

监测技术是实施排污总量控制、明确排污主体相关权责、推进排污权有偿使用与交易的重要基础，是环境监测管理的重要手段和环境执法的重要依据。一般而言，污染物排放监测方式主要包括分散监测和集中监测两类，集中监测易于操作但准确性不高，分散监测成本较高但准确性高。在不断推进排污权制度改革的过程中，政府对于环境监测技术的重视将不断提高，因而分散监测的覆盖面也将不断扩大。

浙江省在实施排污权有偿使用和交易制度的过程中十分重视环境监测技术的运用，包括重点企业安装在线监测设施、核发排污许可证与全面推行污染源“三量”台账建设、投入使用环境质量自动监测系统等。2008 年年底，浙江省已建成 1 452 家重点企业在线监测系统，并实现了省市县三级联网。排污权有偿使用和交易制度试点城市在监测技术的运用上更加先进。例如，2007 年 10 月，嘉兴在全省率先完成了污染源自动监测监控和大气、地表水自动监测两大系统建设，对全市 90%的污染物排放总量和整个水环境、大气环境进行全天候实时数据和图像监控，为开展排污权交易实时核定污染物排放总量提供了强有力的技术保障（徐学勤，2010）。嘉善县在环境监控系统集成方面较为先进，主要系统包括“环保决策综合信息系统”“智能污染物总量控制系统”“企业环境动态信息收集查询系统”“12369 多信息共享、多应用联动系统”等，在加强环保能量方面发挥了强大的功能（邹霞芳等，2010）。在绍兴市，日常监督管理、数据信息管理、数据档案管理、考核奖惩管理等均被纳入排污权监测系统，如图 1-3 所示。

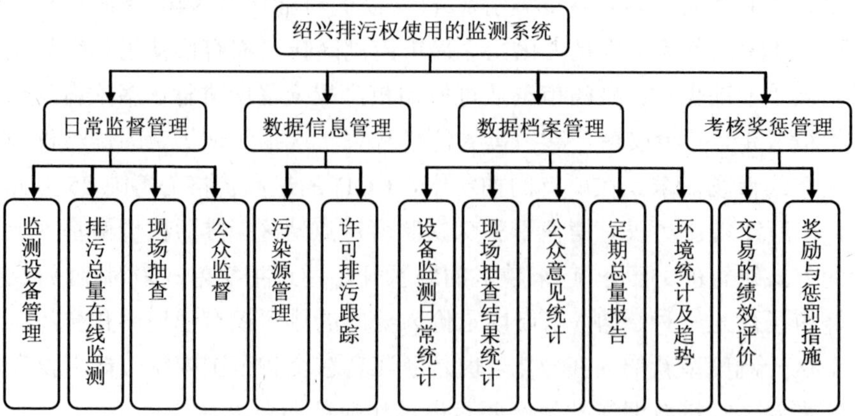

资料来源：吴彤玙. 排污权交易制度的实践和完善——以绍兴市为例[D]. 浙江工商大学硕士论文，2012。

图 1-3　绍兴排污权使用情况监测管理示意图

刷卡排污系统是桐乡市排污权有偿使用和交易制度实施的主要特色，也是排污权有偿使用和交易制度实施过程中加强监测监管的一个重要方式。刷卡排污系统主要由刷卡、定量、关阀、开阀 4 个环节组成。在刷卡排放量核定的基础上，企业每月的用量达到当月指标的 80%时，系统就会向企业联系人发出提示信息，达到 90%时，系统会发出警告信息，达到 100%时阀门自动关闭。企业若要重启阀门继续生产，则需向环保部门提出申请接受审批。桐乡市在 2008 年试点该系统，在 2009 年全面推开。截至 2012 年 7 月，桐乡市污水排放量在 500 t/d 以上的 114 家企业均已完成了刷卡排污自动控制系统的安装，在总量控制、执法监管等方面起到了重要的推进作用，并对企业环保意识的提高形成有效倒逼机制。基于有效的试点，浙江省环保厅在工作安排中部署，2013 年前将分两个阶段完成全省市控以上重点污染源刷卡排污总量自动控制系统建设，并建立刷卡排污质量监管体系。

2010 年，浙江省实施了《浙江省主要污染物排放权指标核定和分配技术方法（试行）》，试行方法实质上对监测技术作出了相关说明。浙江省第一个对排污权监测技术作出规定的是台州市的《可交易排污权监测技术规定（试行）》。该监测技术规定对使用范围、引用标准、术语和定义、监测准备、监测采样、流量测定、监测项目和分析方法、质量保证、可交易排污权监测结果评价和可交易排污权申请单位环境保护能力评价 10 个方面作出了细致的规定。

虽然浙江省排污监测技术不够完善，总量控制与浓度控制两大监测系统还未真正融合，但在线监控等环境基础设施的建设为排污权有偿使用和交易制度的实施和推广提供了技术条件。浙江省环境监测管理部门在监测方式、污染源的核算与监测管理体制等方面做了大量的技术性工作，正是有了这些技术工作的支撑，浙江省排污权有偿使用和交易制度才能顺利地推进并得以推广。

1.2.5 以体制创新为推力

排污权有偿使用和交易制度是一项环境经济制度创新，是浙江省最具影响力的党政工作创新典型。这一制度创新从根本上改变了“资源免费”的错误环境观，树立了“资源有价”的正确环境观，实现了初始排污权的有偿使用。这一制度从根本上扭转了政府全权支配自然环境资源的初始格局，通过引入市场机制和搭建服务平台来推动政府职能的转型和排污权市场的形成。这一制度从根本上构建起了自然资源有偿使用和交易的制度框架，并推动了相关衍生制度创新，从而为构建完整的环境经济制度体系提供了经验借鉴。

（1）实现初始排污权有偿使用。初始排污权的分配，是指一定区域的排污控制总量在排污单位中的第一次分配，分配模式主要可以分为无偿分配模式和有偿分配模式两种，其中有偿分配模式又可以分为政府定价模式、拍卖模式等（沈满洪等，2009）。陈庆能等（2009）指出，无偿分配模式有利于实现排污权交易机制和现有排污收费制度的对接，它的可操作性强，在实践中易于推行，因此在短期中应以无偿分配模式为主、有偿分配模式为辅。有偿分配模式有利于环境资源的优化配置和减排技术创新，并能有效制约排污单位囤积排污权的行为，因此在长期中应以有偿分配模式为主。

在初始排污权分配方式上，浙江省探索出了一条无偿分配和有偿转让相结合的“中间道路”。在排污权有偿使用和交易制度试点前，企业获得的排污权可以被理解为通过无偿方式获得。在试点后，不同地区采取了不同的方式推进有偿使用。例如，杭州市对新老企业一视同仁，划定有偿使用的起始时间，规定初始排污权“无偿使用至2010年12月31日，以后均实行有偿分配”。嘉兴市起初采取“一刀切”的办法赋予企业初始排污权，规定2007年10月1日前成立的企业已经取得排污权；新建企业或者需要扩大产能的企业则必须取得从其他企业减排出来的部分排污权才能投产（姜妮，2011）。尽管这些举措开启了初始排污权有偿使用的探索模式，但按时间期限“一刀切”的做法无论在有效控制排污总量还是对待新增、存量企业之间的公平性问题上都有失偏颇（沈满洪、黄文若，2012）。随后，嘉兴市及时调整了思路，出台了相关文件，规定初始排污权全部有偿使用。同时，为了减少制度推行的阻力，嘉兴市采取了相应措施，如新老企业价格差别对待（老企业价格 6 折优惠）、制定回购制度（老企业回购价格为新企业购买价格的 75%）、推行多种购买方式（一次性付清、分期付款、租赁）等。绍兴市在处理新老污染源关系时，除了价格差别外，采取老污染源排污入网费自动转换为排污权有偿使用金的管理方式，顺利解决了老污染源的问题，取得了较好效果（揭建成，2010）。

尽管浙江省各地在探索排污权初始分配模式时采取了不同的方式，还未形成统一的制度安排，但初始排污权从无偿使用逐渐向有偿使用过渡的趋势已基本确立。各地在制度实践中本着“新老划断，区别对待”的原则，对现有排污单位和新建、改建、扩建项目在排污权有偿使用和交易上实行差别化的政策，积极推进现有排污单位的排污权有偿使用，新建、改建、扩建项目通过排污权交易取得排污权。

（2）搭建交易服务中介平台。根据国内外实践经验，排污权交易组织平台主要有两种类型：一种是依托现有的产权交易所、能源期货交易所或证券交易所开展排污权交易，另一种是独立成立专门的交易机构作为排污权交易组织平台。其中，后者又分为企业单位性质的交易平台和事业单位性质的交易平台。两种排污权交易中心各有利弊。沈满洪等（2009）指出，在起步阶段，为保证排污权市场的规范建立和有序化运行，强化政府对交易的调控与监管，应将交易中心作为环境保护行政主管部门直属的独立机构，实行事业单位编制，并由同级财政支付排污权交易机制的运行成本；待排污权交易市场逐渐成熟规范、政府职能定位更为明晰后，建议设立企业性质的交易平台，真正发挥市场在资源配置中的基础性作用，促进排污权交易的高效运行。

浙江省各试点城市在推行排污权制度中的一大亮点便是设立交易中心作为排污权交易平台。据浙江省排污中心网站统计公告，截至 2009 年，已有杭州市、嘉兴市（包括嘉兴市下辖的两区、三市、两县）、绍兴市（包括绍兴市下辖的诸暨市、新昌市、上虞市、嵊州市）、金华市、衢州市、丽水市等地成立了排污权交易中介机构。这些交易机构中有些是环保局组织建立的事业单位，有些则以国有企业形式运作。

嘉兴市排污权储备交易中心是全国第一个排污权交易平台，是受嘉兴市环保局领导的独立核算单位，为排污权可交易量的盘活发挥了很大的作用。储备交易中心按 5%的比例收取交易管理费用于交易中心日常开支，排污权交易资金收益主要用于排污权收购补助、环境质量改善、生态保护和环保基础设施建设。截至 2012 年 7 月，嘉兴市共建有 1 个交易中心和 7 个分中心，逐步形成了一套系统化的运作模式。交易中心为排污权供需双方架起了有效的信息沟通桥梁，为排污权交易的达成创设了良好的平台。

这一机构的设立虽然没有将环境风险完全与政府机构剥离开来，但是这一机构的设立能够明确政府不同部门的职责所在，至少能够实现局部风险的有效控制。浙江省各地排污权交易中心按照分级管理、逐步推行的原则形成了省、市、县三级交易平台组织机制，较大程度地推动和规范了各地排污权有偿使用和交易制度试点。

（3）推出环境金融创新举措。浙江省在排污权有偿使用与交易制度的探索过程中，推出的系列金融政策创新、交易方式创新及相关制度完善等措施在排污权有偿使用和交易制度实施过程中发挥了重要作用，为排污权有偿使用和交易制度在更广的区域和更高的层面推行提供了诸多激励和多种保障。

浙江省在排污权制度探索过程中创新的辅助体制主要包括开展排污权抵押贷款、试水排污权网络拍卖、实行排污权强制回收等。其中，排污权抵押贷款政策是为了在推进排污权交易制度的背景下帮助企业摆脱资金短缺困难而制定的。2008 年 9 月 28 日，浙江省嘉兴市推出了这项面向中小企业的贷款新政，并完成了对 5 家企业 2 200 万元人民币的初始授信。此后，浙江省绍兴、诸暨、宁海、南湖等市、区先后开展了此项工作（程凌香，2010）。截至 2012 年 6 月末，浙江省排污权抵押贷款余额已达 10.4 亿元，不仅为企业盘活了资产，而且极大地提高了企业治污的积极性，更是浙江省低碳金融创新的一项重要成果（周树勋等，2012）。

排污权网络拍卖是继排污权拍卖制度后的另一项交易方式创新。2012 年 3 月，南湖区成功举行了首次排污权网络电子拍卖活动。整个拍卖活动吸引了 7 家企业参加，最多竞价次数的标的竞争 128 次，平均竞价次数为 58 次，共 8 t COD 的 16 个标的全部成交，成交金额为 110.38 万元，拍卖 COD 平均价格为 15.55 万元/t，标志着南湖区排污权交易工作进入电子信息时代（沈蓓莉等，2012）。此外，排污权强制回收是针对企业惜售排污权问题的一项制度。例如，嘉兴市排污权储备交易中心对相关情形下企业闲置指标采取强制回收作了规定。

1.3　排污权制度改革的初步成效

虽然浙江省排污权制度改革尚未使得浙江省环境质量明显好转，但是该项制度改革在完成总量减排、提高环境容量效率等方面产生了显著的效果，综合体现在环境效益、经济效益、社会效益等方面。虽然下列成效并非完全由排污权制度改革所致，但是包括排污总量控制、初始排污权有偿使用和排污权交易等在内的排污权制度在其中起了重要作用。

1.3.1 环境效益

排污权制度建立的首要目标是改善环境质量。在浙江省环境保护政策逐渐从“浓度控制”向“总量控制”转变的过程中，排污权制度改革不断深化，制度的实施和深化在污染减排、环保治理能力提升等方面具有重要作用。

（1）污染减排效果显著。浙江省排污权有偿使用与交易主要指向的污染指标是 SO_2 与 COD。图 1-4 反映的是浙江省 2000—2010 年两项污染指标的排放情况。图 1-4 表明，10 年来浙江省 SO_2 排放呈现出倒“U”形环境库兹涅茨曲线的走势。一方面，曲线在 2005 年、2006 年附近达到顶点，于 2007 年开始下降；另一方面，COD 的排放总体呈平缓下降趋势，在 2002 年、2003 年附近及 2007 年下降幅度较大，排放下降年份与排污权有偿使用和交易制度试点年份较为接近。

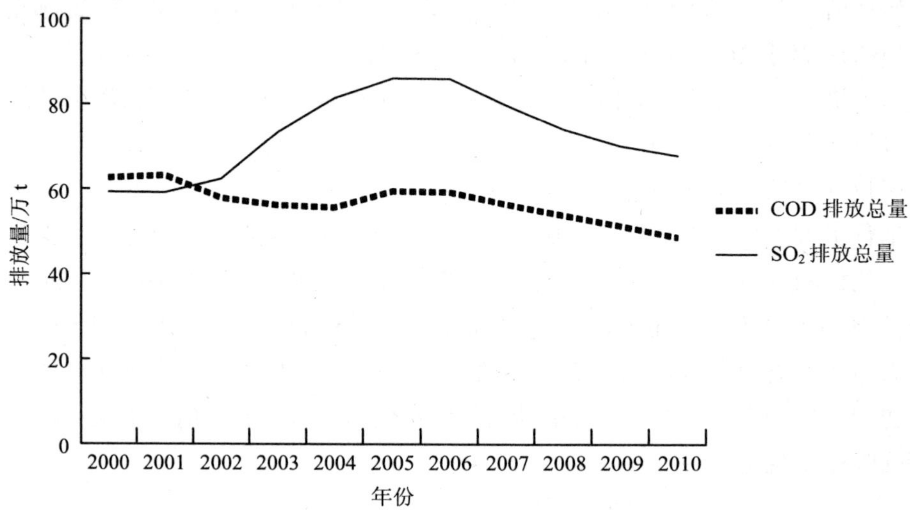

资料来源：浙江自然资源与环境统计年鉴（2011）。

图 1-4 浙江省 2000—2010 年 SO_2、COD 排放情况

排污权有偿使用和交易制度的实施还保障了浙江省污染减排目标的实现。表 1-3 所示的是 2000—2010 年浙江省 COD 与 SO_2 排减成效。从表 1-3 可以看出，10 年来浙江省万元 GDP 排放强度持续降低。其中“十一五”期间，浙江省 COD 和 SO_2 两项约束性指标累计减排 18.15%和 21.16%，分别超额完成减排任务；全省万元 GDP 的 COD 排放强度下降 60.27%，SO_2 排放强度下降 61.78%；全省净削减 COD 10.79 万 t、SO_2

18.17 万 t，同时，实现了 GDP 年均 11.8%的增长。

表 1-3　浙江省主要污染物减排情况（2000—2010 年）

年份	GDP/亿元	COD			SO_2		
		排放量/10^4 t	削减率/%	万元 GDP 排放强度/（kg/万元）	排放量/10^4 t	削减率/%	万元 GDP 排放强度/（kg/万元）
2000	6 141.03	62.60	—	10.19	59.28	—	9.65
2001	6 700.00	63.16	–0.89	9.43	59.19	0.15	8.83
2002	7 670.00	57.86	8.39	7.54	62.36	–5.36	8.13
2003	9 200.00	56.20	2.87	6.11	73.43	–17.75	7.98
2004	11 648.70	55.65	0.98	4.78	81.40	–10.85	6.99
2005	13 417.70	59.47	–6.86	4.43	86.00	–5.65	6.41
2006	15 718.47	59.27	0.34	3.77	85.90	0.12	5.46
2007	18 753.73	56.40	4.84	3.01	79.70	7.22	4.25
2008	21 462.69	53.86	4.50	2.51	74.06	7.08	3.45
2009	22 990.35	51.38	4.60	2.23	70.13	5.31	3.05
2010	27 722.31	48.68	5.25	1.76	67.83	3.28	2.45
“十五”累计削减/下降率			5.84	53.34	—	–45.3	27.41
“十一五”累计削减/下降率			18.15	60.27	—	21.16	61.78

数据来源：浙江自然资源与环境统计年鉴（2011）、浙江省统计年鉴（2001—2011）。

（2）环境治理能力提升。排污权有偿使用和交易制度推动企业不断地提升环境污染治理能力。一方面，排污权有偿使用和交易制度本身的污染减排约束要求企业采取措施控制污染物排放量；另一方面，污染治理成本较高的企业可在允许排污限度内通过排污权交易购买排污指标实现合法排污，污染治理成本较低的企业则可以通过出售富余排污指标获得经济收入，实现互惠共赢。在外在的减排压力与内在的利益驱动下，企业逐渐由被动治污转向主动提高环境污染治理能力。例如，嘉兴酿造总公司为落实节能减排的要求，投入 140 多万元，建成了一级排放污水处理站。通过设备、工艺更新和废水回用工程，COD 排放量由 2005 年的 57.112 t/a 降到 5.7 t/a，富余的排污权指标进行出让，获得 257.06 万元。海盐县华联纸业有限责任公司 2005 年 COD 排放总量 440.38 t，2006 年实施中水回用改造及生产过程中的废弃物再次利用等，使 96%的污水实现了再利用，90%的污泥回用，吨纸污水排放量从 60 t 下降至 12 t，企业 COD 排放量 144 t/a，削减了 296.38 t/a，其削减的 COD 指标进行出让，获利 1 481.9 万元。

排污权有偿使用和交易制度的推行促进了环境监测系统的建设。浙江省把排污权有偿使用和交易制度与加强环保基础能力建设相结合，着力完善污染源管理体系，加强污染源自动监测监控设施的建设运行和管理，使污染源台账管理制度更加完备，环境执法能力进一步提高（周树勋等，2012）。2008 年年底，投资 6.5 亿元的省级环境质量自动监测监控系统和重点污染源在线监控系统建设完成并投入使用，其中包括水质自动监测站 82 个，覆盖全省八大水系等主要水体的所有县界以上交界断面；包括空气质量自动监测站 160 个；建成对 1 452 家重点企业的实施监控在线监测系统。此外，浙江省还建设了 79 个省、市、县（市、区）环境监控中心，建成覆盖全省、市、县的三级双回路的通信传输主干网络。

1.3.2 经济效益

浙江省排污权有偿使用和交易制度在产生了一定的环境效益的同时也产生了较高的经济效益。一方面，排污权有偿使用和交易制度的实施有利于推动环境金融市场的发展；另一方面，排污权交易机制的推广引起了经济结构的调整，使产业格局朝着更加符合生态文明建设要求的方向发展。

1.3.2.1 环境金融市场雏形形成

排污权制度的推行不仅有利于排污权市场的发展，还有力地推动了排污权抵押贷款、环境保险等绿色金融业务的创新。

（1）排污权市场不断推进。就浙江省排污权有偿使用和交易制度的试点情况来看，浙江省的排污权市场是一个产权交易市场，是一个重要的环境金融市场。伴随着各试点城市相继成立排污权储备与交易中心，浙江省排污权有偿使用和交易市场不断发展，排污权拍卖机制能够活跃排污权交易市场，浙江省排污权拍卖交易收入显著，具体情况见表 1-4、表 1-5。截至 2012 年，浙江省排污权有偿使用和交易金额累计突破 13 亿元。

（2）绿色金融制度不断衍生。排污权有偿使用和交易制度的推行促进了绿色金融产品的研发。当前，较为成功的是排污权抵押贷款业务。从排污权抵押贷款业务开展较为成功的绍兴和嘉兴两市看，绍兴市自试点以来至 2012 年 9 月已累计办理排污权抵押贷款 271 笔，涉及贷款金额 24.1 亿元；截至 2012 年 6 月末，嘉兴银行全行排污权抵押授信余额达 10 500 多万元，累计发放排污权抵押贷款 2 亿多元，累计发放户数达 41 户。从全省范围看，截至 2012 年 6 月末，浙江省排污权质押贷款余额已达 10.4 亿元，成为浙江省绿色金融创新的一项重要成果，有效拓宽了企业的融资渠道，服务经济转型升级。

表 1-4 浙江省排污权有偿使用情况统计（截至 2009 年 9 月 30 日）

类别	序号	地区		企业数量/个	COD 有偿使用量/（t/a）	COD 有偿使用金额/万元	SO_2 有偿使用量/（t/a）	SO_2 有偿使用金额/万元	有偿使用总金额/万元
有偿使用	1	宁波	镇海区	3	127.4	36.1	21.2	7.6	43.7
	2	湖州	湖州市区	7	0.6	2.3	54.4	54.4	56.7
	3	嘉兴	南湖区	570	1 411.4	2 993.6	2 076.6	612.2	3 605.8
	4	绍兴	绍兴市区	562	纳管 9.25 直排 10.16	4 132.7	3 015.1	272.8	4 405.5
	5		诸暨市	644	1 171.7	863.6	4 881.0	400.1	1 263.7
	6	金华	兰溪市	277	910.2	244.7	3 041.0	196.8	441.5
	合计			2 063	—	8 273.0	—	1 543.9	9 816.9

资料来源：浙江省排污权交易中心提供。

表 1-5 浙江省排污权交易情况统计（截至 2009 年 9 月 30 日）

类别	序号	地区		交易数量/笔	COD 交易数量/（t/a）	COD 交易金额/万元	SO_2 交易数量/（t/a）	SO_2 交易金额/万元	交易总金额/万元
交易	1	杭州	杭州市（所有县市区）	27	271.0	1 238.0	1 589.0	3 178.0	4 416.0
	2	嘉兴	嘉兴市区（含秀洲区）	108	823.5	6 111.2	700.6	1 411.6	7 522.8
	3		南湖区	31	52.7	363.3	2.5	62.6	425.9
	4		嘉善县	59	150.2	786.7	38.4	76.8	863.5
	5		海宁市	49	211.7	1 291.0	104.5	209.3	1 500.3
	6		海盐县	37	38.2	305.1	29.3	74.4	379.5
	7		平湖市	15	6.5	50.1	3.5	6.9	57.0
	8		桐乡市	21	79.7	408.1	34.9	69.6	477.7
	合计			347	1 633.5	10 553.5	2 502.7	5 089.2	15 642.6

资料来源：浙江省排污权交易中心。

（3）环境责任保险在探索中前行。为分散排污企业风险，保障污染事故受害者得到及时索赔，环境污染责任保险制度在浙江各地进行试点。环境污染责任保险制度在宁波市的试点已近五年，在嘉兴市、绍兴市等地的试点也近四年。在这段时间里，各试点地区纷纷根据国家和省级相关文件精神积极探索，积累了丰富的实践经验。2011 年，在嘉兴市人保参保环境污染责任险的企业有 15 家，保费合计 21.8 万元，环境责任保险市场初现端倪。

1.3.2.2 经济结构调整初显成效

（1）淘汰落后产能与污染企业。排污权有偿使用提高了重污染建设项目的环境准入门槛，客观上限制了“两高一资”（高污染、高耗能和资源型）和产能过剩行业新上项目，同时也使得原有重污染企业面临淘汰危机。2005 年与 2001 年相比，秀洲区纺织印染企业户数减少了 1/3，工业增加值增长了 1 倍多，对全区工业增加值的贡献率保持在 70%以上；2006 年，纺织业谢绝了多个总投资在 3 000 万美元以上的有污染项目，转而引进意大利等拥有较优环保技术、设备的公司，提升了产业和产品档次（浙江省发改委调研组，2008）。在全省范围内，“十一五”期间，浙江省累计拆除水泥机立窑 705 条，关停小火电 512.4 万 kW·h 和所有造纸草浆生产线，淘汰制革转鼓 3 000 多个、化学企业近千家。浙江省在推行排污权制度的同时，掀起了一场淘汰落后产能与污染企业的浪潮。

（2）新兴产业发展壮大。①环保产业逐渐发展。为了确保排污权有偿使用和交易机制的顺利进行，一方面，相关的技术产品得以开发，如刷卡排污所需的技术、设备等；另一方面，配套的信息服务也逐渐地被应用其中，如排污权交易中心及相关网络的建立等。②低污染的先进制造业及高新技术产业得到优先发展。在排污权制度最先试点的秀洲区，2009 年全区新增国家重点支持高新技术企业 10 家，高新技术产业增加值占工业增加值比例达 11.5%。同年，科技进步变化情况综合评价位居全省第三，再次获得全国科技进步考核先进区称号，新增授权专利 694 件、中国驰名商标 1 件、省著名商标 2 件、省名牌产品 1 件。

（3）“招商引资”向“招商选资”转变。随着排污权有偿使用和交易制度的发展，嘉兴市秀洲区利用这一制度实现了“招商引资”向“招商选资”的转变。所谓“招商选资”是指有选择地招商引资，选择环保型的发展项目。秀洲区着力打造浙江科技孵化城（嘉兴），搭建科技孵化和产业化公告服务平台。其中，中关村长三角创新园等“一心八园”项目全部开工建设，完成投资 8.1 亿元。这种高新技术园区的建立说明秀洲区已经由一般的招商引资向有选择的招商引资转变，吸引低污染高技术的企业。秀洲区的污染减排工作一定程度上推动了政府“招商选资”的实现，推动地方产业结构优化升级。

1.3.3 社会效益

（1）有利于政府、企业和公众转变观念。对于企业来讲，他们明确了参与排污权有偿使用和交易机制的必要性，尝到了排污权预期收益的甜头，改变了资源免费的观念，在政府的引导下积极地参与到排污权有偿使用和交易之中。对于政府而言，排污权制度的推行使其转变了地区经济发展理念，在招商引资等环节增加环境约束性指标，使得地区经济发展导向发生明显变化。对于社会公众而言，排污权有偿使用和交易制度的推行将使得他们有更强的参与动力，增加了公众在地区环保事业发展中的参与度。总之，排污权制度的推行有利于政府、企业和公众树立良好的生态资源观、环境容量观、环境价值观。这些观念的形成有利于保护环境资源、优化环境资源配置。

（2）有利于推进生态文明制度建设。党的十八大报告在建设目标上强调既要建成“小康中国”，也要建设“美丽中国”。报告突出了生态文明建设，将其纳入中国特色社会主义事业“五位一体”的总体布局，把加强生态文明制度建设作为我国生态文明建设的四大任务之一，并明确指出“积极开展节能量、水权、排污权、碳权交易试点”。排污权有偿使用与交易制度的探索与推行是浙江省环保机制创新的大胆尝试，有力地推动了生态文明制度建设。排污权制度的“浙江模式”以自下而上的形式自主探索而成，有效地创新了生态文明制度建设的形成机制，充分发挥了地方在制度探索中的主动性。

（3）为全国试点起到示范作用。首先，浙江省排污权有偿使用和交易制度对于其他地区而言具有一定的参考意义。浙江省排污权有偿使用和交易制度的 10 年探索为排污权制度在我国的全面推行树立了一个范例，同时证明这一制度是可行的。其次，浙江省排污权有偿使用和交易制度对于其他地区而言具有一定的借鉴意义。浙江省在这 10 年探索里，解决了很多问题，推动了很多相关制度的创新，这为其他地区的制度移植和实施提供了宝贵的经验。最后，浙江省排污权有偿使用和交易制度对其他地区而言具有一定的启发意义。浙江省排污权制度通过被其他省份学习、实施，排污权制度的发展将会遇到更多的问题，这些问题的解决将有助于全国更好地发展排污权有偿使用与交易制度。

1.4　排污权制度改革的基本经验

浙江省排污权有偿使用和交易制度的 10 年探索取得了良好的环境效益、经济效益与社会效益。多重效益的取得离不开浙江人民的不断探索，具体做法的背后凝结着浙江人民的智慧。

1.4.1　排污权供给倒逼机制推动排污权制度不断创新

排污权有偿使用和交易制度创新主要是由于供求机制失灵所导致的。一方面，浙江省粗放型经济发展模式使得浙江省环境污染日益严峻，环境污染和生态破坏使得环境容量等自然资源的供给不断减少，稀缺性日益加剧。另一方面，浙江省经济发展仍然处在工业化的中期，居民收入水平有待进一步提高，在产业转型升级的过程中工业化依然需要排放更多的污染物，环境容量资源的需求日益递增。当需求递增而有效供给不足时，排污权市场价格上升是一个必然的结果。然而，在排污权市场尚未形成的探索阶段，减少相应需求或创造有效供给是解决这一经济社会基本矛盾的两大根本途径。在权衡经济发展和环境保护的双重目标下，浙江省选择了通过创造有效供给来解决这一基本矛盾，排污权有偿使用和交易制度实质上是一项以有效供给保障需求递增的环境经济制度创新。

环境供给方的创新制度主要是指通过创造有效供给来解决环境容量资源供求矛盾的一种制度安排。它具体体现为“环境容量置换法”下排污权存量的盘活和排污权市场上排污权的互通有无。在总量控制政策下，各地方政府通过不同的途径对本地区内所允许排放的污染物进行摸底，而这一摸底实质上就是来确定排污权的供给量。在供给缺乏弹性时，排污权供给量直接决定了排污权市场的规模，而这又直接决定了排污权二级交易市场能否顺利开展，最终影响排污权有偿使用和交易制度的创立和完善。在嘉兴市，政府通过“拉郎配”方式在排污权需求者和排污权供给者之间搭建桥梁也主要是为了给需求者创造供给，以保障排污权得到充分利用而不至于处于闲置状态。

当然，值得注意的是产权制度改革又称为“需求侧管理”，是针对资源稀缺情况而展开的制度创新。这意味着排污权供给本就是有限的，排污权有偿使用和交易制度创新的重点是如何调整需求结构。排污权制度改革的中心是作为需求者的企业。在市场经济体制的分析框架下，浙江省排污权有偿使用和交易制度创新主要是由环境资源供给压力倒逼形成的。高质量的环境是一种高档货。高档货的需求会随着收入水平的上升而增加。不管是最先自发探索排污权有偿使用的秀洲区，还是大力推行排污权有偿使用和交易制度的嘉兴市，乃至全面推行统一的排污权交易市场的浙江省，都曾面临着严峻的环境污染形势。这些地区若不采取有效措施，环境资源供需矛盾终将激化，最终会严重制约经济发展、生产生活与社会和谐稳定。为了缓解环境资源的供需矛盾、有效治理污染、改善环境质量，浙江省开始寻求环境制度创新，并成为了我国排污权有偿使用和交易制度的一个典型。

1.4.2 政府、市场和社会机制的耦合促进排污权制度不断推广

浙江省排污权有偿使用和交易制度的实践可以分为 3 个阶段：2002—2006 年的“秀洲模式”阶段，这一阶段也被称为自主探索阶段，“容量置换法”下政府机制占主导地

位；2007—2009 年的“嘉兴模式”阶段，这一阶段也被称为深化实践阶段，在这一阶段排污权市场机制的魅力初显；2010—2012 年的“浙江模式”，这一阶段也被称为推广应用阶段，政府机制和市场机制互相耦合共同推动排污权有偿使用和交易制度在全省范围内进一步推广和完善。从十年探索过程可以看出，浙江省排污权有偿使用和交易制度在不同的阶段上具有某种主导性的机制安排，而这一机制安排是这一项制度之所以能够从一个区级层面的探索过渡到一个地市级层面的深化以及直至在全省层面推开的内在机制。

2002—2012 年，浙江省排污权有偿使用和交易制度不断被移植和推广，在政府机制和市场机制背后，社会机制的作用也十分关键。社会机制的作用主要体现在隐性一致同意的公众意识助推了排污权有偿使用和交易制度的实施（沈满洪、谢慧明，2010）。排污权有偿使用和交易制度之所以能够被认可并被确定下来主要是因为排污权有偿使用和交易制度创新符合整体社会的价值取向，存在“隐性一致同意”现象。隐性一致同意意味着排污权有偿使用和交易制度实现了排污权有偿使用和交易制度的法规、规章等正式制度与公众所期盼的优化排污权等资源的非正式制度的完美匹配，这正是社会机制的应有之意。

因此，政府机制、市场机制和社会机制在浙江省排污权有偿使用和交易制度的创立、推广和应用上发挥了重要作用。不同阶段上机制的匹配如图 1-5 所示。

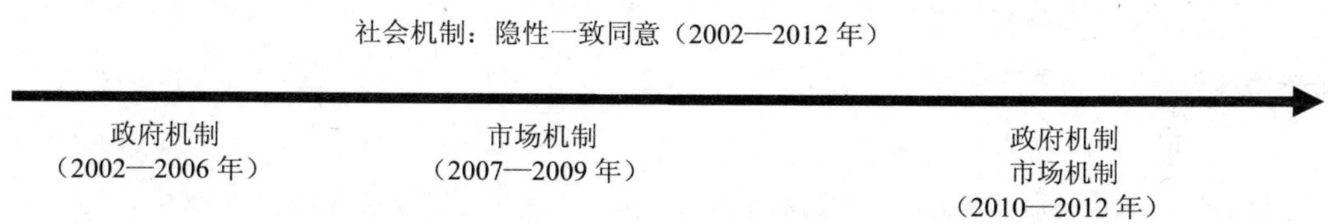

图 1-5 浙江省排污权有偿使用和交易制度演变的 3 个阶段和主导机制

1.4.3 环境技术创新和环境制度创新促进排污权制度不断完善

建立健全排污权有偿使用和交易制度既离不开产权界定、排污许可、产权交易等制度创新，又离不开环境监测、环境统计等技术创新。浙江省在 10 年探索的过程中，无论是在省级层面还是在地市级层面均出台了一系列的法规和文件以明晰产权。同时，环境监测技术的发展与应用成为浙江省排污权制度推行的重要保障。如果没有环境监测技术的支持，排污指标无法计量，排污权有偿使用与交易制度也就没有任何基础可言。重点污染企业的在线监控技术、刷卡排污的“桐乡经验”均为排污权有偿使用和交易制度奠定了坚实的技术基础。

排污权有偿使用和交易制度具有内在张力。在10年探索过程中，浙江省排污权实现了有偿使用，并通过交易机制实现了减排成本的节约和环境质量的改善等目标。但是排污权有偿使用和交易制度创新不仅仅局限于有偿使用和排污权交易两个环节，内化在地区试点特色中的其他衍生制度创新也是排污权有偿使用和交易制度不断完善的内在要求，如排污权抵押贷款制度、排污权租赁制度等。当将排污权有偿使用和交易制度与排污权抵押贷款制度、排污权租赁制度、绿色信贷制度等相互关联时，一个创新的环境经济制度体系就形成了，而这些制度的联结点就在排污权。优化其他衍生制度并将之与排污权有偿使用和交易制度相匹配能为进一步完善排污权有偿使用和交易制度提供制度体系保障。

在线监控等环境基础设施的建设为排污权有偿使用和交易提供了技术条件（沈满洪、谢慧明，2010）。10年探索中，浙江环境监测管理部门已经在监测方式、污染源的核算与监测管理体制等方面做了大量的技术性工作：重点企业已经安装了在线监测设施，排污许可证核发与污染源"三量"（污染源增量、减量、变量）台账建设已经全面推行，环境质量自动监测系统投入使用。这些为排污权有偿使用过程中明确排污主体的相关权责提供了技术支撑。伴随着环境技术的进步，排污权有偿使用和交易制度实施的基础将更完善，基础数据也将更准确，制度实施过程将更严密，制度安排也将更合理。

参考文献

[1] 沈满洪. 水权交易制度研究——中国的案例分析[M]. 杭州：浙江大学出版社，2006.

[2] 郭荣根，许海忠，张建明. 关于排污权有偿使用机制的探讨[J]. 中国环境管理，2002（5）.

[3] 杜德荣，徐文祥，孙东明. 首创排污权有偿使用的"秀洲模式"——来自秀洲区的报道[J].今日浙江，2006（3）.

[4] 沈满洪，谢慧明. 生态经济化的实证与规范分析——以嘉兴市排污权有偿使用案为例[J].中国地质大学学报，2010（6）.

[5] 钱水苗，楼洁. 中国排污权交易的法制建设探讨——以浙江省为例[J]. 环境污染与防治，2010（4）.

[6] 杨华国. 嘉兴市排污权交易制度的不足与完善[J]. 法制与社会，2010（2）.

[7] 徐朝晖. 排污企业将没有"免费午餐"吃了[N/OL]. 金华日报，2012-09-12. http://biz.zjol.com.cn/05biz/system/2012/09/12/018804872.shtml.

[8] 周树勋，陈齐. 排污权交易的浙江模式[J]. 环境经济，2012（3）.

[9] 沈满洪，钱水苗，冯元群，等. 排污权交易机制研究[M]. 北京：中国环境科学出版社，2009.

[10] 于卿婵，陈颖，杨常青. 江浙地区二氧化硫排污权交易的特点及启示（中国环境科学学会环境规划专业委员会 2008 年学术年会论文集）[M]. 北京：中国环境科学出版社，2009.

[11] 顾春. 排污权如何“买卖”[N]. 人民日报，2007-12-04（6）.

[12] 蔡翡燕，金兴华. 嘉兴市排污权交易实践及改进建议[J]. 水利经济，2010（2）.

[13] 周树勋，严俊. 浙江省排污权抵押贷款现状与对策[J]. 浙江金融，2012（8）.

[14] 沈满洪，赵丽秋. 排污权价格决定的理论探讨[J]. 浙江社会科学，2005（2）.

[15] 徐学勤. 嘉兴市排污权交易的实践与思考[J]. 现代商业，2010（9）.

[16] 邹霞芳，陆励群. 嘉善县环境监控系统集成实现环保“精工细作”——浙江省企业参与排污权交易意愿调查[J]. 环境保护，2010（9）.

[17] 吴彤玙. 排污权交易制度的实践和完善——以绍兴市为例[D]. 浙江工商大学硕士论文，2012.

[18] 陈庆能，沈满洪. 排污权交易模式的比较研究[J]. 生态经济，2009（10）.

[19] 姜妮. 排污权交易：地方实践风生水起[J]. 环境经济，2011（6）.

[20] 沈满洪，黄文若. 工业化进程中环保促调的实践探索——以嘉兴市秀洲区为例[J]. 环境污染与防止，2012（5）.

[21] 揭建成. 浙江排污权交易及其制度构建对策研究[J]. 浙江树人大学学报，2010（2）.

[22] 程凌香. 排污权抵押贷款法律问题探析[D]. 湖南师范大学，2010-05-01.

[23] 沈蓓莉，周颖. 创新交易模式，完善市场机制——南湖区网上拍卖排污权[N]. 中国环境报，2012-07-30（6）.

[24] 浙江省发改委调研组. 积极稳妥推进排污权有偿使用改革的思考与建议——关于嘉兴市秀洲区推行排污权有偿使用改革的调研报告[N]. 中国经贸导报，2008（10）.

第2章 排污权市场监管机制建设的必要性

经过10年探索，浙江省排污权制度不断推进，并且带来了显著的环境效益、经济效益和社会效益。然而，浙江省排污权制度实施过程中的问题也不断显现，市场机制、政府机制和社会机制均面临失灵的威胁。因此，在浙江省全面推开排污权有偿使用和交易制度的形势下，对浙江省排污权有偿使用和交易制度进行监管显得十分必要。

2.1 排污权制度实施中的市场机制失灵威胁

市场机制失灵是指市场机制的某些障碍造成资源配置缺乏效率的状态（沈满洪等，2008）。通俗地说，就是经济生活中价格机制对某些问题无能为力，市场调节作用存在其局限性。在排污权有偿使用和交易制度实施过程中，市场机制失灵主要体现为排污权有价无市、排污权供给不足和市场信息不充分等方面。

2.1.1 排污权有价无市

排污权市场有一级市场和二级市场之分。一般而言，排污权交易一级市场是指政府与政府之间、政府与排污者之间的排污权交易市场，也是排污权有偿使用过程中政府和排污者所面对的市场；排污权二级市场是指排污者与排污者之间的排污权交易市场，譬如企业将污染减排结余的排污权拿到拍卖行进行拍卖。在两级市场的分析框架中，排污权有价无市往往出现在二级市场。即在有偿使用的过程中，一旦企业拥有免费获取的排污权，市场上就会出现“惜售”现象；即便是企业可以通过有偿使用方式获得排污权，但在特殊严格的环境保护政策条件下稳定的增值预期也会使企业“惜售”排污权。如此一来，排污权市场参与主体缺失。又由于排污权价格采取政府定价，排污权市场容易面临有价无市的困境。

排污权的有价无市主要表现在两个方面：一是过低的排污权初始价格；二是特殊严

格的环境保护政策。图 2-1 表明，过低的排污权初始价格会使得在排污权数量有效的区间范围[0，Q_1]上不存在市场均衡价格，市场均衡 E_1 出现在真实的市场之外。特殊严格的环境保护政策也会使得市场均衡 E_2 落在排污权有效区间的右侧，市场均衡不存在。其中，P 为价格，Q 为数量，D 为需求曲线，S 为供给曲线，Q_1 和 Q_2 为两种不同总量控制情形下的排污权总量。当总量控制在 Q_1 时，过低的初始价格会使得排污权的需求无限大，需求曲线 D_1 呈水平，此时排污权的供给远远位于需求曲线上方，排污权市场均衡 E_1 只能出现在纵坐标左侧，是一种不切实际的市场均衡。当然排污权的需求曲线 D_2 也有可能向右下方倾斜，但是排污权市场均衡却落在 Q_1 的右侧，排污权市场均衡依然无法形成。

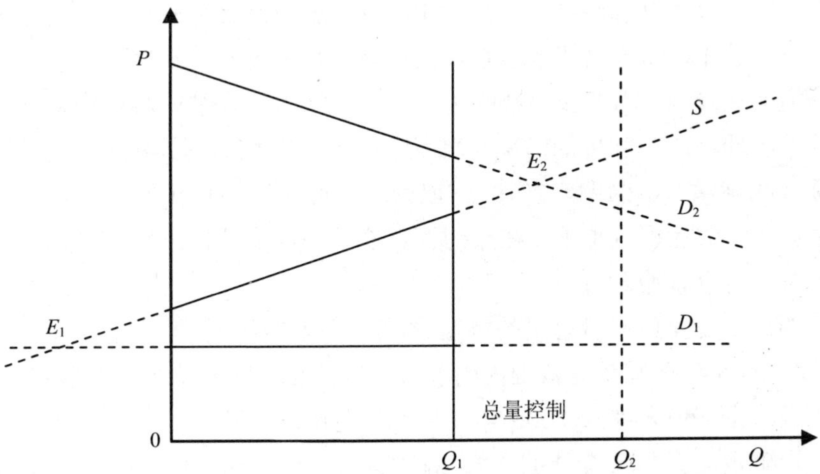

图 2-1 排污权有价无市示意图

在 2002 年嘉兴市秀洲区试点时，当时向环保局购买排污权比较容易。随着减排压力加大，区域排污权指标也就越来越少，政府没有指标后，向企业购买就更加困难。在秀洲区，企业间为了限制竞争对手的发展，即便有剩余排污指标也不愿意把排污权转让给自己的竞争对手。而且，企业为自己的长远发展考虑，也大多不愿转让排污权。排污权最终成为一种稀缺珍藏商品，基本上是有价无市。同时，排污权价格涨势明显。以嘉兴市七洲漂染有限公司为例，2002 年 COD 排污权的价格是每吨 200 元左右，2005 年市场交易价格就飙升至每吨 600 元。[①]在强势升值预期的作用下，考虑到企业的发展需求，

① 贺鹏飞，减排压力迫近，嘉兴排污权指标紧俏[N/OL]，经济观察网，2007-08-03。http://www.eeo.com.cn/eeo/jjgcb/2007/08/06/78702.shtml。

企业也不会轻易出让有限的排污权。此外，排污权有偿使用和交易制度存在 3 种风险："劣企驱逐良企"的市场风险、排污权出让和交易公司运作的政策性风险和权力寻租风险。[①]诸如此类风险会使得排污权市场门槛更高，同时此类风险也是排污权交易"有价无市"的必然结果。因此，需要构建总量核定监管和排污许可监管，盘活企业和政府手中的排污权，从而保障排污权有偿使用和交易制度的市场机制顺畅运行。

2.1.2 排污权供给不足

排污权供给不足是排污者"惜售"的直接后果，也是排污权有价无市的内在机理。众所周知，排污权有偿使用和交易的一个重要前提条件便是总量控制。如果排污总量不受约束，那么排污权就是无限供给，此时排污权也就没有必要有偿使用。污染权供给量即为污染物排放总量。污染物排放总量控制是将管理的地域或空间作为一个整体，根据要实现的环境质量目标，确定该地域或空间一定时间内可容纳的污染物总量采取措施使得所有排入这一地域或空间内的污染物总量不超过可容纳的污染物总量，以保证实现环境质量目标（沈满洪、谢慧明，2010）。理论上来说，污染物排放总量等于环境容量。然而，环境容量的估计困难重重，在排污权有偿使用和交易制度实施之初，污染物的超排和偷排现象也十分普遍。

在现行的污染物排放许可总量的核定中，排污权供给量，即污染物许可排放总量有 4 类：①纳入 2005 年环境统计范围内的项目，排污总量按照统计数量确定；②2005 年年底前已经投入生产但未纳入 2005 年环境统计范围的项目，排污总量按缴纳排污费的污染物排放量确定；③2006 年 1 月 1 日以后投产，并已通过环保部门验收合格的项目，排污总量按验收核定的数量确定；④2006 年 1 月 1 日以后投产但尚未通过环保部门验收或者正在建设的项目，排污总量按经环保部门批准的环评文件预测数量确定。[②]如把这 4 类污染物许可排放总量分别记为 S_1、S_2、S_3、S_4，那么这 4 类总量之间存在一定的梯度关系。此时，在图 2-1 中供给曲线 S 将是一个供给曲线族，在曲线族中可能存在一条曲线与水平的需求曲线 D_1 形成市场均衡（在比较静态分析框架中，假定政府定价策略下排污权的价格不发生变化，过低初始价格依然使得排污权需求曲线呈水平状态），见图 2-2。

① 姜帆，柴骥程，排污权交易"奶酪"看上去很美为何有价无市？[N/OL]，新华网，2005-08-02。http://www.xinhuanet.com/chinanews/2005-08/02/content_4783452.htm。

② 贺鹏飞，减排压力迫近，嘉兴排污权指标紧俏[N/OL]，经济观察网，2007-08-03。http://www.eeo.com.cn/eeo/jjgcb/2007/08/06/78702.shtml。

在图中，假定$[S_1, S_2, S_3, S_4]\subset[\underline{S}, \overline{S}]$，即$[S_1, S_2, S_3, S_4]$是$[\underline{S}, \overline{S}]$的一个子集，这意味着 4 类标准中最小的供给量加总为$\underline{S}$，最大的供给量加总为$\overline{S}$。因为对于不同的企业 i 来说，4 类总量均存在，分别记为S_{i1}，S_{i2}，S_{i3}，S_{i4}，且$S_1=\sum_i S_{i1}$，$S_2=\sum_i S_{i2}$，$S_3=\sum_i S_{i3}$，$S_4=\sum_i S_{i4}$。同时，

$$\underline{S}=\sum_i \min\left(S_{i1},S_{i2},S_{i3},S_{i4}\right) \qquad \overline{S}=\sum_i \max\left(S_{i1},S_{i2},S_{i3},S_{i4}\right)$$

图中供给曲线$\overline{S}$与水平的需求曲线相交于 E_2 点，而且该点位于排污权数量有效的区间范围$[0, Q_1]$内，市场均衡存在。只不过现实中，更多的情形是 S_1 和 S_2 的情形，这与图 2-1 中供给曲线 S 的情形一样，不存在市场均衡。不存在市场均衡的原因是排污权供给不足。

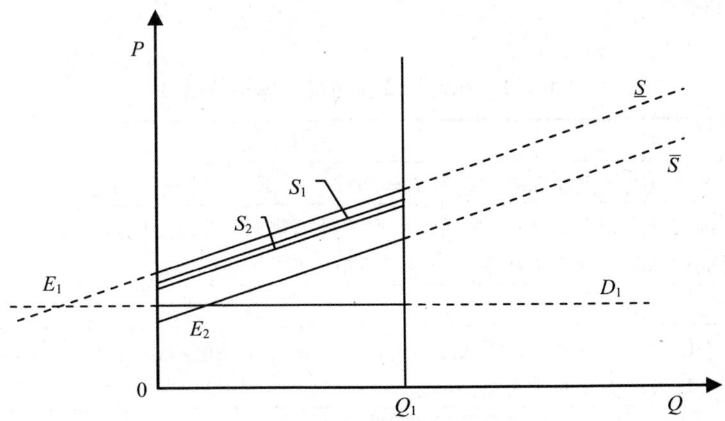

图 2-2　排污权供给不足示意图

事实上，污染物许可排放总量的数据还不止这些，譬如 2005 年的环境统计数据（“十一五”规划的约束性指标的设立就是以 2005 年统计口径的排污总量为基础的），2008 年的污染源普查数据，创办企业时的行政审批数据与企业自身的申报数据。因此，加强环境监测监管和环境统计监管迫在眉睫，如何准确合理地掌握和控制企业的污染排放情况对于完善排污权有偿使用和交易制度十分关键，它也是培育排污权交易市场和保障排污权有效供给的基础。

2.1.3 市场信息不充分

排污权市场信息包括许多方面，如市场主体信息、市场价格信息、市场供求信息、环境质量信息、相关配套信息等。排污权市场信息既是指排污权交易过程中的相关信息，也是指排污权交易之前和之后两个过程中相关信息。

（1）市场主体信息不充分。根据各地市排污权有偿使用和交易实施办法及实施细则的规定，浙江省各地市目前排污权交易市场主体存在差异，如表 2-1 所示。有的地市市场参与主体众多，只要是向环境排放污染物的所有排污单位均是排污权有偿使用和交易的主体，如嘉兴市和兰溪市。有的地市市场参与主体依据企业的规模和行业将排污权交易市场主体局限于某些特定行业和特定的企业，如杭州市和湖州市。也有的地市根据行政区划确定排污权交易的市场主体，如绍兴市将排污权交易的市场参与主体限制在绍兴市区（含越城区、绍兴经济开发区、袍江工业区和镜湖新区）范围内直接或间接向环境排放污染物的排污单位。

表 2-1 排污权交易市场主体相关信息

地区	市场主体
杭州市	县控及以上重点排污单位以及需要新建、改建、扩建项目的排污单位
湖州市	日排放生产废水 10 t（含生活污水混合处理排放的）以上的排污单位或配有 1 t/h 以上燃煤锅炉或相当规模工业窑炉的排污单位
嘉兴市	排污单位
绍兴市	绍兴市区（含越城区、绍兴经济开发区、袍江工业区和镜湖新区）范围内直接或间接向环境排放污染物的排污单位
台州市	台州市行政辖区内的排污权出让方、受让方和排污权储备中心
兰溪市	排污者，是指法人、其他组织和个体经营者

资料来源：浙江省环境保护厅，《浙江省排污权交易相关政策汇编》，2011 年 9 月；浙江省环境保护厅、浙江省排污权交易中心，《浙江省排污权有偿使用和交易试点工作亮点和典型案例分析》，2011 年 9 月。

各地区如此界定排污权交易市场主体存在两个弊端：①在不同市场参与主体的地区全面推行排污权有偿使用和交易制度存在一定的难度，地区内和地区外的企业掌控的整体市场信息不对称；②即便是在某一地区内部，排污权购买方也不尽掌握哪些企业拥有排污权，如此企业就更加无法了解哪类企业拥有富余的排污权。“拉郎配”式的单笔排污权交易不能真正成为利用市场机制解决经济发展的环境资源瓶颈，需要通过排污许可监管和环境执法监管来明确相关市场参与主体及其权益。

（2）市场价格信息不充分。排污权可以通过市场拍卖实现其经济价值。排污权制度改革以来，浙江省排污权拍卖案例逐渐增加，但是浙江省排污权市场价格信息十分缺乏，有效的拍卖价格信息更是凤毛麟角。根据杭州市产权交易所排污权拍卖的相关信息，排污权拍卖价格也只能得到初步估计。即便杭州市产权交易拥有每一笔排污权拍卖的价格，这一价格依然是单笔交易的价格，不是排污权市场的均衡价格。

杭州市产权交易所公布了若干年份若干次排污权拍卖的数量和金额，见表 2-2。公布的信息主要包括 2010 年和 2011 年 SO_2 和 COD 的拍卖数量和总成交金额。2009 年杭州市产权交易所分两次拍卖了 SO_2 和 COD。第一次拍卖了 1 095 t SO_2 和 180 t COD，总成交金额为 2 980 万元；第二次拍卖了 494 t SO_2 和 91 t COD，总成交金额为 1 436 万元。根据 4 次拍卖信息，两两分类（2009 年两次为一类，2010 年和 2011 年为一类），即假定同一类中拍卖的价格是一致的。由此可得：

$$\begin{cases} 1\,095P_s^1 + 180P_c^1 = 2\,980.5 \\ 494P_s^1 + 91P_c^1 = 1\,436.5 \end{cases} \qquad \begin{cases} 284P_s^2 + 58P_c^2 = 682 \\ 11P_s^2 + 7P_c^2 = 36 \end{cases}$$

其中 P_s^1, P_s^2 分别为第一类和第二类拍卖中 SO_2 的拍卖价格，P_c^1, P_c^2 分别为第一类和第二类拍卖中 COD 的拍卖价格。据估算，2009 年 SO_2 的拍卖价格为 1.18 万元/t，COD 的拍卖价格为 9.38 万元/t；2010 年和 2011 年 SO_2 的拍卖价格为 1.99 万元/t，COD 的拍卖价格为 2.02 万元/t。如表 2-2 所示。

与此同时，由于排污权市场价格信息的不充分，只有在假定某一污染物价格的情形下才可能更细致地估计另外一种污染物的价格，表 2-2 还给出了 3 种排污权市场价格的仿真结果。结果显示排污权市场价格波动幅度较大，当 SO_2 的价格在[1，2]区间内波动时，COD 的波动范围为[2，10.47]。另外，在排污权有偿使用和交易制度实施的初期阶段，排污权市场价格与政府给定的价格差异较大，2009 年 COD 的拍卖价格为 9.38 万元/t，然而在 2010 年和 2011 年 COD 的拍卖价格约为 2.02 万元/t。从表面上来看，这些价格的变化能够反映出排污权市场交易的价格信息，以及市场对排污权有偿使用和交易制度的信心指数。然而，COD 的拍卖价格为 2.02 万元/t，这与政府制定的排污权价格完全一致。这就说明排污权市场价格信息存在失真，它不能够真正反映出排污权市场中排污权的稀缺程度。因此，面对排污权市场价格信息的不充分，政府应该本着信息公开、过程公开、结果公开的原则加强网上交易监管，推进排污权有偿使用和交易制度有序推进。

表 2-2　市场价格信息不充分情形下杭州市排污权拍卖价的估算

交易时间	SO_2 /t	拍卖价估算值/（万元/t）	COD /t	拍卖价估算值/（万元/t）	总成交金额/万元
2009 年	1 095	1.18	180	9.38	2 980
	494		91		1 436
2010 年	284	1.99	58	2.02	682
2011 年	11		7		36
假定 SO_2 的价格为 1 时，COD 拍卖价波动区间的估计		1.00	—	10.47	—
		1.00	—	10.35	—
		1.00	—	10.00	—
		1.00	—	3.57	—
假定 COD 的价格为 10 时，SO_2 拍卖价波动区间的估计		1.08	—	10.00	—
		1.06	—	10.00	—
		1.00	—	10.00	—
		–3.09	—	10.00	—
假定 SO_2 的价格为 2 时，COD 拍卖价波动区间的估计		2.00	—	4.39	—
		2.00	—	4.92	—
		2.00	—	5.10	—
		2.00	—	2.00	—

资料来源：浙江省环境保护厅、浙江省排污权交易中心，《浙江省排污权有偿使用和交易试点工作亮点和典型案例分析》，2011 年 9 月。

（3）市场供求信息不充分。以杭州市 2012 年的一笔排污权交易为例，2012 年 12 月 10 日杭州市产权投资有限公司受杭州市环境保护局的委托，挂牌转让 187 t COD 和 169 t SO_2。[①]受让人的条件应符合杭政办函[2008]433 号《杭州市主要污染物排放权交易实施细则（试行）》第六条第二款的有关规定。排污配额起始价及保证金如表 2-3 所示。

① 杭交所，排污权交易公告[EB/OL]，2012-12-10。http://www.hzcqjy.cn/cqjy/view/news.jsp？ unid=8BDD451D9009C1D70A39A044AE370B20。

表 2-3　杭州市排污配额起始价及保证金

序号	污染物种类	行业	起始价/（万元/t）	保证金/（万元/t）
1	COD	化工、制药	8	1.6
		其他	2	0.4
2	SO_2		2	0.4

2012 年 12 月 25 日，此次排污权交易采用电子交易方式进行，来自杭州、富阳、余杭、萧山等地，涉及医药、化工、汽车、纺织等行业的 13 家企业获得了 143 t SO_2 和 161 t COD 排放指标，总成交额达 806 万元。①与往年往次排污权拍卖一样，排污权供给量信息是充分的，但是排污权需求量的信息是不充分的。相关报告只是指出所有的供给量都被购买走了，但是真实的市场需求并不知晓。同时，供求双方的参与主体信息也不充分，哪些企业来购买排污权、哪些企业来出售排污权都不明晰。如果环保局是排污权市场唯一的供给方，那么这一市场的活跃程度必然会受到限制。最后，市场供求信息的不充分也体现为市场价格信息的不充分，2012 年每一笔 COD 和 SO_2 的成交价格并不公开。这意味着这一市场并不透明，市场参与主体的参与积极性会受挫。长此以往不利于排污权市场的形成与完善。因此，政府需要加强环境金融监管和环境财政监管，不论是对像杭州产权投资有限公司或杭州产权交易所等金融中介机构，还是对各地市排污权交易中心或各地市环保局，它们的交易行为、交易方式、交易信息等均应实现有效监管。

2.1.4　排污权交易费用过高

排污权交易费用过高体现在排污权交易制度的创立成本、排污权交易制度的实施成本和排污权交易制度的监管成本较高等方面。目前，过高的排污权交易费用绝大部分由政府买单。现有的排污权交易大多也局限于政府部门通过“拉郎配”方式实现。中国环境规划院副院长王金南在接受采访时指出，为了避免各自为政和人为的市场分割，可以通过构建 1 个国家性的、3 个区域性的和多个地方性的交易平台以降低排污权交易费用。②不仅如此，政府在承担“拉郎配”角色的同时，还为这一制度的运行付出了大量的时间成本，承担了大量的担保风险。

---

① 杭交所，杭州 2012 年主要污染物排污权交易在杭交所成功举行[EB/OL]，2012-12-31。http://www.hzcqjy.cn/cqjy/view/news.jsp?unid=23999F17325E7C1772FC2B5EE1A955A0。

② 王仕，葛俊杰，杭春燕，政府部门“拉郎配”，排污权交易“行政色彩”别太浓[EB/OL]，新华日报，2008-11-11。http://www.xinhuanet.com/chinanews/2008-11/11/content_14880440.htm。

在嘉兴市秀洲区，当地环保局通过对 2001 年的环境统计分析找到了“环境容量置换法”来实现节能减排的目标，2002 年 4 月出台了《秀洲区水污染排放总量控制和污染权有偿使用管理试行办法》，2007 年 9 月嘉兴市在广泛调研、反复修改基础上形成了《嘉兴市主要污染物排污权交易办法（试行）》，并由嘉兴市人民政府正式颁布实施（沈满洪、谢慧明，2010）。7 年的时间里，嘉兴市各级政府和各个政府部门为创立这一项制度花费了大量的时间和心血。

过高的排污权交易费用由政府买单并不合理，因为政府买单的实质是由广大纳税人买单，而这违背了“谁污染，谁治理”这一最基本的环境保护原则。但是现实中在诸多场合，政府实际上都充当了担保人的角色，而这会增加排污权交易的费用（包括机构的运行费用等）。在诸多试点地区，排污权抵押贷款制度被认为是它们在推进排污权有偿使用和交易制度过程中的一个亮点，而这一亮点的背后所潜伏的风险基本由政府来埋单。截至 2012 年 6 月末，嘉兴银行全行排污权抵押授信余额达 1.05 多亿元，已累计发放排污权抵押贷款超过 2 亿元。授信额度或贷款额度背后的保障是排污权的价值。以嘉兴春晓食品有限公司——嘉兴银行排污权抵押贷款为例，该公司需要购买 29 t 工业 COD，1.784 t 生活 COD，需支付交易款总计 179.49 万元。然而，该公司是在 2007 年 6 月注册成立的，排污权交易制度在当时还没有推出，而该公司目前尚处于筹建阶段，资金计划上并没有考虑购买排污权，再加上时间紧，要一下子重新调度到位非常困难。因此，该公司在初期只向嘉兴市排污权储备交易中心交纳交易款 40 万元，余下的向环保局承诺在 2008 年 10 月前交清。2008 年 12 月 31 日，嘉兴市商业银行梅湾支行向春晓食品公司发放了首笔 120 万元的排污权抵押贷款。[①]这一案例中，事实上环保局承担了一定的担保风险，它担保该公司所购买的排污权价值 179.49 万元，如此 120 万元的贷款即便在公司破产后也可以通过变卖排污权以得到偿还。

此外，排污权交易市场信息不充分也会导致排污权交易费用过高。在市场信息不充分的情况下，排污权市场参与主体的搜寻成本更高，排污权市场参与主体所面临的市场不确定性也就越大。同时，排污单位数量多、规模不等、分布零散等特征也都决定了排污权交易市场的信息搜寻成本过高（高长思，2007）。因此，加强网上交易监管、环境金融监管和环境财政监管对于进一步活跃排污权交易市场，丰富排污权交易的内容以及完善排污权有偿使用和交易制度十分重要。

① 嘉兴银行梅湾支行，梅湾支行排污权抵押贷款调研报告[R]，2012.8。

2.2　排污权制度实施中的政府机制失灵威胁

政府机制失灵主要是指政府干预但没有纠正市场失灵，反而进一步扭曲了市场机制。在排污权有偿使用和交易制度的实施过程中，政府机制失灵主要包括排污权政府定价、排污权监管缺失和总量执法未跟进等方面。

2.2.1　排污权政府定价导致价格扭曲

根据《浙江省初始排污权有偿使用费征收标准管理办法（试行）》（浙价资[2011]176号）规定，浙江省初始排污权有偿使用费征收标准按照“统一政策，分级管理”的原则，由政府价格主管部门会同环保主管部门制定。初始排污权有偿使用费征收标准应当根据环境容量资源的稀缺程度、污染物治理成本、经济社会发展水平、排污权有偿使用期限和国家有关政策规定等因素合理制定并适时调整。

在杭州市，根据主要污染物的削减成本、出（受）让方所在地环境质量和总量控制目标以及市场情况等因素，杭州市物价局会同市环保局确定主要污染物配额交易市场参考价。目前 SO_2 市场参考价为 20 000 元/t。COD 则根据不同行业的污染轻重程度，实行系数法。造纸、酿造、发酵 COD 排污交易市场参考价价格系数为 2，即 40 000 元/t；纺织、印染 COD 价格系数为 3，即 60 000 元/t；化工、制药等重污染行业 COD 价格系数为 4，即 80 000 元/t，其余行业价格系数为 1，即 20 000 元/t。

根据《宁波市镇海区污染物排放总量有偿使用管理办法（试行）》（镇政发[2008]66号），镇海区物价局会同环保、财政等部门根据区域污染物排放总量指标、总量削减计划和削减成本，结合区域经济社会发展水平，在尊重历史的前提下，确定污染物排放总量的申购和回购指导价。根据《湖州市主要污染物排污权有偿使用和交易实施细则（试行）》（湖环发[2009]82 号）的规定，排污权有偿使用金基准价根据不同行业类别和削减成本确定。有些地区排污权的定价基础就是成本测算，如台州市。根据《关于排污权交易指导价格的通知》（台环保[2009]185 号）的规定，经成本测算并征求相关部门意见，现就排污权指导价格通知如下：全市各行业统一排污权交易指导价为：收购价 COD 为 5 万元/t、SO_2 为 1 万元/t；出让价 COD 为 8 万元/t、SO_2 为 2 万元/t，有效期 10 年。各地市排污权价格如表 2-4 所示。

表 2-4 浙江省排污权价格一览表

地区	SO_2与 COD 排污权交易价格	年限
杭州	SO_2：2 万元/t；COD：2 万元/t×价格系数（造纸、酿造、发酵 COD 排污交易市场参考价价格系数为 2；纺织、印染 COD 价格系数为 3；化工、制药等重污染行业 COD 价格系数为 4；其余行业价格系数为 1）	5 年
湖州	SO_2：1 万元/t；COD：2.5 万元/t×价格系数（石油加工、化工、医药、制革、印染（含砂洗）、造纸等高污染工业项目系数为 1.5，食品制造、饮料制造、化纤、电镀（含酸洗）等工业项目系数为 1.2，其他轻污染项目系数为 1）；氨氮和总磷：5 万元/t	5 年
嘉兴	COD：8 万元/t，SO_2：2 万元/t；南湖区对老污染源在统一有偿分配原则下，给予一定幅度优惠，以新污染源 60%的价格执行，即 COD 4.8 万元/t，SO_2 1.2 万元/t；回购价格为 COD 6 万元/t，SO_2 1.5 万元/t	20 年
绍兴	新污染源：基准价 2 万元/t。废水纳管的新污染源，COD 排污权按日纳管废水量计算，其 COD 排污权有偿使用费基准价为 1 000 元/t，行业污染系数按以下方式确定：排放生活污水为主的轻污染项目，系数按 1 计算；排放一般性工业废水的项目，系数按 1.2 计算；排放高污染工业废水的项目，系数按 1.5～2.0 计算。其中生物制药、印染等项目，系数按 1.5 计算；化学合成制药、化工、电镀等项目，系数按 2.0 计算。老污染源年 SO_2 排污权有偿使用费基准价为 1 000 元/t，新污染源为 2 万元/t	8 年
台州	收购价：COD 为 5 万元/t、SO_2 为 1 万元/t；出让价：COD 为 8 万元/t、SO_2 为 2 万元/t	10 年
诸暨	老污染源：8 000 元/（t·a）；电镀企业达标废水量，为年排放量 4 万元/t 废水；新污染源：20 000 元/t，电镀企业达标废水量，为年排放量 10 元/t 废水	10 年
兰溪	老污染源：2 000 元/t，电镀和蓄电池行业废水为年达标排放量 2 万元/t。新污染源：1 万元/t，新建企业（含新建、扩建、改建和技术改造）新增的排污总量，一律按市场价有偿获取排污权，并应取得同行业污染物减排替代指标，所替代削减的污染物指标必须来自合法企业。具体替代比例为：一般项目的减排量与新增量的替代比例不得低于 1∶1.2；化工、医药、制革、印染、造纸、电镀和蓄电池等重污染项目，替代比例不得低于 1∶1.5	5 年

资料来源：浙江省环境保护厅，《浙江省排污权交易相关政策汇编》，2011 年 9 月；浙江省环境保护厅、浙江省排污权交易中心，《浙江省排污权有偿使用和交易试点工作亮点和典型案例分析》2011 年 9 月；沈满洪等，《排污权交易机制研究》，中国环境科学出版社，2009。

从浙江省或各地市排污权有偿使用和交易制度的实施办法或细则来看，浙江省排污权政府定价特征突出，而且政府定价原则不一、排污权价格地区差异显著、排污权价格行业加成系数在不同地市间又各不相同，由此排污权价格扭曲也是必然的，需要加以监管。

（1）政府定价原则不一。浙江省全面推行排污权有偿使用和交易制度时，排污权定价时所考虑的因素最为全面，包括稀缺程度、治理成本、经济发展水平、有偿使用年限和国家有关政策等。杭州市考虑的是治理成本、环境质量、总量控制目标和市场情况。宁波市镇海区的定价因素有 3 个：治理成本、总量控制目标和经济发展水平。湖州市和台州市的定价因素主要就是治理成本。由此可见，政府定价原则的核心是治理成本，现行排污权价格大部分是在治理成本的基础上加成定价而来。然而，排污权价格最重要的是应该反映出环境资源的稀缺程度。因此，排污权政府定价是存在盲目性的。

（2）排污权价格地区差异显著。从表 2-4 可以看出，SO_2 排污权价格从 1 万元/t 到 2 万元/t 不等，大部分地区 SO_2 排污权价格为 2 万元/t，但是许可证年限却又分 5 年、8 年、10 年、20 年不等，各地区的 SO_2 排污权价格差异显著。同时，COD 排污权的价格从 2 万元/t 到 8 万元/t 不等，在不同的价格背后许可证的年限也存在地区差异。这也是政府定价所导致的一个不平衡现象。

（3）排污权价格行业加成系数在不同地市间又各不相同。在杭州，价格系数根据不同行业被区分为：造纸、酿造、发酵 COD 排污交易市场参考价价格系数为 2；纺织、印染 COD 价格系数为 3；化工、制药等重污染行业 COD 价格系数为 4；其余行业价格系数为 1。在湖州，价格系数根据不同行业被区分为石油加工、化工、医药、制革、印染（含砂洗）、造纸等高污染工业项目，系数为 1.5；食品制造、饮料制造、化纤、电镀（含酸洗）等工业项目，系数为 1.2；其他轻污染项目，系数为 1。在绍兴，价格系数根据不同行业被区分为排放生活污水为主的轻污染项目，系数按 1 计算；排放一般性工业废水的项目，系数按 1.2 计算；排放高污染工业废水的项目，系数按 1.5～2.0 计算。其中生物制药、印染等项目系数按 1.5 计算；化学合成制药、化工、电镀等项目系数按 2.0 计算。从 3 个地区的价格系数设定来看，行业之间价格系数差异显著，同一行业不同地区之间价格系数也不相同，这是一个难以解释的系数设定规则，也是一种非常不合理的现象，是政府定价的一个现实产物，需要加以调整。

因此，政府定价会导致定价原则在地区间不尽相同、排污权价格在地区间差异显著、排污权价格行业加成系数在不同地市间也存在差异。为了更好地解决这一层面上政府失灵的困境，需要通过加强环境执法监管、环境许可监管等多种监管机制，明确政府的职能主要是监管，而不是定价，即便政府参与了定价，政府的定价原则、过程、结果等也要接受监管，防止政府失灵。

2.2.2　排污权监管缺失

（1）排污权总量核定监管缺失。排污权市场“有价无市”或“供给不足”等问题在操作层面上很大程度上是由于排污权总量监管的不到位。排污权监管缺失的一个重要表现是在浙江省排污权有偿使用和交易制度实施过程中排污权总量核定困难重重，具体体现为以下 3 个方面。

- 宏观总量数据存在选择性：污染核算主要包括建设项目环境影响评价、“三同时”验收、排污申报、环境统计、污染减排、污染源普查 6 类。不同类别污染源核算所采取的方法各不相同。建设项目环境影响评价主要采用物料衡算法和类比法；“三同时”验收一般采用实测法；环境统计则以实测法为主，个别行业或企业有采取物料衡算法和类比法；排污申报与污染源普查则一般综合运用物料衡算法、类比法和实测法。由于存在着“自然损耗”“信息损耗”和“技术损耗”，基于不同方法得到的宏观总量数据往往并不一致，那么在执行总量控制政策时，宏观总量数据就有选择性。
- 微观总量数据存在波动性：企业是污染减排的主体，也是排污权有偿使用和交易的市场主体。企业是通过排污权有偿使用和交易制度参与到政府的减排工作之中。企业污染物的排放量由污染减排技术、管理水平以及产品结构等微观因素决定。然而，由于企业经营受到原材料价格、运输费用、人力成本、宏观经济政策等因素的影响，企业的经营状况存在波动，那么作为负产出的污染物也同样会受到影响。这将决定着企业是排污权的购买方还是排污权的供给方，并最终将决定地区排污权有偿使用和交易的总量。
- 宏观与微观数据的联动性：宏观数据与微观数据的联动性体现在两个方面，一方面微观数据加总过程面临“自然损耗”“信息损耗”和“技术损耗”，加总的微观数据不等于宏观数据；另一方面宏观数据在分解过程中，两者联动性的把握也并不容易。根据《“十二五”节能减排综合性工作方案》，以 COD 和 SO_2 为例，“十二五”节能减排工作的主要目标是 8%。分解到不同年和不同省，浙江省 2012 年 COD 和 SO_2 的减排目标均为 2.5%。在减排目标的分解过程中，某一些地区、某一些行业分到的减排任务要重一些，那么这些地区这些行业排污权总量则相对少些，允许交易的环境容量资源也相应少些，排污权有偿使用的压力则大些，“超排、偷排”等现象就多一些，微观数据的准确性就会受到质疑，宏观数据和微观数据的对接存在一定的难度。这说明在缺乏有效监管和严格法律约束的情形下微观数据的准确性或许是内生的。

针对排污权各类总量数据的不一致性，加强总量核定监管是进一步推进和完善排污权有偿使用和交易制度的基础；针对排污权总量数据的选择性、波动性和联动性等特征，加强环境统计监管迫在眉睫，统一基础数据和弄清排放数据是进一步推进和完善排污权有偿使用和交易制度的关键。

（2）排污权市场主体监管缺失。排污权市场的参与主体大体可以分为 3 类：排污单位、政府机构和社会中介。在试点阶段，浙江省不同市场主体的监管机制缺失，即便在某些地区或某些领域存在一定程度上的监管，但是监管的程度又存在显著差异。譬如对作为监管者的政府的监管基本空缺；排污单位的排污过程得到了相对严格的监管，但是就其作为市场的一个重要参与主体，其交易监管并不完善，排污单位环境风险的核查和监管刚刚起步；社会中介参与排污权市场的作用基本尚未发挥。

- 对作为监管者的政府的监管：在浙江省排污权有偿使用和交易监管机制的实施过程中，地方政府在提供环境监管时可能会出现浪费和滥用资源等现象，致使公共支出规模过大或者效率降低。如在追求经济高速增长的过程中，排污权市场的短缺现象会非常突出。因此，政府需要接受民众的监督，特别是在排污权价格、数量、参与者等核心信息上应做到公开、公平、公正，当好“裁判员”。而这体现为环境执法监管中的社会监管机制。
- 对作为被监管者的排污单位的监管：排污企业都是排污权市场的直接参与者，它们充分地掌握了自身企业或同行业企业的污染排放的相关信息。在有些场合，政府也并不清楚企业的排放情况。在企业排放的实时数据中，政府所了解的信息也肯定不如企业自身所掌握的信息。此时，如何设计一套激励相容的排污申报制度对于政府监管排污单位而言至关重要。同时，让企业参与到监管过程中来能够使得交易信息更加充分，市场活动更加透明。另外，企业在当好“运动员”的同时，也应该密切关注“裁判员”的一举一动，通过完善的信息传递通道尽可能地营造出良好的排污权交易市场氛围。因此，加强环境监测监管是对排污单位进行监管的一项重中之重机制。
- 对作为既是监管者又是被监管者的社会中介的监管：社会中介和社区居民应该根据相关规定排放污染物，接受政府的管理。同时，社会中介和社区居民既是政府执法的监管者，也是企业排污的监管者，还是排污权有偿使用和交易的服务者。它们的观点和言行在很多场合都会影响到政府的最终决策，它们的监督和管理对于企业来说更是一个庞大的免费的“在线监测系统”。因此，加强对社会中介的监管是构筑免费“在线监测系统”的关键，这可以纳入环境执法监管之中。

（3）排污权交易利得监管缺失。浙江省排污权交易利得监管缺失的现象十分突出，多个地区排污权有偿使用金额已经形成了一定规模，但是由于资金使用办法尚未出台，资金的作用并未发挥出来，相关监管漏洞也较明显。在湖州，排污权有偿使用项目金额达 7 831 万元。由于湖州市尚未建立排污权交易平台，在资金使用上，尚未出台相关办法，对资金的管理和使用作出具体规定，因此对推进排污权交易的进度及激励效益不大。

在不同地区，政府的一些让利行为或政府的收益情况也不同，如表 2-5 所示。在表中，折价申购是一个普遍现象，但是根据时间点来推进折价申购还是根据企业类型来实现有偿使用是有地区差异的。在嘉兴，折价申购是根据时间点来划分的，在不同的阶段上的折扣不同；在湖州和绍兴，折价申购是根据企业类型来分的，新旧企业的价格不同。

表 2-5　浙江省部分试点地区关于交易利得的相关规定

地区	交易利得
杭州	减排的 80%经认定后可交易，无偿取得的配额其 70%利得归政府
湖州	折价申购，新旧有别；按有偿使用的 80%折价回购
嘉兴	折价申购实现有偿使用，在 2010 年 12 月 31 日之前付清有偿使用费的，给予最高 40%的优惠；在 2011 年 1 月 1 日至 2011 年 6 月 30 日期间付清的，给予最高 30%的优惠；在 2011 年 7 月 1 日至 2011 年 12 月 31 日期间付清的，给予最高 20%的优惠
绍兴	折价申购，新旧有别；按有偿使用的 80%折价回购

交易利得监管的缺失会直接导致不同市场参与主体的参与积极性不高，也会使得排污权有偿使用和交易制度的实施面临诸多阻力。因此，需要通过加强环境金融监管和环境财政监管以激励地方政府积极推进排污权有偿使用和交易制度创新，以实现排污权有偿使用和交易制度在地区之间的相对公平。

2.2.3　总量执法未跟进

长期以来，我国环境治理中实行的是浓度控制为主的污染物排放收费制度。根据《排污费征收使用管理条例》，直接向环境排放污染物的单位和个体工商户应当缴纳排污费；对于非直接向环境排放污染物的，如排污者向城市污水集中处理设施排放污水、缴纳污水处理等费用的，不再缴纳污水排污费。对于超标排放污染物的，根据相应的污染防治法责成其限期治理，并对之进行处罚。根据不同污染物和不同污染级别，各个地区都有制定相应的《污染物排放收费标准》及其《超标排污费征收标准》。

2005 年以来，我国在区域环境治理中全面试行一种新的排污制度——总量控制。不同于以浓度控制为主的环境污染治理手段，总量控制政策能够有效地在控制住浓度的同时控制住污染物排放的总量，从而避免“有效地控制住了浓度而污染物排放总量却在不断突破环境容量而使得环境质量日益变差”的尴尬局面。不过，环境保护制度转型期总量控制政策会出现失灵。

（1）总量核查工作困难重重使得基于总量的环境保护政策难以让人信服。如果只统计一些行业的污染排放总量，那么被统计行业就觉得相对于未被统计的行业而言是不公平的；如果由于统计口径或统计技术不完善，同一被统计企业的污染排放数据存在显著差异，那么缺乏准确性；此外，现阶段环境污染数据对于社会而言在一定程度上并不公开，政府、企业、居民之间的相互猜忌会使得政府的环境政策出现失灵。

（2）总量控制政策本身设计并不健全，缺乏必要的执法制度与之匹配。与浓度政策相比，总量控制政策并没有相应的“奖惩机制”与之相匹配。目前，减排约束只要求各个地区在总量上实现减排目标，并不要求根据“均等化”原则实现企业之间的均衡减排，这意味着并不是所有的企业都需要完成减排任务。而且，这对于一些企业来说是一种外部冲击，企业可能并不完全按照减排要求减排而是选择超排。总量超排后，并没有相应的制度对超排者进行处罚。

（3）总量控制技术要求高、实施过程复杂，企业减排过程存在寻租空间。完善的制度对于制度制定者而言也应该构成一种约束。总量控制政策下即便超排后也不需要对排污者进行惩罚，这一缺陷实际上也给企业寻租活动创造了空间。企业完全可以通过虚报申报和寻租活动来实现“达标排放”。

总量控制政策失灵的一个重要原因是总量执法尚未跟进。一方面，整个政策和法律体系对开展排污权交易没有足够的支撑，这使得总量执法困难重重。如排污权是否为商品，能否进行交易，法律上并没有给予认定。另外，企业如果超总量排放，按照目前的环保法律行政处罚太轻，对超总量排放现象还不能起到震慑作用。若试行限期治理，到期不能完成的再实行停产或申请政府实行关闭企业，则这个过程很长，对推进排污权交易造成了一定的困难。另一方面，总量核定体系不够完善，这会使得总量执法缺少数据支撑。在目前的环境监测体系中，对重点污染企业的监测为 1 季度 1 次，对一般企业监测为 1 年 1 次，过低的频数会使得总量执法中数据的说服力大大降低。因此，需要进一步加大对污染企业的监测力度，确保监测到位准确，从而有效核定年度排放总量。这意味着加强环境执法监管和环境监测监管是解决总量政策失灵的一个重要监管机制，它能够促进在排污权有偿使用和交易制度实施过程中更好地做到执法必严和违法必究。

2.3 排污权制度实施中的社会机制失灵威胁

公民缺乏环境知情权、公民环境意识淡薄、公民环境权益不明确、社会主体不健全和政府行为扭曲等都会导致排污权制度实施的社会机制失灵（沈满洪等，2008）。在排污权有偿使用和交易制度的实施过程中，社会机制失灵主要体现在以下两个方面。

2.3.1 社会组织或个人参与机制缺失

社会机制是指社会公众（包括社会团体、民间组织和公民个人）接受并宣传生态环保的思想，参加生态建设和环境保护的实施（沈满洪等，2008）。1992 年 6 月，联合国环境与发展会议通过的《环境与发展宣言》和《21 世纪议程》都肯定并强调了公众参与生态环境的积极作用。1994 年 4 月，《中国 21 实际议程》进一步指出“公众、团体和组织的参与方式和参与程度，将决定可持续发展目标实现的进程。”（国家计划委员会，1994）

根据参与生态行动的公众不同，社会机制可以分为两个方面：①公民个体参与；②社会非政府组织参与。在排污权有偿使用和交易制度的实施过程中，公众和社会组织都尚未参与到排污权有偿使用和交易制度中来。一方面，由于排污权市场存在“有价无市”“供给不足”等难题，在总量控制与经济增长的大背景下，排污权市场不允许漏出，相反政府也在寻求更多的排污权以满足排污权的市场需求。因此，社会组织和个人购买排污权以改善环境质量的机制尚未被纳入排污权有偿使用和交易制度的设计之中。另一方面，社会组织和个人具有参与排污权监管过程的良好愿望，但由于环境统计的落后、环境保护意识的淡薄、环境权益的不明确等原因寄希望于通过社会机制实现排污权有偿使用和交易制度实现有效监管困难重重。

社会组织和个人参与排污权有偿使用和交易监管是一种趋势，也具有现实诉求。与命令-控制或经济激励等政策相比，公众参与形成对行政机制的制衡和对环境调节市场机制的监督（王艳芳，2007）。在发达国家，环境基本法或环境法典中都对公众参与作了实体和程序法上的规定。1997 年的加拿大《环境保护法》专门设立了一章“公众参与”，规定公众的环境登记权、自愿报告权、犯罪调查申请权和环境保护诉讼、防止或赔偿损失诉讼等内容。1998 年法国的《环境法典》也设立了“信息与民众参与”，细致地规定了公众参与环境保护的目的、范围、权利和程序等。美国《联邦水污染控制法》也提出了公众参与机制，包括环境运动、听证会和公民诉讼等。社会组织和个人的参与能够为决策者提供多方面的环境信息，能够活跃环境资源产权市场。同时，这些主体的参与能够丰富排污权交易市场的信息，不论是价格信息、数量信息还是环境信息，最终将有利于完善排污权交易市场。

我国公众参与环境保护的整体水平偏低。较低的公众参与水平的原因有历史、政治和经济等方面。从发达国家来看，环境问题曾经一度极其严重，民众对生态环境管理有强烈的参与和监督要求。而我国环境保护的发生是受到世界环境保护活动影响后才得以产生的，而且主要是由政府号召和组织进行的，这使得我国的环境保护和治理一开始就是公益性的活动，并由政府主导。这一特征延续至今，环境保护仅是一项由政府垄断的国家职能（吕忠梅，1997）。浙江省是中国市场化水平最高的省份之一，浙江省的环境问题十分突出，公众参与生态环境保护的热情较高。一般而言，环境信访件数的大小能够反映出该地区的环境问题是否严重，但同时这一指标又能从另一个层面反映出环境监管中的公众参与程度。从表 2-6 可以看出，浙江省每年处理的各类环保信访案件为 5 万～7 万件。

表 2-6　2006—2011 年浙江省每年处理的各类环保信访案件

年份	2006	2007	2008	2009	2010	2011
环境信访件数/件	69 455	74 798	70 800	58 330	53 587	53 587

资料来源：浙江省环境公报（2006—2011）。

公众参与排污权有偿使用和交易制度具体可以体现为以下几个方面：①对排污权交易制度的评价，可以刻画居民的环境保护意识；②适时参与排污权交易，可以用行动来证明社会组织和公众的环境保护意识；③社会机构的舆情导向，对完善排污权有偿使用和交易制度而言至关重要，尤其是在现阶段，排污权有偿使用和交易制度在嘉兴市等地已处于徘徊状态。因此，针对社会组织和个人参与机制的缺失，从监管角度来看，加强环境监测监管、环境统计监管和环境执法监管等有利于完善环境信息公开制度，提高公众参与的积极性，完善排污权有偿使用和交易制度的社会监管机制。

2.3.2　社会监督缺乏相应的信息披露

社会监督缺乏相应的信息披露是指公众参与主体（社会组织和个人）缺乏环境知情权。一直以来，我国向社会公布的生态环境信息主要包括污染物的产生量和排放量（如工业“三废”：废水、废气、固体废弃物）和空气整体质量状况等。环境资源利用效率的信息、涉及居民切身利益的一系列环境标准等均未被披露。由于缺乏生态环境的相关信息，社会组织和个人无法直接参与到生态环境建设和监督之中。

我国当前生态环境数据不透明的原因有两个：①技术原因，如污染浓度受到地区和气候的影响；②政府顾虑，如公布环境质量数据会影响外来投资等（沈满洪等，2008）。2007 年 2 月 8 日，《环境信息公开办法（试行）》经国家环境保护总局 2007 年第一次局务会议通过，自 2008 年 5 月 1 日起试行。[①]试行办法对政府和企业两类主体的环境信息公开范围作出了详细的规定。

政府环境信息的公开范围主要包括：

- 环境保护法律、法规、规章、标准和其他规范性文件。
- 环境保护规划。
- 环境质量状况。
- 环境统计和环境调查信息。
- 突发环境事件的应急预案、预报、发生和处置等情况。
- 主要污染物排放总量指标分配及落实情况，排污许可证发放情况，城市环境综合整治定量考核结果。
- 大、中城市固体废物的种类、产生量、处置状况等信息。
- 建设项目环境影响评价文件受理情况，受理的环境影响评价文件的审批结果和建设项目竣工环境保护验收结果，其他环境保护行政许可的项目、依据、条件、程序和结果。
- 排污费征收的项目、依据、标准和程序，排污者应当缴纳的排污费数额、实际征收数额以及减免缓情况。
- 环保行政事业性收费的项目、依据、标准和程序。
- 经调查核实的公众对环境问题或者对企业污染环境的信访、投诉案件及其处理结果。
- 环境行政处罚、行政复议、行政诉讼和实施行政强制措施的情况。
- 污染物排放超过国家或者地方排放标准，或者污染物排放总量超过地方人民政府核定的排放总量控制指标的污染严重的企业名单。
- 发生重大、特大环境污染事故或者事件的企业名单，拒不执行已生效的环境行政处罚决定的企业名单。

① 国家环境保护总局令第 35 号令。环境信息公开办法（试行）[N/OL]。http://www.zhb.gov.cn/info/gw/juling/200704/ t20070420_102967.htm。

- 环境保护创建审批结果。
- 环保部门的机构设置、工作职责及其联系方式等情况。
- 法律、法规、规章规定应当公开的其他环境信息。

国家鼓励企业公开的环境信息范围主要包括：

- 企业环境保护方针、年度环境保护目标及成效。
- 企业年度资源消耗总量。
- 企业环保投资和环境技术开发情况。
- 企业排放污染物种类、数量、浓度和去向。
- 企业环保设施的建设和运行情况。
- 企业在生产过程中产生的废物的处理、处置情况，废弃产品的回收、综合利用情况。
- 与环保部门签订的改善环境行为的自愿协议。
- 企业履行社会责任的情况。
- 企业自愿公开的其他环境信息。

从这些信息条目来看，政府公开的数据均比较宏观，都是一些整体信息。试行办法也鼓励企业公布微观数据，但是在自愿的信息公开制度下环境数据和污染排放数据的真实性备受争议。而且，这些微观的企业数据在更多的场合只是对政府公开，而没有对社会组织和个人公开。即便有些信息是公开的，但它们与排污权有偿使用和交易制度的相关性并不高。因此，建设排污权有偿使用和交易制度的信息公开制度迫在眉睫，它是完善排污权有偿使用和交易社会监管机制的基础，而加强环境统计监管是基础的基础。

与此同时，公众参与的信息也是排污权有偿使用和交易社会监管机制的重要内容。就公众参与信息而言，与上海相比，浙江省社会监督的信息披露不够充分。上海市一直以来比较重视公众参与在环境保护中的作用，早在 1995 年的《上海环境公报》中就单列了一个部分来阐述公众参与。1995 年《上海环境公报》中的公众参与就对人大提案、政协议案、群众信访、《上海环境保护条例》宣传、中小学环境教育、大众传媒、污染事故等方面进行了详细的报道。《浙江省环境公报》中一般只报道建议、提案和信访，至今尚未从公众参与视角对浙江省环境保护情况进行报告。在这样一种背景下，如何在推进排污权有偿使用和交易制度的过程中公开公众参与信息，如何通过构建排污权有偿使用和交易的社会监管机制来完善环境保护的社会机制对于推进浙江省环境保护工作而言意义重大。

总之，浙江省在探索排污权有偿使用和交易制度过程中碰到了不少困难和问题。这些困难和问题正是排污权有偿使用和交易监管机制建设的意义所在。市场机制失灵、政府机制失灵和社会机制失灵是生态环境问题的三大制度根源。在排污权有偿使用和交易制度中，市场机制失灵主要表现为排污权市场有价无市、排污权市场供给不足、排污权主体信息不充分、排污权价格信息不充分、排污权供求信息不充分和排污权交易费用过高等方面；政府机制失灵主要表现为排污权政府定价、总量核定监管缺失、市场主体监管缺失、交易利得监管缺失、总量执法未跟进等方面；社会机制失灵主要是指社会组织和个人参与机制的缺失以及社会监督缺乏相应的信息披露。

2.4 浙江省建立排污权监管机制的可行性分析

针对上述失灵现象，浙江省需要不失时机地推进排污权有偿使用和交易监管机制的建设，现阶段浙江省已基本具备对排污权有偿使用和交易进行监管的一系列基础和条件，具体体现在以下几个方面：

（1）浙江省排污权市场监管的经济基础十分雄厚。浙江省是东部沿海经济发达的省份之一，市场化程度高，经济基础雄厚。人均生产总值和财政总收入在 30 多年的时间里增加了 100 多倍，城镇居民人均可支配收入和农村居民人均可支配收入也增长迅速，达到了相对富裕的水平，如表 2-7 所示。在经济条件优越的浙江地区，居民的环保意识普遍较强。就排污权有偿使用和交易制度而言，截至 2012 年第 3 季度，浙江省累计开展排污权有偿使用 6 533 笔，缴纳有偿使用费 10.91 亿元。雄厚的经济实力为浙江省推进排污权有偿使用和交易监管制度提供了充足的资金保障和物质基础。

表 2-7 浙江省重要经济指标对比

指标	1978 年	1990 年	2000 年	2005 年	2006 年
人均生产总值/元	331	2 138	13 415	27 062	31 241
财政总收入/亿元	27.45	101.59	658.42	2 115.36	2 567.70
城镇居民人均可支配收入/元	332	1 932	9 279	16 294	18 265
农村居民人均纯收入/元	165	1 099	4 254	6 660	7 335
指标	2007 年	2008 年	2009 年	2010 年	2011 年
人均生产总值/元	36 676	41 405	43 842	51 711	59 249
财政总收入/亿元	3 239.9	3 730.06	4 122.04	4 895.41	5 925.00
城镇居民人均可支配收入/元	20 574	22 727	24 611	27 359	30 971
农村居民人均纯收入/元	8 265	9 258	10 007	11 303	13 071

资料来源：《浙江省统计年鉴 2012》。

（2）浙江省排污权市场监管的制度条件相对完善。浙江省至今已经出台了省—市—县三级排污权有偿使用和交易制度相关政策法规和规章，行政上制度体系健全；此类制度还包括试点基础政策法规、保障条件政策法规、收益管理政策法规、内部程序政策法规和技术依据政策，制度结构相对完整。构建浙江省有偿使用和交易监管制度体系可以参照排污权有偿使用和交易制度本身的政策法规体系，不同地区可以制定相应的监管制度，完善监管制度体系。相对完善的排污权市场监管制度可以包括，基础性监管制度、收支监管制度、内部程序监管制度、技术性监管制度等。拟定的两类监管制度安排如表2-8所示。

表2-8　基础性监管制度和收支监管制度安排

政策法规	分类依据
关于开展排污权有偿使用和交易监管工作的指导意见	基础性监管制度
浙江省排污权有偿使用和交易试点监管工作暂行办法	
浙江省排污权有偿使用和交易试点监管工作暂行办法实施细则	
浙江省排污权有偿使用收入和排污权储备资金监管暂行办法	收支监管制度

（3）浙江省排污权市场监管的实施机制较为健全。在自主探索阶段，“容量置换法”下政府机制占主导地位；在深入实践阶段，市场机制的魅力初显；在推广应用阶段，政府机制和市场机制互相耦合共同推动排污权有偿使用和交易制度在全省范围内进一步推广和完善。构建浙江省排污权有偿使用和交易监管制度体系同样离不开政府机制、市场机制和社会机制的相互作用，在有偿使用和交易制度构建阶段，各级政府已然在一定程度上为监管制度的构建进行了铺垫。图1-5表明浙江省排污权有偿使用和交易制度在不同的阶段上均有一个主导性的机制与之相对应，这就为浙江省设计排污权市场监管机制创造了有利条件。在政府机制主导的排污权市场中，应该加强对政府的监管，即市场监管机制和社会监管机制应该加强；在市场机制主导的排污权市场中，应该加强政府对市场的监管以防止市场失灵。

（4）浙江省排污权市场监管的参与主体比较完备。政府主要是监管者，但也要接受监管，防止政府失灵；企业主要是被监管者，但也可以对政府和中介进行反监管，防止市场失灵；社会中介既是监管者，又是被监管者，还是服务者，要防止社会失灵。这三类主体同时也是排污权有偿使用和交易监管机制的实施主体，三类主体之间的制衡机制充分反映在排污权有偿使用、交易过程和平台体系之中。在10年探索的过程中，浙江省各地市在试行排污权制度的过程中参与主体关系不断延展。最初，排污单位与环保局之间通过有偿使用制度安排相互连接；尔后，排污权交易中心的中介功能充分发挥作用；再后，排污单位—中介机构—政府部门三部门模式形成；最后，排污单位—中介机构—政府部门—社会组织四部门模式发展起来。

（5）浙江省排污权市场监管的技术条件十分优越。浙江省重点企业已经安装了在线监测设施，排污许可证核发与污染源“三量”台账建设已全面推行，全省环境质量自动监测系统投入使用，这些均为浙江省排污权交易和市场监管提供了技术条件（沈满洪等，2009）。同时，浙江省排污权制度实施过程中的技术主要是采取自主研发的策略。嘉兴市桐乡市于 2008 年试点刷卡排污系统，2009 年全面推开。截至 2012 年 6 月底，浙江省已完成水污染物排放重点企业刷卡排污试点，其中绍兴市区完成了 56 家市控以上重点企业刷卡排污总量自动控制系统建设，绍兴县完成了 222 家印染、化工等重污染企业，桐乡市完成了 123 家。这为排污权有偿使用和交易监管制度体系的构建与实施提供了坚实的技术基础。

参考文献

[1] 沈满洪，高登奎，等. 生态经济学[M]. 北京：中国环境科学出版社，2008.

[2] 沈满洪，谢慧明. 生态经济化的实证与规范分析——以嘉兴市排污权有偿使用案为例[J]. 中国地质大学学报，2010（6）.

[3] 高长思. 关于排污权交易制度的若干思考[R]. 环境法治与建设和谐社会——2007 年全国环境资源法学研讨会（年会）论文集（第三册），2007.

[4] 沈满洪，钱水苗，冯元群，等. 排污权交易机制研究[M]. 北京：中国环境科学出版社，2009.

[5] 国家计划委员会，等. 中国 21 世纪议程[M]. 北京：中国环境科学出版社，1994.

[6] 王艳芳. 淮河流域水污染问题及其治理[D]. 北京：对外经济贸易大学，2007.

[7] 吕忠梅. 环境法[M]. 北京：法律出版社，1997.

第3章　排污权市场经济主体分析及监管框架构建

排污权有偿使用和交易监管机制是建立在微观经济主体的个人理性可能偏离社会理性的假设基础之上的。本章要着力分析排污权市场中各经济主体的职能定位、各个经济主体之间的相互关系、各个经济主体之间的收入流量关系以及排污权交易中心的演化趋势，并在此基础上构建排污权有偿使用和交易监管机制的总体框架。

3.1　排污权市场各经济主体的职能定位

在排污权市场中，经济主体主要有3类：政府、企业和中介。它们各自承担着不同的职能。

3.1.1　政府及其相关部门的职能

随着我国经济社会的快速发展，环境保护越来越受到重视。因此，环境保护部门已经从政府直属单位升格为政府组成部门。在排污权市场中，政府的主要职能体现在下列3个方面：①作为排污权国家所有的所有者，需要基于环境容量确定排污权的总量，需要在一级排污权市场中供给排污权并提供排污权有偿使用以实现其产权收益；②作为排污权市场中的公共物品的供给者，需要提供排污权产权界定的技术创新，需要提供环境监测的技术和设施，需要提供刷卡排污的技术和设备，需要向公众提供可以公开的环境信息等；③作为排污权市场秩序维护者，需要制定排污权制度相关的法律规则、承担排污企业的监管职责、扮演排污权交易纠纷仲裁者等角色。因此，政府在排污权市场中是追求环境效益、经济效益和社会效益等综合效益最大化的主体。

政府在排污权交易市场中的职能是由各相关部门来具体落实的，主要包括环境保护部门、财政部门、法制部门。各部门的相关职能定位在钱水苗（2005）研究成果的基础上整理如表3-1所示。

表 3-1 政府在排污权交易市场中的职能定位

职能类型	具体内容	主要政府部门
规划性职能	计算环境容量；确定排污总量及其减排幅度；对排污权进行初始分配；确定排污权交易的时空交易折算指标体系；制定确保排污权交易秩序的程序规则和交易规则	环境保护部门
监督性职能	上级政府对下级政府的总量监管；政府对排污权市场的监管；政府对排污企业的环境监测及其监管	
服务性职能	建构有效的法律框架；及时修改完善有关法规、标准；实施许可证管理；处理特殊情况	立法部门
保护性职能	明确违规罚则，维持交易秩序，保证交易市场的稳定与安全，具体表现为立法、行政、司法、说明和训导等手段，建立人际互动规则，监管并惩罚各种越界犯规行为	立法、行政、司法部门等
驱动性职能	投入财政资金用以建立排污权市场；收取排污权有偿使用资金及其排污权交易的税费；对削减排放总量的排污单位，从税收、技术、资金等方面予以激励；对积极出售富余排污权的排污单位，可以保证当其重新需要增加排污指标时优先向其提供并给予优惠等	财政部门

3.1.1.1 环保部门的职责

排污权有偿使用和交易制度是环境保护的制度创新，环境保护部门承担着最重要的职责。

（1）排污总量的确定。排污权的多少取决于最大容许排污量的高低。排污总量定得过大，会恶化环境，也会造成排污权贬值，企业无心购买；定得过小，会造成排污权价格太高，企业无力购买。这两种情况均会造成排污权交易的失败。2002 年 10 月 28 日国家颁布的《环境影响评价法》明确要求开展规划环境影响评价（PEIA），即规划层次的战略环境评价（SEA）（尚金城，2003）。环境容量作为环境承载能力的重要指标已在规划或战略环境影响评价中被广泛应用，环境容量作为 SEA 的重要内容已经成为共识。SEA 环评中与环境容量有关的问题主要包括两个方面：污染物允许排放总量的确定及环境容量的确定及分配。只有确定了排放总量以及分配，排污权交易才有可能实现。

（2）初始排污权指标的核定、初始分配。如何在现有污染源之间，以及现有污染源与将来污染源之间进行合理有效的排污权分配，直接涉及排污单位的经济利益，并且影响到环境容量资源的配置效率，因而是排污权交易的首要问题。参照 1990 年美国国会关于《清洁空气法修正案》的辩论，排污权初始分配模式主要有 3 种：无偿分配、固定价格出售、公开拍卖。

（3）负责排污权交易的审核与交易监管。企业间的排污交易活动必须要经过环保部门的审核与登记。这需要政府建立一个专门的平台来负责排污企业间交易的管理。全面监管企业间的排污交易活动需要建立3个方面的监控：①对排污主体的资格审查。排污主体的资格条件包括获得排污许可的资格和进行排污交易的资格。环保部门首先要对排污主体是否可以获得排污许可资格实施审查，其次要对排污交易主体的富余环境容量使用权进行审查，加大对出售排污指标的主体进行检测和审查，防止超标排放。②建立相应的登记和报告制度。每一个参与排污权交易企业必须提交一份年度报告表，报告表要记载该企业年度内排污指标的变化情况。报告表至少包括排污申报登记、排污指标登记和排污指标交易登记3个部分（朱家贤，2010）。③建立排污配额跟踪系统，用来收集、确认和维护财务数据以及交易配对所有权和交易记录的综合系统（俞钦钦等，2009）。

（4）制定排污权交易市场的申购和出让程序。排污权交易的市场必须按照一定的程序进行，环保部门作为排污权交易体制的公权力代表，制定排污权交易的程序规则只能由环保部门完成。排污权的申购程序如下：企业向环保部门提交环评报告书；环保部门核实主要污染物可交易量，并出具排污权交易联系单；企业到交易中心签订排污权转让合同、支付交易款项；交易中心出具排污权交易终结联系单：环保部门出具环评批复；试生产后进行“三同时”验收；发放排污许可证和排污权许可证。排污权的出让程序如下：企业通过减排措施，有剩余的排污权标的交易量；企业提出主要污染物出让申请；排污权储备交易中心受理；环保部门对出让提出的申请进行审核确认；审核通过后，出具审核联系单；到交易中心签订排污权交易受让合同、支付交易款项；重新核发排污许可证和排污权许可证。[①]

（5）负责排污权交易后污染排放的监测。排污权交易制度能够发挥有效作用的关键在于确保企业的真实排污量与其资格排污量保持一致。由于企业的“经济人”假定，其所做的一切活动都是为了谋取经济利益最大化，再加上排污权交易市场可能面临失灵危险，所以在实践中企业的真实排污量与资格排污量可能存在偏差，所以环保部门必须加强对企业实际排污量的监测。目前我国大部分排污交易试点所采用的监控方法是在企业排污口安装污染物自动检测仪，但是这种方法不能检测到企业通过非正常途径排放的污染物数量。此外，鉴于我国的排污权交易仍处于探索阶段，地方政府财政

① 嘉兴市环境保护局，排污权交易流程，2008-08-27。http://www.jepb.gov.cn/News/5/236d00876b4372632c6032e06d7dc4764600fece.html。

投入有限，环境监管体系尚不完善。还有一些中小企业没有安装在线监测系统，对于这部分企业，环保部门应该使用“三核定”系统来配合在线监测系统，对全省范围内的企业实施监控。[①]

3.1.1.2 财政部门的职责

财政部门在排污权市场中主要承担“收”和“支”两大职能。

（1）排污权市场中“收”的职能。一方面要代表国家收取初始排污权出让的收益，实现政府作为排污权所有者的产权价值；另一方面要代表政府收取排污权交易中的税费，落实经济活动的税收政策。另外，如果在排污权市场中出现偷排、超排等现象，还要承担罚没款的收缴职责。排污权有偿使用收入主要包括初始排污权有偿使用费和政府储备排污权出让收入。初始排污权有偿使用费由县级以上财政部门负责征收管理，同级环境保护行政主管部门负责执收。某些大型国有企业的初始排污权有偿使用费由省环境保护行政主管部门委托省排污权交易中心代为执收。其他排污企业的初始排污权有偿使用费根据管理权限由县级以上环境保护行政主管部门委托相应负责排污权交易业务的机构代为执收。政府储备排污权出让收入由县级以上环境保护行政主管部门委托相应负责排污权交易业务的机构代为执收。

（2）排污权市场中“支”的职能。排污权市场的建立和运行需要大量的支出：排污权交易机构的工作运行支出、排污权交易平台建设及运行维护支出、排污权指标核定工作及排污权交易技术应用研究支出、排污权储备的支出、主要污染物排放总量监测监控技术研究和设施建设支出、省财政、环保部确定的用于污染减排工程建设支出、重点污染源治理以及生态环境保护等方面的支出、其他法律、法规规定的支出。

3.1.1.3 法制部门的职责

（1）建立与完善我国排污权有偿使用和交易的立法制度。①建立排污总量控制制度。基于环境质量的严峻形势，必须抓紧确立逐年递减的排污总量控制制度。②建立排污权的初始分配制度。排污权初始分配是排污权交易实施的前提，也是交易的难点，它不仅影响排污权交易的顺利实施，对交易的效率也有很大影响。必须立法确定排污权在区域之间和企业之间的初始分配方式，推动排污权交易顺利开展。③建立排污许可管理制度。该制度是排污权交易的前提，它以许可证的方式对排污总量进行分配，实质上是对富余环境容量资源的使用权进行的初次分配，使排污者获得排污资格，并且是排污者可以排污的唯一合法方式。④完善排污权交易审核制度。在交易中，排污权具有市场价值，企

① “三核定”系统是指自动监控、监测对比和物料衡算 3 个部分。

业的牟利动机就会表现得更为激烈，因此审核制度的确立将有效遏制一些交易中的投机行为。⑤完善环境跟踪监测制度。环保部门必须加强对污染物的监控，对各排污设施的所有者或经营者的排污监控系统的记录和报告等进行监督、检查。⑥完善环境影响评价制度。鉴于排污权交易的广泛影响和严重后果，法律部门应针对排污权实践进行侧重于对环境的长远利益进行科学公正的评价。

（2）大力加强排污权市场中的环境执法力度。①加强排污权交易的监督与管理。排污权交易虽然主要依赖市场的作用，但也离不开政府的监督与管理。②完善排污权交易的公开信息制度。完善的信息公示制度，可以提高市场透明度，加强公众和企业的监督。③强化法律责任。法律责任就是违法者对自己实施的违法行为必须承担的责任，承担主体主要有排污权交易的主体、环保部门执法人员、排污权交易的参与者。一旦发现在排污权市场中有违法行为，必须予以严厉打击。

需要指出的是，政府及其相关部门在一定程度上也是“经济人”，由此可能出现“政府失灵”现象，主要表现为：①政府在行驶“公”权力的过程中可能出现“设租”和“寻租”现象，化公为私，导致腐败。例如，由于环保部门掌握着排污权的分配指标和交易方式，一旦权利参与排污权资源分配，权利寻租就难以避免。②政府存在追求部门及局部利益最大化的倾向，追求部门利益最大化可能导致公共利益受损，追求局部利益最大化可能导致整体利益受损。③政府在排污权市场中兼具多重身份使得政府行为存在失灵风险。胡民（2006）指出，政府的职能必须发生根本转变，应专注于“立规制、当裁判”。从过去直接发放排污配额转变为排污权市场交易的监督者和保护者，回归政府本应担当的角色定位。④政府追求目标的偏离导致行为的扭曲。政府本应追求经济效益、社会效益和环境效益等综合效益的最大化，但是又往往会出现追求单一的经济效益最大化，由此把排污权市场建设当做招商引资而寻求排污许可最大化的手段，违背了排污权市场建设的本意。与此同时，各级环境监管部门必须树立全国一盘棋的思路，改变过去的“软政权”现象，真正成为排污权交易的坚定推行者。罗丽等（2011）指出，我国政府在排污权交易市场中除了应正确核算排污总量、合理分配排污指标、科学搭建排污权交易组织平台之外，还应加大排污监管力度，制裁违法行为。正因为这些现象的存在，加强排污权市场的监管势在必行。

3.1.2　企业的职能

3.1.2.1　追求利润最大化是企业的根本职能

企业既不是慈善机构，又不是非营利机构，而是追求利润最大化的经济组织。按照新古典经济学的理论，企业的净收益函数如式（3.1）所示：

$$\text{PNR}=\text{PTR}-\text{PTC} \tag{3.1}$$

式中：PNR——企业的净收益；

PTR——企业的总收益；

PTC——企业的总成本。

但是，环境污染会带来外部成本 XC，要实现外部性的内部化，这个成本应该由企业自身承担；环境治理也会带来外部收益 XR，如花园式企业的建设提高了当地农产品质量。考虑外部性内部化后的净收益函数就变成式（3.2）。

$$\text{PNR}=(\text{PTR}+\text{XR})-(\text{PTC}+\text{XC}) \tag{3.2}$$

如果企业不能获得大于零的净收益，或者大于零的净收益太小而导致利润率太低，企业就不会生存。

3.1.2.2 污染减排约束下的企业必须承担社会责任

企业在追求利润最大化的过程中受到环境约束。所有的合法排污单位都可在市场交易规则下参与排污权交易。排污单位排污权的权利有使用权、转让权、储备权等，同时，排污单位在排污权交易中有排污行为合法、承担相应责任、遵守交易规则等义务。刘鹏崇（2009）指出，环境保护信用不良企业不应是排污权的现实权利主体，只有符合区域产业结构调整政策、对环境容量资源利用效率高的企业等生产经营单位和个人才能称为真正拥有排污权的现实权利主体。企业的环境约束主要来自两个方面：①总量约束，企业只能按照排污许可核定的数量排污，而且这个数量需要承担初始排污权的有偿使用费；②浓度约束，企业只能在规定的浓度之下排污，否则会承担“排污收费”的惩罚性成本。式（3.2）中，将 XC 和 XR 纳入企业的净收益函数，就是企业承担社会责任的具体表现。具体地说，企业在排污权市场中的社会责任是：在排放污染物之前，必须向环保主管部门申请取得排污许可证，方可排放污染物；持有排污许可证的企业，必须按照许可证核定的污染物种类、控制指标和规定的方式排放污染物；企业排放污染物不得超过国家和地区规定的排放标准和排放控制指标。

3.1.2.3 企业可以在排污权交易中实现“双赢”

在排污总量控制约束下，企业一般有 3 组行为：①提高生产技术，控制污染；②从外界获取排污的权利，生产并排污；③企业停止生产。排污权交易的内生激励机制促使企业在受限制的排污指标下尽可能创造最大利润，在比较各自边际治理成本和排污权的市场价格后决定买进还是卖出排污权。企业排污权卖方主要通过技术改造实现减排目标而拥有富余的环境容量，或是由于经济效益差停办部分生产环节，将原有排污权在市场上销售；买方一般是减排成本过高，或者技术欠缺无法完成减排任务，通过购买其他主体的富余环境容量达到经济效益和减排目标的双重实现。通过技术创新可以降低污染减排成本。因此，排污权交易制度的建立，在于用市场机制限制地区污染物的总排放量，以排污权的市场价格来促使企业进行技术创新，降低污染物排放量，并且调剂各个企业的排污权余缺，让企业能够以最优成本排放污染物。当企业边际减排成本高于排污权市场价格，而技术创新边际成本又低于排污权市场价格时，企业将会采取技术创新的方式来解决污染物排放问题，并可将多余排污权出让给其他企业。因此，污染减排的技术创新既是企业追求利润最大化的经济职责，又是以最低的成本实现污染减排的社会职责。技术创新可以实现经济效益和社会效益的双赢。

在排污权市场中，企业的行为也会出现扭曲，导致市场失灵。主要有两个方面：①企业的偷排和超排。从排污权需求的角度来看，这不是通过合法途径获得排污权，而是采取违法行为满足对排污权的需求。②企业“惜售”现象。从供给的角度来看，明明有多余的排污权，不是出于污染减排的考虑，而是出于未来风险的考虑，不愿意让与排污权的需求者。这主要是由于我国排污权交易市场的不完善、对企业的排污权利益保护力度不足，使企业对排污权难以形成稳定的预期。张珊珊等（2012）指出，应加强对交易主体利益的保护，如保障排污权初始分配的公平性；加大对政府行为的监督以提高政府公信力；信息公开要贯穿整个交易过程；严格执行行政程序法且提高执法人员执法素质；更新执法设备以提高执法技术等。

3.1.3　中介机构的职能

中介机构，包括认证机构、仲裁机构、评估机构、交易机构等，其建立的目的是降低排污权交易成本，完善排污权交易市场。排污权交易市场中的企业主要依赖中介机构的正常运营，包括对排污许可证的认可与划割、实际排污量的跟踪监测、偷排行为的监督，提供市场服务信息，促使交易的进行。在排污权市场中特别重要的中介机构包括排污权交易中心和银行，环保社团和公众也在其中发挥重要作用。

3.1.3.1　排污权交易中心的职能

2009 年 3 月，在浙江省环境监测中心挂牌成立浙江省排污权交易中心；2011 年 6 月，浙江省排污权交易中心与省环境监测中心合署办公。规定其主要职责如下：负责实施全省排污权储备、排污权交易业务和全省排污权有偿使用和交易管理工作；负责拟定并组织实施全省排污权有偿使用和交易工作的有关政策、制度和管理办法；组织排污权核定报告技术审核；制定全省排污权有偿使用和交易年度工作计划；建立和维护排污权交易信息发布网络平台，负责交易平台的日常运转；组织实施交易试点和相关技术培训工作。由此可见，现行的排污权交易中心主要承担3个方面的职能：

（1）排污权储备的功能。排污权交易中心的排污权储备实际上是一个政府职能，可以利用自身排污权储备功能向企业购买排污权或者将本中心储备的排污权转让给企业。排污权的来源除了通过市场化方式取得的许可量外，还包括企业因排污权闲置超过一定期限而被无偿回收的这一部分。

（2）排污权交易的功能。当企业有多余的排污权指标时，该企业可以申请让多余的排污权进入排污权交易中心进行交易。当中心从排污权富余的企业获得排污权指标后，可以通过拍卖出售、定价出售等方式满足排污权需求企业。在排污权交易过程中，交易的规则和政策、交易的监督和管理等均需要中心承担。

（3）排污权交易平台的建设。相对于传统排污权现场人工拍卖，网络电子拍卖有受众面广、快捷高效、程序简便等优势，有利于节省行政机关运行成本和竞买企业的拍卖成本，方便竞买企业灵活参与，有助于实现行政管理的自动化、无纸化、网络化和电子化，提高办事效能。2009年4月8日，杭州市主要污染物排放权交易在杭州产权交易所正式启动。经过1个多小时的角逐，19家企业获得了1 095 t SO_2和180 t COD的排放许可，总成交金额达2 980万元。随后于9月16日启动了第二批企业排污权交易，有8家企业参与494 t SO_2、91 t COD的竞拍，拍卖金额达到1 436万元，两次拍卖总金额达到4 416万元[①]。随着排污权制度的逐步推进，排污权交易中心构建网上交易电子平台是大势所趋。浙江省可以推广杭州市的做法，将排污权网络电子平台交易模式在全省推广，从而加快排污权市场资源优化机制的建立，提高企业参与交易的积极性。

上述3个职能的性质是不同的。有的属于政府职能、有的属于中介职能、有的属于企业职能。不同性质的职能集于一身，可能导致职能的混杂和行为的扭曲。

3.1.3.2 银行的职责

（1）托收排污权有偿使用和交易的费用。排污者需要在指定商业银行开设主要污染物排放权交易专项账户。当排污者从政府手中获得排污权有偿使用的初始配额时，需要在专用账户缴纳排污权有偿使用费用；当排污者得到初始配额后，在今后的生产过程中出现排污权的盈缺，需要在二级市场中交易排污权时，排污者需要将交易费用和交易手

① 浙江省排污权交易中心，浙江省排污权有偿使用和交易试点工作亮点和典型案例分析。内部资料。

续费缴纳在专用账户。因此银行成为了排污权交易资金流的管理者。

（2）实行排污权抵押贷款。排污权抵押贷款可有效解决中小企业融资担保难的问题以及在一次性支付多年排污权使用量后可能出现的流动资金短缺或无法筹措足够资金购买排污权的实际困难。实行排污权抵押贷款，一方面可以更好地控制对高能耗、高污染行业的信贷投入，防止盲目投资和低水平重复建设，进一步加大对循环经济、环境保护和节能减排技术改造项目的信贷支持，优先为符合条件的项目提供融资服务；另一方面，可有效缓解企业“担保难”的问题，使企业利用银行的资金购买排污权或解决因购买排污权而导致的流动资金不足问题。

3.1.3.3 环保社团及公众的职责

（1）对排污单位的监督。企业之间的排污权交易处于政府部门的审核与监督之下，如果出现政府失灵问题，市场机制不可避免地将受到冲击，这时环保社团及公众的监督是对政府监督一个有效补充。政府监督由于人员、资金、设备等硬件条件以及法律、法规等软件条件存在不完善的情况，对企业交易的监督不可避免地会出现漏洞，公众作为第一线的环境利益相关者以及环境权益的维护者，对于企业污染物偷排、漏排等现象可以起到有效的监督作用。

（2）对包括环保部门在内的政府部门的监督。在排污权市场上难免会遇到政府失灵问题，在解决这种失灵时，需要借助公众的力量。环保社团及公众作为环境污染、生态破坏的直接受害者和第一线的利益相关者，将是一个最有效的社会监督主体，应赋予公众监督政府环境行政的权力。在阳光下的交易可以大大降低政府腐败风险，可以通过召开听证会、交易公示等手段，让公众参与，以实现排污权交易的公开透明。可以预见，建设和完善排污权交易中的公众参与，必将有力地推动政府行为模式变革，加强政府与公众的对话，促进排污权交易的监督、执法。

（3）作为经济主体参与排污权交易。环保社团及公众可以通过排污权交易中心，申请购买企业出让的排污权，以此减少市场上流通的排污权，达到削减地区污染物总排放量，提高环境质量的目的。在市场机制运行下，社会公众不仅起到监督市场的作用，还可以成为市场参与者。

公众参与往往存在困难：①信息不足和扭曲，导致无法参与；②监督成本，导致不愿参与；③组织不健全，导致参与力度小。为了避免社会机制失灵，在社会机制建设中需要着力解决这些问题。

3.2 排污权市场各经济主体之间的相互关系

3.2.1 政府及其各部门之间的相互关系

政府是排污权等国有资产的所有者，是初始排污权的供给者；政府是环境保护等公共事物的治理者，是排污权市场的管理者。客观上，政府在排污权市场建立的初期，不可能只简单地扮演“裁判员”的角色，必然也要扮演“运动员”的角色。而且，政府在排污权市场上不是铁板一块，而是由不同部门共同参与的。在排污权市场中，直接参与的政府部门主要有环境保护部门、财政部门等，间接参与的部门主要有发改部门、统计部门等。当然从广义政府的角度，还包括立法部门、司法部门、执法部门以及党委系统。

如前所述，环境保护部门的主要职责是：排污权总量的核定、初始排污权的分配、排污权使用的监管、环境质量的监管、排污权交易的监管等。财政部门的主要职责是：政府作为初始排污权的所有者收取有偿使用费、排污权交易中的税费收取、排污权有偿使用和交易的资金投入等。

除此之外，发改部门还承担着相关职责：根据经济社会发展的阶段性特征提出区域环境保护的目标，根据环境保护目标进行排污权总量的核定，指导区域环境保护规划。统计部门还承担相关职责：根据环境保护部门的监测数据进行环境统计，根据环境统计结果提出排污权总量核定的建议。

政府各个部门面对企业和公众时是一个整体，但是，由于各个部门承担的职责是不同的，因此，各个政府部门之间也存在错综复杂的关系，如图 3-1 所示。

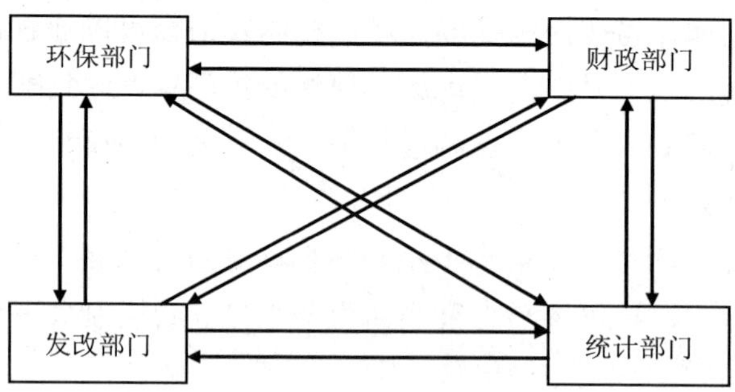

图 3-1 政府各部门之间的相互关系

图 3-1 中，4 个政府部门之间存在 6 对关系：①环保部门与财政部门的关系。环保部门和财政部门共同推进排污权有偿使用和交易机制，财政部门向环保部门提供排污权市场运行和监管的财力支持，环保部门向财政部门缴纳排污权有偿使用和交易税费。②环保部门与发改部门的关系。发改部门统筹经济社会发展，通过中长期规划等向环保部门等提供指导；环保部门向发改部门提供环境信息等供决策之用，并实施区域中长期规划中的环境保护部分。③环保部门与统计部门的关系。环保部门向统计部门提供环境监测等环境信息，统计部门通过统计信息的分析向环保部门提供总量控制等重要指标的建议。④财政部门与统计部门的关系。统计部门向财政部门提供统计信息，财政部门向统计部门提供财力支持。⑤财政部门与发改部门的关系。两个部门均是经济综合部门，发改部门通过中长期规划向财政部门提供指导，财政部门向发改部门批准立项的项目提供支持。⑥发改部门与统计部门的关系。发改部门向统计部门提供环境统计的指导意见和要求，统计部门向发改部门提供环境信息以供决策参考。如果考虑更多政府部门的加入，那么彼此之间的关系会更加错综复杂。

3.2.2　企业之间的相互关系

在排污权市场中，直接参与排污权市场的企业往往是污染者，当然是在政府允许前提下的污染者。污染企业主要有两种类型：一类是作为排污权的需求者。作为排污权的需求者的企业，可能是本地区的原有企业，也可能是通过招商引资新进的企业。另一类是作为排污权的供给者。作为排污权供给者的企业，可能是通过技术创新实现污染减排而有“富余”的排污权，也可能是因为企业的倒闭、迁移等原因导致排污权“剩余”。

企业之间排污权交易的开展就是基于有需求、有供给，一旦讨价还价形成一致的价格，交易就达成。一般而言，排污权的需求者具有相对较高的边际污染治理成本，排污权的供给者具有相对较低的边际污染治理成本。正因为如此，通过供求双方的交易，实现排污权效率的提高。这是排污权交易的精髓所在。

污染企业之间的关系取决于排污权交易条件。如果允许排污权在企业之间直接进行交易，那么，就是“A—A 模式”；如果排污权交易必须通过排污权交易中介机构完成，那么，就是“A—B—A 模式”。

排污权不同于一般商品和要素。①一般的商品和要素的产权交易不受数量的限制，而排污权交易受到数量的限制。一个地区内允许使用的排污权数量必须小于或等于政府核定的排污总量。②一般的商品和要素的产权交易不受空间的限制，而排污权交易受到空间的限制。虽然在一定条件下 SO_2 等废气的排污权交易可以在区域之间进行，但是，在环境污染总体已经超过环境容量的情况下 COD 等废水的排污权交易不可以在区域之间进行。③一般的商品和要素的产权交易不受时间的限制，而排污权交易受到时间的限制。例如，每年核定某个企业的排污权，一般要求各个月份相对均匀地使用和排放，否则会导致某些时点污染过于集中的问题。④一般的商品和要素的产权交易往往是“A—A 模式”，排污权交易往往是“A—B—A 模式”，“B”就是排污权交易中介机构。

在排污权市场中，还会有间接参与的企业，例如金融机构。金融机构与排污企业之间的关系主要是存贷关系：排污企业向金融机构存款；金融机构向排污企业贷款。

3.2.3 中介组织及社会组织之间的关系

在排污权市场中，最重要的中介组织是排污权交易中介机构。排污权交易中介机构可能有几种情况：①纯粹从事排污权交易的排污权交易中心；②纯粹从事包括排污权交易在内的环境交易中心；③从事包括环境产权交易在内的产权交易中心。理论上讲，这三种交易机构都是可能的，也是可行的。

在排污权市场中，理论上还可能有一些绿色社团组织参与其中。这些社团组织参与排污权市场主要是两个功能：①参与排污权市场，购买部分排污权，并且不让这些排污权在市场上继续使用，从而实现环境质量改善的目的；②参与排污权市场监督，对政府的行为和排污企业进行环境监督。

3.2.4 各主体之间的综合关系

排污权市场中，政府、企业和交易中介机构之间的简单关系如图 3-2 所示。图 3-2 表明，在排污权市场中，各个主体之间的关系主要体现在“十”字形的纵向与横向的关系和“回”字形的产权与货币监管关系。“十”字形的横向坐标表明，排污权供给者通过排污权交易机构核准向排污权需求者提供排污权，排污权需求者通过财政部门监管向排污权供给者支付货币。“十”字形的纵向坐标表明，政府环保部门对于排污权交易实施总量、减排、核准量、排污许可等方面的监管，政府财政部门对于排污权市场的资金流向进行监管。

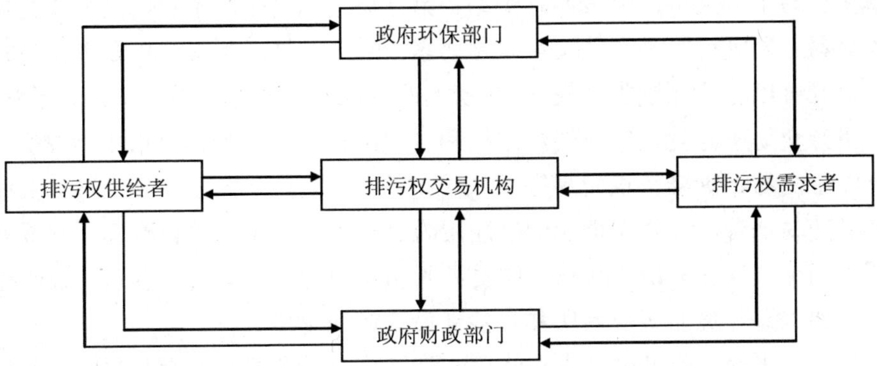

图 3-2 排污权市场中政府、企业与中介的关系示意图

3.3 浙江省排污权交易机构的模式构想

3.3.1 排污权交易平台的可能类型

排污权交易平台是排污权交易的现实场所（环境交易所）或虚拟场所（如电子交易平台）。根据不同的国情和阶段特征，排污权交易平台可具有不同的类型：

按照机构的性质分，可以分为共享型和独立型两种类型。共享型是指排污权交易直接使用产权交易机构或环境交易机构的平台。独立型是指单独成立企业单位性质或事业单位性质的区域排污权交易中心（图 3-3）。

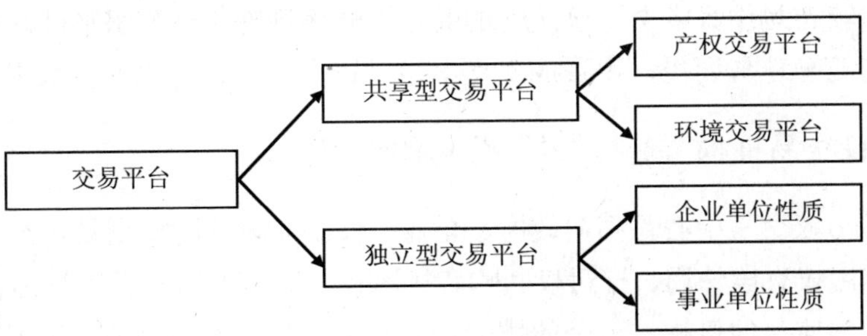

图 3-3 排污权交易平台的类型

共享型交易平台又可以分成两种类型：第一类是可以无所不包的产权交易所，这类交易所的交易对象既可以是商品又可以是要素，既可以是现货又可以是期货，既可以是环境类产权又可以是非环境类产权。第二类是相对聚焦的环境交易所，北京环境交易所、长沙环境资源交易所等就是针对资源产权和环境产权的交易的，包括排污权交易、水权交易、节能量交易、碳排放权交易等。

独立型交易平台，又分为企业单位性质的交易平台和事业单位性质的交易平台，前者如美国芝加哥气候交易所、欧洲气候交易所和我国的北京环境交易所、天津排放权交易所，后者如上海环境能源交易所和长沙环境资源交易所。

独立型交易平台，还可以分成一体化的交易平台与多层次的交易平台，前者就是将整个区域的排污权交易全部统筹在一个统一的排污权交易中心，在统一的交易中心内部进行必要的模块分割就可以实现不同层次的区域内和区域间的排污权交易；后者就是分省级、地市级、县级不同层次的排污权交易中心，按照不同层级的各自职能定位，开展各自的交易服务。

不同类型和性质的平台机构各有利弊。共享型交易平台的优势在于可以利用已有的平台和其积累的经验，使排污权交易在短时间内迅速走上轨道，但由于缺乏专业性和针对性，故难以对交易过程进行全方位、强有力的监管和调控；独立型交易平台的优势在于实现专业化分工，容易与政府职能部门的协调，但起步阶段推动艰难。

共享型产权交易平台，可以较快遵循产权交易的一般规律，但是，难以抓住排污权交易的特殊性；共享型环境交易平台可以把同类型的产权交易放在同一个交易平台，是一种“同类项”的整合，既可以遵循产权交易的一般规律，又能够实现同类产权交易活动的整合，节约中介成本。

独立成立企业性质的交易组织平台，其优势在于可以提高交易效率，具有更大灵活性，但面临着较大的税费成本；独立成立事业单位性质的交易组织平台，其优势在于有利于加强政府的管理与调控，税费成本支出相对较小，但是可能面临效率的损失。

3.3.2 排污权交易机构“管”“易”分离的设想

现行的排污权交易中心是指向政府、企业、公众披露排污权交易各类信息，实施排污权储备、排污权有偿使用、排污权回购和排污权交易等业务，并对排污权有偿使用和交易进行管理与监督的机构。健全的排污权交易中心具有下列功能：①促进市场发育，加速排污交易。②降低交易成本，提高交易效率。③监管交易过程，规范交易行为（沈满洪等，2009）。

就中短期而言，浙江省排污权交易机构的模式选择是“管”“易”结合模式，“管”就是排污权管理机构，“易”就是排污权交易平台：也就是成立独立型的事业单位性质的多层次的排污权交易中心。理由是：①环境产权交易是建立在总量控制的基础之上，我国又是处于减排过程中的总量控制，因此，以此为前提的排污权交易需要政府推动；②相对而言，排污权交易的实践基础较好，国际社会已经有40多年的实践，全国已经有30多年的实践，浙江省已经有10多年的实践；③相对独立有利于突出重点，事业单位有利于降低税费，从而使得交易成本尽可能降低；④由于浙江省的排污权交易是先自下而上再自上而下的推进方式，客观上已经存在多级的排污权交易中心。

但是，就中长期而言，排污权交易机构应该实施“管”“易”分离，也就是说，实施排污权管理机构和排污权交易平台的分离。本章第一节的分析表明，现行排污权交易中心承担着3个方面的职责：①代表排污权所有者实施储备功能，扮演的是带有管理色彩的“运动员”的角色；②代表公共利益实施监督管理职责，扮演的是维护公平正义的“裁判员”的角色；③作为交易平台的搭建者，扮演的是“第三方”的角色。“管”“易”分离就是“裁判员”“运动员”“第三方”进行归类和分化。

作为“第三方”的角色就是承担交易平台的功能。浙江省排污权交易平台的模式选择是：成立共享型的事业单位性质或企业单位性质的少层次的环境交易中心。理由是：①资源节约型、环境友好型、气候友好型社会建设的关键是产权制度的变革，而资源产权、环境产权和气候产权具有显著的共同特征，“同类项”整合有利于把握共同的规律；②资源和环境产权交易整合在一起，有利于专业化分工，降低机会成本；③与政府边界清晰的事业单位或企业单位有利于防止自然垄断、寻租活动等；④省市县多级设立环境交易所，会导致交易中介多而交易活动少的局面，整合交易平台有利于发挥中介机构的规模经济效果。比较理想的结构是设立省市两级的环境交易中心，如果需要可以在地市环境交易中心下设县市环境交易分中心。

代表排污权的所有者和排污权市场的维护者的功能实际上是一个管理职能，可以与环境保护部门的职能处室合并，也可以根据中国国情作为相对独立的事业单位。职能合并的优点是同一项工作由一个职能部门承担，责权利界定十分明确；成立相对独立的事业单位，其机构的名称可以称作“浙江省排污权管理中心”。这种做法的优点是使一向专业性、技术性比较强的业务从政府职能部门中分离出来，可以实现更加专业化和科学化管理。

因此，未来的排污权市场分工明确。环境保护部门的总量处室的主要职责：总量如何核定、总量如何减排、总量如何在区域之间分配等；排污权管理中心的主要职责：排污权储备、排污权有偿使用、排污权交易监管等；排污权交易平台的主要职责：排污权一级市场的拍卖、排污权二级市场的交易等。如表 3-2 所示。

表 3-2 排污权交易管理和操作机构的分工

可能名称	污染控制处（不分） 总量控制处（分设）	排污权管理中心 排污权监管中心	排污权交易所、环境交易所、产权交易所
单位性质	从事纯粹行政管理事务	从事行政管理与专项业务兼具的事务	从事产权交易的中介组织
隶属关系	隶属环境保护部门	隶属环境保护部门	隶属中介管理部门
主要职责	总量如何核定、总量如何减排、总量如何在区域之间分配等	排污权储备、排污权有偿使用、排污权交易监管等	排污权一级市场的拍卖、排污权二级市场的交易等

3.3.3 中短期排污权交易中心的职能定位

在 2002 年以来嘉兴市秀洲区排污权有偿使用实践的基础上，2007 年 11 月 10 日，嘉兴市排污权储备交易中心正式挂牌成立，标志着嘉兴市排污权交易工作正式启动。嘉兴市排污权储备交易中心是经嘉兴市人民政府批准成立的国有企业，是嘉兴市环保局下属的一个独立的核算单位，是在嘉兴市环境保护局的授权和指导下从事主要污染物排污权交易的专门机构，是嘉兴市排污权可转让方和需求方交易的指定平台。嘉兴市排污权储备交易中心在各县（市）可设立分中心。

按照嘉兴市环境保护局的部署，嘉兴市已经在下属各个县市区设立了排污权交易中心，有的是企业单位性质，有的是事业单位性质。初始排污权的出让，有的采取拍卖定价，有的采取政府定价。

2009 年 3 月，在嘉兴市排污权有偿使用和交易试点的基础上浙江省环境监测中心挂牌成立浙江省排污权交易中心；2011 年 6 月，浙江省排污权交易中心与省环境监测中心合署办公。浙江省排污权交易中心属于事业单位性质。

省级、地市级和县市级排污权交易中心都有一些共同的职责，主要包括：负责实施管辖区域内排污权储备、排污权交易业务、排污权有偿使用和交易管理工作；负责拟定并组织实施管辖区域内排污权有偿使用和交易工作的有关政策、制度和管理办法；组织管辖区域内排污权核定报告技术审核；制订管辖区域内排污权有偿使用和交易年度工作计划；建立和维护管辖区域内排污权交易信息发布网络平台，负责交易平台的日常运转；

组织实施管辖区域内交易试点和相关技术培训工作。

上述基本职责的履行与政府环境保护部门特别是政策法规部门、总量控制部门、环境监测部门是密不可分的。政府对排污权交易中心的管理主要体现在这些部门对排污权交易中心的指导和监督上。浙江省环境保护厅相关处室的职责就可以佐证这一观点。

（1）政策法规处的职责。承担环境保护有关地方性法规、规章草案的具体起草工作；承担有关规范性文件的合法性审核；负责环境保护政策调研和制度体系建设；承办环境行政处罚、复议案件；组织应对行政诉讼案件；推进环境保护依法行政工作；负责环境保护行政执法监督；负责环境保护法律法规教育培训；提供环境保护法律咨询。

（2）污染物排放总量控制处的职责。承担落实国家和省减排目标责任。拟订主要污染物排放总量控制、排污许可证和环境统计制度及规范并监督实施；组织编制并实施主要污染物总量控制计划；组织实施污染减排责任制考核；组织管理相关排污许可证发放；组织指导排污权交易；负责环境统计和污染源普查工作；组织编制并发布环境统计年报和统计报告。

（3）监测与信息处的职责。负责环境监测和信息发布，拟订环境监测、环境质量信息制度和规范并监督实施；组织编制并监督实施环境监测规划；组织实施环境质量监测和污染源监督性监测；组织对环境质量状况进行调查评估、预测预警；组织建设和管理环境监测网和环境信息网；组织编制全省环境质量报告书，组织编制和发布环境状况公报。

各级排污权交易中心也有各自不同的职责。浙江省排污权交易中心的特定职责：主要负责空气污染物排污权有偿使用和交易的管理，省直企业排污权的有偿使用和交易管理，跨区域的水污染物的排污权交易的管理，对地市县排污权有偿使用和交易的指导。地市排污权交易中心的特定职责：组织实施各类排污权的有偿使用；监督管理排污权交易；组织协调县市区之间的排污权交易。

3.4　排污权市场各经济主体之间的资金流量分析

3.4.1　政府与中介机构之间的资金流量分析

当前，在浙江省排污权有偿使用和交易中，政府主要有两个身份：①以“管理者”的身份参与排污权的有偿使用和交易；②以“参与者”的身份参与排污权的有偿使用和交易。政府以不同的身份参与必然导致该市场中资金流量有所不同。本部分主要讨论以“管理者”身份参与的政府与中介机构之间的资金流量分析。作为“参与者”的政府和中介机构之间的资金流量关系和市场参与者与中介机构之间的资金流量关系相同。

在浙江省实践操作中，中介机构的性质还缺少统一规范，而对不同性质的中介机构，其流量分析并不相同。因此，需要先了解中介机构的不同性质，再探寻政府与不同性质中介机构的资金流量分析。当前，中介机构的性质主要有政府部门、事业单位、企业单位等不同情形。

（1）中介机构的性质为政府部门的情形。中介机构的性质为政府部门时，指的是其为政府的一部分，以政府的目标为其追求的目标，即以为公共利益服务为目标。其行为特征是：以服务企业与公众为行事宗旨。

当前，浙江省提供排污权交易的机构存在以政府部门为运作形式的，如兰溪市在2008年成立的兰溪市污染物总量控制办公室，但数量较少，这是由中介机构和行政部门特有的性质所决定的。提供排污权交易的机构要求具有公平性，不仅在实际操作中不偏向任一方，而且在规章制定时也不能偏向任一方。而行政部门作为政府部门的一部分，很多政策的制定及实施受到相关部门的制约，很难做到公正。但在排污权交易制度探索阶段，各种存在形式都有其合理性。这种存在形式体现了在排污权交易制度探索初期政府作为推动力量的重要作用。

作为政府部门的中介机构的资金流量分析主要体现在两个方面：

- 由中介机构流向政府财政部门的资金流量：排污权的流向是政府环境保护部门核定初始排污权→排污权交易中介出让排污权→企业有偿获得初始排污权的有偿使用；资金的流向则是企业出资→排污权交易中介→缴款给政府财政部门。
- 由政府财政部门流向中介机构的资金流量：政府要支持排污权市场的建设，一方面需要拨款给排污权交易中介，从事交易平台建设、环境监测建设等；另一方面需要拨款给排污权交易中介，从事排污权的储备和回收。

由于这种中介机构属于政府部门，因此其资金流向属于政府内部运作。从中介流向政府的资金主要应是中介收益，在《浙江省排污权有偿使用和交易试点工作暂行办法》中指出初始排污权有偿使用应全额上缴财政，实行收支两条线管理。

（2）中介机构的性质为事业单位的情形。中介机构的性质为事业单位说明这样的中介机构是以追求社会公益为目标的社会组织。其行为特征是：从事公益服务，不以营利为目的。表3-3揭示的是浙江省以事业单位的形式构建的排污权交易平台。

表 3-3 作为事业单位的浙江省各地排污权交易机构情况

地区	机构名称	机构成立时间	交易机构性质
南湖区	嘉兴市南湖区排污权储备交易中心	2008.03	事业单位
衢江区	衢江区排污权储备交易中心	2009	事业单位
龙游县	龙游县排污权交易中心	2008	事业单位
丽水市	丽水市排污权有偿使用和交易中心	2009.06	事业单位
金华市	金华市排污权储备交易中心	2012	事业单位

以事业单位为运行形式可以结合以上两种方式的优点：①以公正的立场提供排污权交易平台；②可以得到政府提供的财政支持。既从政府部门中脱离出来，又可得到政府的财政支持。因此，在排污权交易发展的初期，事业单位的形式比以上两者更有优势。但是，随着排污权交易的发展，事业单位与政府的各种联系也将渐渐显露出来，其公正性相比于企业或公司形式（追求利润最大化，以营利为目的）仍有不足，而且随着排污权交易市场的成熟，中介机构的发展在一定程度上也不需要政府财政支持。这样看来，企业或公司形式在成熟的排污权市场有其存在的必要性。

作为事业单位的中介机构与作为政府部门的中介机构，就其资金流向而言，两者完全一致。同样实施收支两条线的财政制度。

（3）中介机构的性质为企业单位的情形。中介机构的性质为企业单位指的是中介机构是以经济效益最大化为目的的单位。其行为特征是：以营利为目的。

从浙江省来看，提供排污权交易的机构，多数是以企业单位的情形成立，如表 3-4 所示。

表 3-4 作为企业单位的浙江省各地排污权交易机构情况

地区	机构名称	机构成立时间	交易机构性质
杭州市	杭州产权交易所有限责任公司（委托）	—	国有企业
温州市	温州市产权交易中心（委托）	—	国有企业
嘉兴市	嘉兴市排污权储备交易中心	2007.11	国有企业
秀洲区	秀洲区排污权储备交易中心	2010.11	国有企业
嘉善县	嘉善县排污权储备交易中心	2008.03	国有企业
海宁市	海宁市排污权储备交易中心	2008.07	国有企业
海盐县	海盐县环源排污权储备交易有限公司	2008.05	国有企业
平湖市	平湖市排污权储备交易中心有限公司	2009.03	国有企业
桐乡市	桐乡市排污权储备交易中心	2008.01	国有企业

首先看初始排污权出让的资金流向。这时，排污权的流向依然是：政府环境保护部门核定初始排污权→排污权交易中介出让排污权→企业有偿获得初始排污权的有偿使用；资金的流向则更为复杂，如图 3-4 所示。

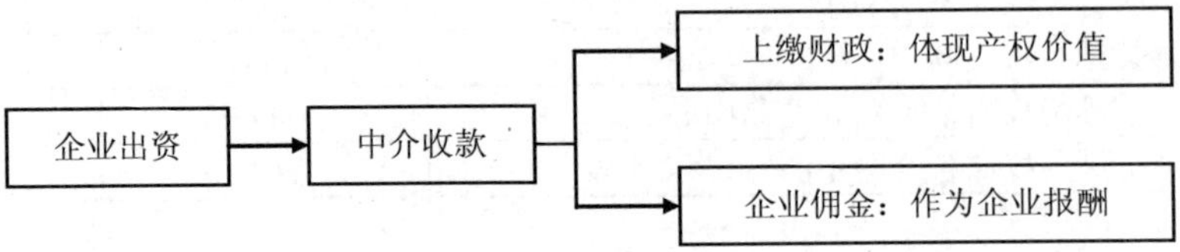

图 3-4　作为企业性质的中介组织初始排污权出让的资金流向

其次看排污权交易的资金流向，如图 3-5 所示。

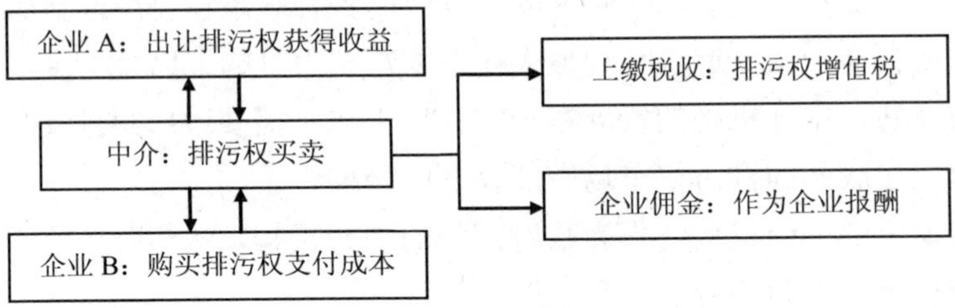

图 3-5　作为企业性质的中介组织排污权交易的资金流向

以企业形式提供排污权交易的机构，一方面需向政府缴纳排污权资产所有者权益的资金，另一方面需要缴纳排污权交易的税费。但是，以追求利润最大化为目标的企业，往往得不到或很少得到政府所提供的资金。当然，作为国有企业的排污权交易中介，最终的经济风险还是由政府承担。

3.4.2　中介机构与市场交易主体之间的资金流量分析

参与排污权交易的各方组成了市场交易主体。参与排污权交易的主要有：政府、企业、社会团体、中介组织等。因此，本部分主要分析中介组织与这些参与主体之间的资金流量。中介机构有两种存在形式：提供交易平台的中介和提供服务的中介。

（1）提供交易平台的中介。提供交易平台的中介连接的是交易多方，是一个提供买卖信息及实现买卖的场所。假设，中介连接了排污权买卖双方，交易者 B 的排污权有剩余，而 A 需要获得排污权，则可以在交易平台进行交易。交易者 B 通过中介将排污权卖向交易者 A，交易者 A 将购买排污权的资金通过中介，传递给交易者 B。A 支付 M_1 获得排污权，B 获得 M_2，M_1 有可能并不等于 M_2，若 M_2 小于 M_1，交易平台可能获得利差收益，如图 3-6 所示。除此之外，还应考虑到交易费用的问题，但是在不同交易制度中交易费用的有无还与交易者的收益有关系（卜国琴，2010）。

图 3-6　中介机构与企业之间的资金流向

交易者 A 可能是政府或其他社会团体，如社会环保组织。它们参与排污权市场的交易，可以促进排污权市场的发展，使排污权交易机制的作用充分体现出来，不仅有利于排污量的降低，还有可能通过排污权交易获得一定收益。然而，现实情况是，通过中介的成交量仍较少。

（2）提供环境服务的中介。提供服务的中介主要有银行、保险公司及部分提供交易平台的中介等。一部分提供服务的中介向被服务的市场交易主体提供服务并收取服务费，如保险公司提供保险服务收取保费。还有一部分免费向被服务的市场交易主体提供服务，如银行提供的相关咨询服务等。随着排污权有偿使用和交易机制的发展，提供服务的中介将会越来越多，不仅是数量上的，而且是种类上的，从有关排污权交易的各方面为市场交易主体提供服务。

3.4.3　政府与市场交易主体之间的资金流量分析

在排污权有偿使用和交易中，发达国家的政府既可以作为“管理者”，又可以作为“参与者”。虽然在我国，政府对市场的规范作用占主导地位（张京凯，陈廉，2009），但这两种身份都有涉及，都能够与市场交易主体产生资金往来。

（1）政府作为“管理者”。政府作为“管理者”，现在主要参与到排污权初始分配过程中，对象主要为企业。即企业支付一定的资金给政府，政府将一定数量的排污权给企业。

现在，政府与中介还是紧密联系在一起，但是随着排污权市场的发展，中介将从政府干预中渐渐独立出来，政府作为“管理者”，在初始分配中，对象就有可能是企业、中介机构、作为“参与者”的政府等多样化。中介和作为“参与者”的政府等也可以作为交易参与者，参与到初始分配中，以期在再分配中获取收益。随着排污权市场的发展，政府会以更多方式参与到排污权再分配的资金流动中，如买卖排污权的企业获得收益需向政府交付一定的税费。

（2）政府作为“参与者”。政府作为“参与者”，通过中介交易，只是将其中参与的一方换成政府，交易模式为 A—B—A。另一方面，可能不通过中介，交易模式为 A—A。若政府向 F 购买排污权，则资金由政府流向 F，若 F 向政府购买排污权，则资金由 F 流向政府。这种模式的交易减少了一部分交给中介的成本支出，但是增加了信息搜寻的成本。作为“交易参与者”的政府会参与到“再分配”过程中，也可以支付排污权初始分配所获得的收入将排污权买回来后注销（唐邵玲，刘琳，施棉军，2009）。

无论“A—B—A 模式”的成交量，还是“A—A 模式”的成交量均较少。但这种政府以“参与者”身份与市场参与者之间的资金流动模式，可以推广运用到市场参与者之间。随着排污权交易制度的完善，市场参与者之间的资金流动模式也会更为丰富。

3.4.4 各经济主体之间综合的资金流量分析

（1）现行的运转模式。在政府、中介、市场参与者两两间资金流量分析基础上，三者之间资金流量关系的综合分析如图 3-7 所示。政府与不同性质的交易平台之间资金流量不同：当提供交易平台的中介为政府部门时，假设为交易平台 1，M_1 代表财政支出，M_2 代表财政收入；当提供交易平台的中介为事业单位时，假设为交易平台 2，M_3 代表财政支出，M_4 代表财政收入；当提供交易平台的中介为企业单位时，假设为交易平台 3，M_5 代表税费。除此之外，提供服务的中介多为企业单位形式，M_6 也代表税费。在排污权初始分配时，交易者 A、交易者 B 支付 M_7、M_8 获得排污权。在排污权再次分配中，若交易者 B 需要一定量的排污权，而交易者 A 恰好需卖出一定量的排污权，则可通过交易平台进行，交易者 B 支付 M_9，交易平台支付给交易者 A 协定的价格 M_{10}，M_9 与 M_{10} 可能不相等。在这个过程中交易者 A、交易者 B 可能需要排污权服务中介提供的服务，如抵押贷款等，则需要向服务中介支付服务费用 M_{11}、M_{12}。最后，如果政府需要从排污权市场上购回排污权并撤销，则政府需要支付一定的资金如 M_{13}。

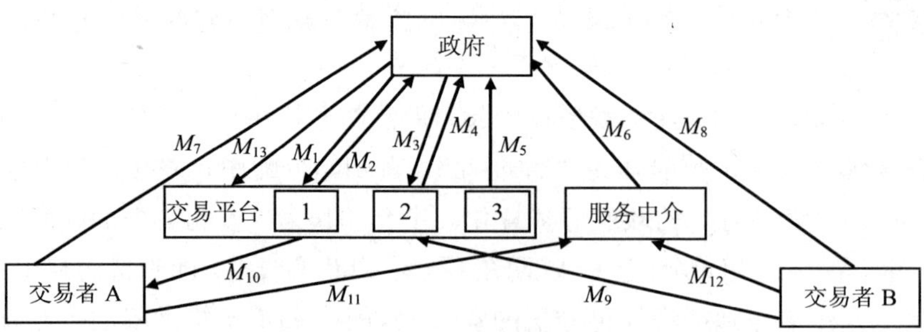

图 3-7 现实中各经济主体之间综合的资金流量

（2）可能的理想模式。综上所述，理想模式中三者之间的资金流量关系如图 3-8 所示。在理想模式中，交易平台的性质较为统一，或者即使存在不同性质的交易平台，也有与其性质相适应的统一规范。这样，交易平台与政府之间存在的除分配与交易外的资金流量为 M_1、M_2，清楚明了。服务中介仍需缴纳税费为 M_3。在初始分配中，除交易者 A、交易者 B 向政府支付 M_4、M_5 获得排污权外，交易平台、服务中介也可以向政府支付资金 M_6、M_7 获得排污权。在排污权交易中，一方面可以通过交易平台进行交易，假设交易者 A 剩余一定量的排污权，交易者 B 需取得一定量的排污权，交易者 B 可以支付 M_8 通过交易平台向交易者 A 购买，交易平台支付给交易者 A 资金 M_9，服务中介、政府也可以支付资金 M_{10}、M_{11} 参与到排污权交易中来。另一方面，也可以进行排污权直接交易，假设政府要购买排污权可以直接从交易者 A、交易者 B、服务中介处购买，支付 M_{12}、M_{13}、M_{14}，交易者 A 与交易者 B 之间也可以进行直接交易，交易者 A 向交易者 B 购买排污权支付 M_{15} 即可。出于投资目的，服务中介可以从交易平台购买排污权，支付 M_{16}，交易平台组建专业队伍也可以参与到排污权交易中来，假设投入资金为 M_{17}。如此看来，理想模式相比现实模式交易手段更加丰富、各方联系更加紧密，这也加大了对排污权初始分配与有偿使用的监管难度。

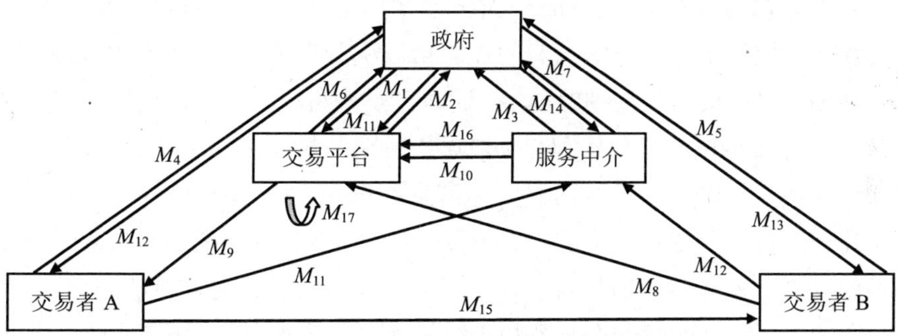

图 3-8　理想的各经济主体之间综合的资金流量

除了上述横向各主体间的资金流量外，还存在着如下资金流动：在排污权交易中存在层级间的联系），因此，资金流量也存在于纵向各层级之间，如上下级政府之间；区域间各排污权有偿使用和交易市场随着排污权制度的发展也将引起资金往来；以及随着排污权制度的发展而产生的其他资金往来。

通过排污权市场中各经济主体之间的资金流量的分析，可以得到几点启示：①只要有资金流向问题的存在，就有可能存在效率的损失。如何提高排污权市场的运行效率是一个十分突出的问题。以最小的代价获取最佳的环境效果是排污权制度的本质要求。②只要有交易活动的存在，就存在交易成本。如何降低交易成本是排污权市场建设中的一个突出问题。交易量少、交易机构多、交易成本大等都会遏制排污权交易的发生。③只要有经济活动的存在，就有可能出现“设租”和“寻租”现象。由于排污权市场中涉及众多经济主体，如何防范寻租活动是一个重要的课题。正如第 2 章所揭示的，排污权市场的建设，可能同时面临市场机制失灵、政府机制失灵和社会机制失灵的威胁，因此，加强排污权有偿使用和交易的监管机制的建设显得十分紧迫。如果以市场化改革作为类比，排污权有偿使用和交易的试点相当于市场机制的建立，排污权有偿使用和交易的全面推行及监管相当于市场机制的完善。浙江省排污权制度的改革已经到达了全面推行和加强监管的时机了。

3.5 排污权市场监管机制建设的总体构想

3.5.1 排污权市场监管机制的内涵

浙江省在试行排污权有偿使用和交易制度过程中碰到了不少障碍。这些障碍正是排污权有偿使用和交易监管机制建设的意义所在。市场机制失灵、政府机制失灵和社会机制失灵是生态破坏和环境污染的三大制度根源，同时也是排污权市场正常运行的三大制度根源。

如前所述，在排污权有偿使用和交易制度中，市场机制失灵主要表现为排污权市场有价无市、排污权市场供给不足、排污权主体信息不充分、排污权价格信息不充分、排污权供求信息不充分和排污权交易费用过高等方面；政府机制失灵主要表现为排污权政府定价、总量核定监管缺失、市场主体监管缺失、交易利得监管缺失、总量执法未跟进等方面；社会机制失灵主要是指社会组织和个人参与机制的缺失以及社会监督缺乏相应的信息披露。

因此，排污权市场监管机制就是针对市场机制失灵、政府机制失灵、社会机制失灵等问题的。通过完善技术手段和建立制衡机制防止排污权市场中的市场失灵、政府失灵和社会失灵，使得排污权市场得以顺畅运行，发挥其应有的环境效益、经济效益和社会效益的监督和管理机制。

3.5.2 排污权市场监管的总体框架

不同的机制失灵问题需要通过不同的监管机制加以克服或解决，如表 3-5 所示。表 3-5 表明，有一些机制失灵的问题只需要通过一种主要监管机制与之匹配，而有些机制失灵的问题需要多种监管机制与之匹配。例如，在价格信息不充分的情况下政府主要可以通过建立健全网络交易平台，加强网上交易监管，充实和完善排污权市场的交易价格信息。就排污权交易费用过高问题而言，政府可以通过实施网上交易监管、环境金融监管和环境财政监管等综合监管机制来解决。与此同时，一种监管机制往往有助于解决多种失灵情形下的排污权有偿使用和交易问题。例如，总量核定监管是一个基础性监管机制，排污权总量核定时需要加强总量核定监管，排污权交易后也需要加强总量核定监管，这会影响排污权市场的总供给。

表 3-5　浙江省排污权有偿使用和交易机制失灵的具体表现及相应监管机制

<table>
<tr><th></th><th>机制失灵的具体表现</th><th>主要监管机制</th></tr>
<tr><td rowspan="13">市场机制失灵</td><td rowspan="2">有价无市</td><td>总量核定监管</td></tr>
<tr><td>排污许可监管</td></tr>
<tr><td rowspan="2">供给不足</td><td>环境监测监管</td></tr>
<tr><td>环境统计监管</td></tr>
<tr><td rowspan="2">主体信息不充分</td><td>排污许可监管</td></tr>
<tr><td>环境执法监管</td></tr>
<tr><td>价格信息不充分</td><td>网上交易监管</td></tr>
<tr><td rowspan="2">供求信息不充分</td><td>环境金融监管</td></tr>
<tr><td>环境财政监管</td></tr>
<tr><td rowspan="3">交易费用过高</td><td>网上交易监管</td></tr>
<tr><td>环境金融监管</td></tr>
<tr><td>环境财政监管</td></tr>
<tr style="display:none"><td></td></tr>
<tr><td rowspan="9">政府机制失灵</td><td rowspan="2">政府定价</td><td>排污许可监管</td></tr>
<tr><td>环境执法监管</td></tr>
<tr><td rowspan="2">总量核定监管缺失</td><td>总量核定监管</td></tr>
<tr><td>环境统计监管</td></tr>
<tr><td>市场主体监管缺失</td><td>环境执法监管</td></tr>
<tr><td rowspan="2">交易利得监管缺失</td><td>环境金融监管</td></tr>
<tr><td>环境财政监管</td></tr>
<tr><td rowspan="2">总量执法未跟进</td><td>环境执法监管</td></tr>
<tr><td>环境监测监管</td></tr>
<tr><td rowspan="5">社会机制失灵</td><td rowspan="3">社会组织或个人参与机制缺失</td><td>环境监测监管</td></tr>
<tr><td>环境统计监管</td></tr>
<tr><td>环境执法监管</td></tr>
<tr><td rowspan="2">社会监督缺乏相应的信息披露</td><td>环境执法监管</td></tr>
<tr><td>环境监测监管</td></tr>
</table>

表 3-5 中共有八大监管机制与三大类失灵机制问题相对应，它们分别是总量核定监管、环境统计监管、环境监测监管、网上交易监管、排污许可监管、环境财政监管、环境金融监管、环境执法监管。这八大监管机制又可以分为两类，主要是从技术和制度两个视角提出对浙江省排污权有偿使用和交易监管机制进行研究，即技术性监管机制和制度性监管机制。如图 3-9 所示。

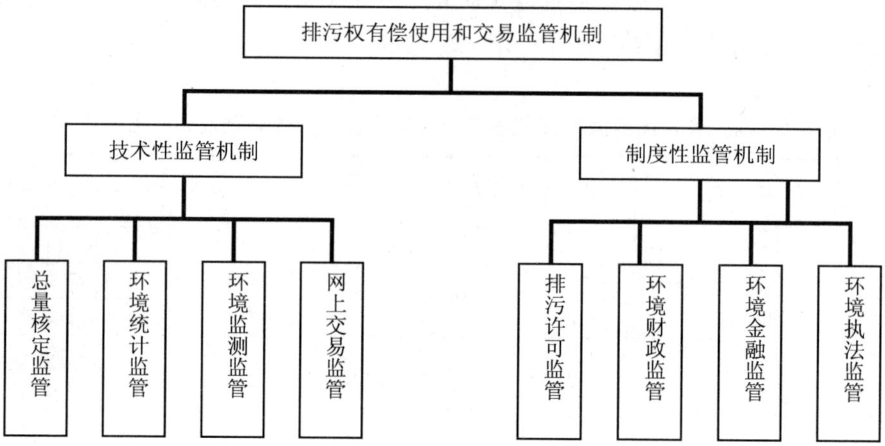

图 3-9 排污权有偿使用和交易监管机制的基本框架

3.5.3 排污权市场的技术性监管机制

排污权市场的技术性监管机制是指建立在总量核定、环境统计、环境监测、平台建设等技术性手段基础之上的监督与管理机制，也就是通过监管机制保障技术性手段正常运行的机制。排污权市场的技术性监管机制主要包括总量核定监管、环境统计监管、环境监测监管和网上交易监管。技术性监管主要解决环境保护如何从“浓度控制”转向“总量控制”、环境产权如何从“开放产权”转向“封闭产权”等问题。

（1）总量核定监管。总量核定监管是指对环境执法人员在核定区域污染物排放总量和企业污染物排放总量的过程进行监管。在这一监管过程中，相应职能部门应该对总量核定方法的采用进行规定，对总量核定人员的组成进行说明，对总量核定地点的选择进行解释，对总量核定时间的选择进行限制。实测法、物料衡算法和类比法是 3 种最重要的总量核定方法。基于不同方法，总量核定的结果也不尽一致，这是总量核定中的一种“技术损耗”。因此，在对同一行业或同一类企业进行总量核定时，应基于同一种方法进行评价。或者，也可基于三类不同的方法对每一行业或企业污染物的排放总量进行核定，最后可以选择一个稳健的符合行业特征和地区特征的总量数据作为排污权有偿使用和交易的基础。

（2）环境统计监管。环境统计是指用数字反映并计量人类活动引起的环境变化和环境变化对人类的影响，它包括自然资源统计、能源环境统计、人类居住区环境统计、环境污染统计和环境保护机构建设等方面。环境统计的每一方面都可能涉及排污权有偿使用和交易制度实施过程中的不同环节。例如，自然资源统计中的水资源统计能够为水环境容量的总量估算提供依据，人类居住区环境统计则关系到推进排污权有偿使用和交易制度的群众基础是否牢固，环境污染统计则更是直接统计 COD 排放量、SO_2 排放量、氨氮排放量等“三废”排放情况，是公开的污染物排放总量。就排污权有偿使用和交易监管而言，环境统计监管的重点是对排污总量统计和环境污染统计进行监管，尤其是对有偿使用和交易标的物的排放情况进行监管。

（3）环境监测监管。环境监测监管是指环境监测部门根据“内容齐全、方法科学、结果准确、成本节约、程序简洁”的要求综合运用多种方法对污染源的排污行为进行核算与监测。与总量核定不同，环境监测注重对污染物排放数据进行核查和对污染物排放数据进行跟踪。由于环境管理体制采取的是“垂直分级负责、横向多头管理”，因此环境监测数据在信息传递的过程中存在损耗现象，环境监测数据难以准确度量企业真实的排污行为，需要对这一“信息损耗”加强监管。同时，浙江省污染物排放监测方式包括分散监测和集中监测两类，集中监测操作起来容易但监测数据的准确性不高，分散监测成本较高但监测数据准确性也高。为了全面推进排污权有偿使用和交易制度，浙江省应全面采用分散监测的方式，加大安装在线监测系统的投入，提高监测数据的准确性和时效性。

（4）网上交易监管。浙江省排污权交易必须通过各个地级市相应的排污权交易中心进行，而且交易过程必须通过电子交易平台实现。具体来说，经过各级排污权交易中心审核通过的交易申请，经过配额转让核实手续后，可通过电子交易平台进行排污权许可证的变更转让手续，并在交易系统档案管理中进行备案，同时在信息管理系统中同步显示已经达成的交易信息。交易中心同时应按照规定的程序对交易双方核发或者重新核发更换排污许可证，完成排污权交易配额转让程序。在这样一个过程中，虚假申报、内幕交易、自买自卖、约定交易等现象完全可能会出现，甚至市场中会出现拉抬打压、集中交易、回转交易等常见的异常交易行为。诸如此类异常交易行为都会引发排污权价格的波动，会对排污权有偿使用和交易市场绩效产生诸多不确定性。

3.5.4 排污权市场的制度性监管机制

排污权市场的制度性监管机制是指针对排污权制度本身存在的制度失效而开展的监督和管理，主要包括排污许可监管、环境财政监管、环境金融监管、环境执法监管。制度性监管主要解决环境容量如何从“无偿使用”转向“有偿使用”、环境产权如何从“不可交易”转向“可以交易”等问题。

（1）排污许可监管。排污许可监管是指对排污许可证申请、延续、变更、注销等过程的监管。浙江省内排污单位应当按照《浙江省排污许可证管理暂行办法》规定取得排污许可证，并根据排污单位排污许可证的规定排放污染物。对于“生产工艺、设备、产品已被国家禁止或者淘汰的”等一些情形，排污许可证有效期不予延续；对于“排污许可证有效期届满，未延续的”等情形，环境保护行政主管部门应当依法注销排污许可证；对于在排污权交易中买进和卖出排污权的排污单位，环境保护行政主管部门应根据相应办法变更其排污许可证。这些过程都需要相应的办法与之匹配，需要环境保护行政主管部门对排污单位的行为进行审核，它们最终都反映在对排污许可证的监管之中。

（2）环境财政监管。环境财政是指以生态环境保护为目的指向的一种公共财政。环境财政监管主要包括两个方面：①对环境保护事权与环境保护财权错位的监管；②对环境财政收入与环境财政支出错配的监管。中央与地方、政府与市场之间环境保护事权划分不明确，一些应当由中央政府负责的环境保护缺乏有力的环境财政支持，一些应当由地方政府负责的环境保护也缺乏相应地方财政的安排，地方政府向中央政府寻租现象司空见惯。与此同时，在浙江嘉兴等地，由于推行了排污权有偿使用和交易制度，政府募集到了大量的环境保护资金，如排污权有偿使用费。排污权有偿使用收入实际上是一种环境财政收入，但是它有时又不被纳入财政收入，仅作为一种“专项资金”的形式存在，而这一“专项资金”的使用却又没有相应的财政支出制度与之匹配，排污权有偿使用收入和支出错配问题突出。

（3）环境金融监管。环境金融监管包括对环境信贷市场的监管，对环境责任保险市场的监管，对绿色资本市场的监管。近年来，随着浙江省全面推进排污权有偿使用和交易制度，浙江省正在不断地尝试创新环境保护金融制度，如排污权的抵押贷款和环境污染责任保险等。以排污权抵押贷款为例，虽然目前浙江省排污权抵押贷款已有一定规模，但是排污权抵押贷款中的问题十分突出，最为突出的问题是地方政府或地方环保局已然成为企业通过排污权获取贷款的担保人。这与环境金融的发展趋势是相悖的。这会增加政府的管理成本，加大政府破产的风险。

（4）环境执法监管。排污权有偿使用和交易制度实施过程中的环境执法监管突出表现为对总量执法的监管，即对那些未按照总量控制政策排污的排污单位进行处罚。在浓度控制政策下，环境执法机构会按照一定的处罚标准对超浓度排放的排污单位进行处罚。但是，在总量控制政策下，超总量排放的处罚标准未定，即便环境执法队伍监测到企业的超排行为，相关部门也无法可依、无据可循。这就给环境执法带来了诸多困扰，总量控制政策下环境执法机制亟待完善，环境执法监管体系建设有待加强。不过，对于一些既超总量又超浓度的排污单位，环境执法力度应该充分得到体现；对于那些“有法可依、有据可循”的环境污染违法案件，环境执法应该毫不手软。

参考文献

[1] 钱水苗. 论政府在排污权交易市场中的职能定位[J]. 中州学刊，2005（3）：87-90.

[2] 尚金城，包存宽. 战略环境评价导论[M]. 北京：科学出版社，2003.

[3] 朱家贤. 排污权交易中的政府监测[J].经济研究参考，2010（24）.

[4] 俞钦钦，毕军，等. 论排污交易市场的监管问题[G]//王金南，毕军. 排污交易：实践与创新——排污交易国际研讨会论文集. 北京：中国环境科学出版社，2009.

[5] 胡民. 基于交易成本理论的排污权交易市场运行机制分析[J]. 理论探讨，2006（5）：83-85.

[6] 罗丽，姚志伟. 论政府在排污权交易市场中的定位[J]. 北京理工大学学报：社会科学版，2011（1）：88-93.

[7] 刘鹏崇.“排污权”权利主体论[J]. 内蒙古环境科学，2009（6）：1-6.

[8] 张珊珊，徐建雪，王育才. 排污权的法律性质定位及其对交易主体的利益保护[J]. 商业时代，2012（3）：107-108.

[9] 沈满洪，钱水苗，冯元群，等. 排污权交易机制研究[M]. 北京：中国环境科学出版社，2009.

[10] 卜国琴. 排污权交易市场机制设计的实验研究[J]. 中国工业经济，2010（3）.

[11] 张京凯，陈廉. 我国排污权有偿使用和交易的实证研究——以嘉兴市、南京市、深圳市为例[J]. 政府法治研究，2009（9）.

[12] 唐邵玲，刘琳，施棉军. 初探我国排污权市场交易机制的构建[J]. 中国软科学，2009（S2）.

第4章 排污权市场排污总量监管机制建设

在排污权有偿使用和交易中，核定排污权总量是排污权交易的前提条件。为此，既要建立排污权总量核定、调整及分配机制，又要对它们进行有效监管。因此，本章分别对排污权总量核定及其监管、总量调整及其监管和总量分配及其监管进行分析。

4.1 排污总量核定及其监管机制建设

总体上看，浙江省环境保护形势依然十分严峻，由于经济快速发展，企业对排污权需求的递增性与政府基于环境保护需要对排污权供给的递减性之间的矛盾、人民群众对优质环境质量需求的迅速增长与政府对环境保护供给相对不足之间的矛盾依然十分突出。因此，环境保护必须进行机制创新。在环境保护政策重心由“浓度控制”转向“总量控制”的背景下，推进以排污总量控制为基础的排污权交易制度就是一个重大制度创新。排污总量核定与监管事关排污权制度实施的前提，必须加强监管。

4.1.1 排污总量的核定

4.1.1.1 环境容量的定义

排污总量的核定是与环境容量紧密相关的。因此，探讨排污总量首先需要知道环境容量。简单地说，环境容量是指在人类社会和自然环境不致受害的前提下某一区域所能容纳的污染物的最大负荷量。环境容量可分为水环境容量、大气环境容量。一个区域的环境容量越大，所能消纳的废弃物数量就越多，反之，则越少。随着经济社会的发展，人类社会已经占用了大量的环境容量。环境容量等于已经占用的环境容量与可以利用的环境容量之和。在环境污染过程中，有些污染物被环境所吸收和消纳，有些污染物则具有累积效应。可以利用的环境容量与累积废弃物排放量成反比关系，即累积废弃物排放量越大，可以利用的环境容量就越小；反之，则越大。如图4-1所示。

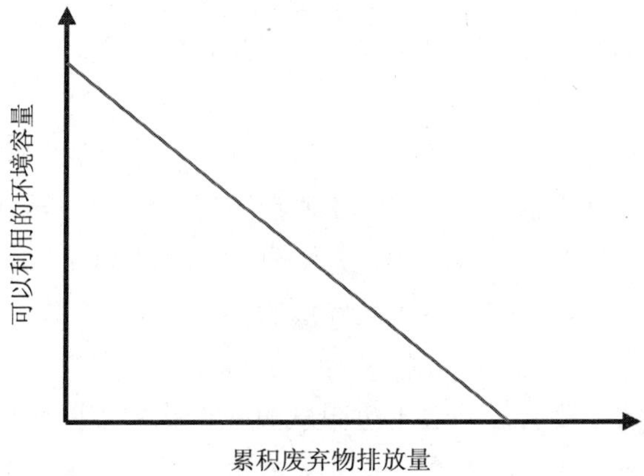

图 4-1　可以利用的环境容量与累积废弃物排放量的关系

4.1.1.2　环境容量的极限

环境容量具有两个层次：第一层次是维持生态平衡的环境容量；第二层次是维持人们满意的环境容量。第一个层次相对比较客观，其环境容量具有相对稳定性；第二个层次相对比较主观，其环境容量具有不稳定性，会随着人们生活水平的提高而发生变化。

从主观标准来判断，人们对环境质量的满意度评价可以分成 4 个类型（表 4-1）。既然环境质量的满意度评价存在 4 种状态，那么，环境容量就存在 3 个临界点。第一个临界点，在完全满意与基本满意之间；第二个临界点，在基本满意与不满意之间；第三个临界点，在不满意和极不满意之间。

表 4-1　环境质量满意度评价的 4 种状态

类型	满意度评价	环境状况
Ⅰ	完全满意	完全理想状态，人与自然、经济与环境协调发展
Ⅱ	基本满意	可以容忍状态，人与自然、经济与环境基本协调
Ⅲ	不满意	难以容忍的环境状况，但环境质量可以逆转
Ⅳ	极不满意	难以容忍的环境状况，且环境质量不可逆转

3 个临界点对应于 3 个不同的“环境容量极限”。对于浙江省环境容量是否到达极限的不同评价，是由于不同的人所持有的评价标准是不同的。

从第一个临界点的角度看，浙江省早已超过了环境容量极限，快速工业化在一定程度上是以牺牲环境质量为代价的，只有极少区域的环境质量是令人满意的。对此评价，争议较少。

从第二个临界点的角度看，浙江省已经达到环境容量极限，也就是说，浙江省在不少区域、不少领域，环境质量已经超出“基本满意”的评价而转向“不满意”。

从第三个临界点的角度来看，浙江省并没有达到环境容量极限，也就是说，虽然人们对目前的环境状况不满意，但是环境质量依然可以逆转，环境质量并没有达到不可改善的程度。

从防范环境风险的角度看，一般不主张从第三个临界点的角度判断环境容量极限，因为，环境质量不可逆转之时，人类自身的灭亡也为时不远了。因此，从近期来看，主张从第二个临界点的角度判断环境容量极限；从长期来看，主张从第一个临界点的角度判断环境容量极限。

值得注意的是，随着人们收入水平的上升，对环境满意度评价的标准也会随之而上升。这是因为，随着收入水平的上升，人们对高质量的生态环境这种奢侈品的需求是迅速递增的。

4.1.1.3 总量控制中的排污总量核定

环境容量的概念是根据环境管理的需要而提出的，1968 年日本学者首先采用这个概念来控制污染物排放总量。我国从“十五”期间就开始着手环境容量的核定工作。原国家环境保护总局出台了《全国地表水环境容量和大气环境容量核定工作》（环发[2003]141 号）、《关于加强环境容量测算工作的通知》（环办[2003]116 号）和《城市大气环境容量核定技术报告编制大纲》。环境容量的核定工作已经开展了 10 年以上。关于“总量控制”的总量核定有两种方法：

（1）容量总量核算法。容量总量核算法就是根据环境容量来确定总量控制目标，即从环境质量标准出发，应用环境质量模型，推算在保证给定的环境质量的前提下，某地区的环境所能容纳的最大排污量，在此基础上再来确定总量控制指标的一种方法。由于环境系统有一定的自净能力，因此，容量总量控制无疑最符合环境科学，是设置总量控制的最理想的标准。鉴于环境条件和污染物排放的复杂性，准确计算环境容量是技术性极强而且十分困难的。一般可以借助于数学模拟估算一定条件下的环境容量，尤其是第一层次的环境容量。专家学者已经为此作出了很多努力，但是，至今还没有像计算 GDP 一样的国际公认的环境容量计算方法。

（2）目标总量核算法。目标总量核算法是立足于现有的技术水平、立足于现有的排污削减能力及经济发展状况，来确定总量控制指标。具体地说，是根据环境质量现状和污染源排放现状，规定在某个时间内达到或保持某级环境质量标准或保持某年环境质量状况，要求控制区域内污染物排放总量控制在某一水平，同时确定相应的污染物削减总量。

我国的环境保护政策重心已经由浓度控制转向总量控制。按理说，应该以科学的环境容量核算作为依据进行总量控制。但是在容量总量核算法尚未取得公认以前，目标总量核算法不失为一种可行的方法。可以采取逐渐逼近的方式加以处理。即以现状排放总量为基础，逐渐削减排放数量，直至居民满意为止。

4.1.1.4 现状排污总量的核定要求及方法

由于目标排污总量是与现状排污总量直接关联的。因此，需要明确现状排污总量的核定及其方法。现状排污总量核定的要求如下：

（1）企业按要求填报排污核定方法。重点工业污染源必须逐一下发调查表进行调查，企业应以监测数据为依据按要求进行填报，监测方法应符合政府下发的《主要污染物排放总量核定办法》的要求；一般工业污染源可由地方环境保护行政主管部门根据辖区内的污染源分布特征确定调查对象，被调查企业可根据物料衡算、排污系数等方法估算排放总量，并按要求填报。

（2）填报内容必须完整。污染源调查填报内容必须完整，加强污染物排放去向调查，建立清晰的污染源、污染排放口与环境功能区的对应关系。

（3）统计数据与调查数据必须一致。对于有统计数据的工业污染源，诸如环境统计、排污申报登记、污染源监测、排污收费等，如果调查数据与任何统计数据相差在30%以上，则要求企业对此做出解释，如果不能提供相应的解释或解释不合理，则要求企业委托有监测资质的单位重新实施总量监测，并提供监测报告。

（4）对调查结果进行评价。地方环境保护行政主管部门根据调查情况，组织对排放数据可疑的企业或代表性企业进行典型监测，并以此对调查结果的准确性进行评价。

（5）相关数据与核定办法估算数据必须一致。其他类型污染源主要根据污染源的排污相关信息，采用负荷估算方法核定其污染物排放总量，要求所获得的排污信息能够满足所选用的负荷估算与总量核定办法，并与相应的宏观统计数据基本一致。

现状排污总量核定的主要有下列3种方式：

（1）中介核算方式。即由排污单位提供基础资料，由有资质的中介机构组织实施排污核算，监管部门进行审核的排污核算方式。该方式现应用于建设项目环境影响评价和“三同时”验收之中（邱秋，2005）。

（2）自主核算方式。即由排污单位自行进行排污核算，环保部门根据相关监测数据进行核查或抽查的排污核算方式。该方式现应用于排污申报和环境统计之中。

（3）监督核算方式。即由排污单位提供基础资料，由环保部门组织相关技术力量实施排污核算的排污核算方式。该方式现应用于污染源普查之中，在很大程度上也存在于污染减排之中。

上述3种排污核算方式各具特点，其中中介核算方式的技术力量最强，工作程序最复杂，耗时最长，排污单位经济负担相对较重，排污核算结果最可靠；自主核算方式工作程序较简单，耗时最短，各方经济负担轻，但技术力量最薄弱，核算结果不可靠；监督核算方式最客观，工作程序简单，核算结果较可靠，但耗时比较长，行政成本高，行政效率低。

4.1.1.5 现状排污总量核定存在的问题

（1）污染源监测基础薄弱。首先表现在污染源监测的覆盖面不够广，目前真正用监测手段和按排污总量控制监测来实施排污总量核定的排污企业数量少，一般仅针对主要的排污单位，而对其他面广、量大、污染严重，且处理水平低、排放无规律的排污企业的排污核算问题未解决。同时，在排污口整治、排污设施建设、排污企业监测能力等排污总量控制监测硬件方面的投入普遍不足，加之监督管理力度不够，都是排污总量核定难以实施的重要原因之一。其次污染源监测水平不高、监测投入不足从而导致的监测数据准确性不足也成为排污总量核定难以实施的重要原因之一。其体现在两个方面：①在线监测和监控体系的发展跟不上排污总量核定的需要；②在线监测的性能和价格比不合理。由于许多在线监测和监控系统并非企业自愿行为，尤其大多为领导工程，使用和管理机制不顺，监测数据质量难于保证，难以为排污总量核定所有。

（2）核算方式方法缺陷。从宏观角度看，污染核算主要包括建设项目环境影响评价、“三同时”验收、排污申报、环境统计、污染减排、污染源普查6类（冯元群等，2009）。不同类别污染源核算所采取的方法各不相同。建设项目环境影响评价主要采用物料衡算法和类比法；“三同时”验收一般采用实测法；环境统计则以实测法为主，个别行业或企业有采取物料衡算法和类比法；排污申报与污染源普查则一般综合运用物料衡算法、类比法和实测法。由于存在着“自然损耗”“信息损耗”和“技术损耗”，基于不同方法得到的宏观总量数据往往并不一致，那么在执行总量控制政策时，宏观总量数据就有选择性。而从微观角度看，企业作为减排的主体同时是排污权交易市场中的主体，企业的排污量是由污染减排技术、管理水平以及产品结构等微观因素决定的。但企业的经营却又受到原材料价格、运输费用、人力成本、宏观经济政策等因素的影响，企业的经营状况也存在波动，这样企业所排放的污染物也受到影响。最后从两者的联动性角度看，在分解排污总量的过程中，宏观与微观数据联动性的把握并不容易，且两者的耦合存在一定的难度。

（3）总量核算的环境统计工作滞后。环境统计工作是其他环境管理工作的基石，但目前区域环境统计与实际排放情况已经出现了一些明显的脱节现象。如对总量减排工作成果的具体核定有一套严密的核算办法和核查制度，每个地市具体的减排量，上级部门核算认定多少，环境统计中才能体现多少，而实际工作中，一些重点企业的减排项目往往因为验收较晚、证据不足或在线监测数据不稳定等各种原因不被上级部门核查认可。在这种情况下环境统计中就不能按照实际情况予以统计，否则将出现总量数字的不吻合。再加上环境统计执行的是企业自报及县（区）、设区市、省、国家各级环保部门由下至上、逐级汇总审核上报的工作制度。这一制度最大问题是企业填报的数据不准确，基层环保部门审核、综合分析能力较弱，相关制度不健全、不配套，环境统计数据缺乏质量保证。从政府方面看由于统计数据是总量减排的依据，与环保责任考核、创建国家环保模范城、政绩评价等工作密切挂钩，牵涉多方面的利益。随着考评标准的提高，少数地方政府为了捞取政绩，增加数据水分，导致统计数据成了“气球”。而企业自我监管能力差，部分企业害怕环保部门将统计数据与排污收费或者环保处罚挂钩，不愿意反映真实情况，在填报时存在漏报、少报、故意错报的现象。

（4）总量核定法制保障不足。排污总量控制监测体系不完善，法律效力不够，对不报、谎报的企业处罚不力。排污申报是排污企业必须履行的法律义务。但是真正履行这项法律义务的排污总量控制企业不多，不少企业甚至没有监测能力，经常不报或谎报，加之环保部门监督处罚不力，排污总量控制监测难以实施。

（5）总量核定缺乏公众监督。总量核定是由国家财政出资，即由公民纳税资助的，那么每位公民都有权利了解自身区域和相关排污企业分配到的总量配额以及了解周边环境的污染状况。但目前总量核定对外公布的数据不足以让公众了解污染源的排放状况、分配情况以及治理情况。

由于存在以上问题，加之环境管理尤其是排污总量控制考核、排污收费等，不按排污总量核定操作或不按排污总量核定收费，也影响了排污总量核定的实施和核定工作的效率。

4.1.2 排污总量核定的监管

4.1.2.1 排污总量核定监管的内容

（1）建立完整的环境监测体系。《国家环境保护“十二五”规划》对环境监管能力建设提出了很高的要求，规划“以基础、保障、人才等工程为重点，推进环境监管基本公共服务均等化建设，到2015年，基本形成污染源与总量减排监管体系、环境质量监测与评估考核体系、环境预警与应急体系，初步建成环境监管基本公共服务体系”。为此，结合浙江省近些年来环境监管能力建设情况，以及排污权交易工作的需要，应重点加强以下能力建设：①加强总量监测监察的队伍建设（王海芳，2010）。根据污染源普查初步调查结果，浙江省工业排污单位约5万家，列入环境统计名录的近1万家，环境监测和环境监察任务非常繁重。现阶段浙江省环境监测和环境监察队伍建设滞后，人员编制不足现象非常突出，远远不能满足国家相关建设标准的要求。尤其是环境监测部门，一方面环保管理部门和环境监测部门抽调了部分技术骨干，同时还占用了许多事业编制，造成了环境监测部门尤其基层单位招聘人才困难；另一方面由于环境监测部门待遇偏低，工作条件艰苦，一些技术骨干不安心工作，人才流失现象较严重，极大地制约了污染源监管工作的开展。②建立覆盖全省的污染源监测网络。进一步完善污染源监测方法，充实污染源监督性监测内容，定期开展人员培训和工作交流，提高仪器设备装备水平，改善实验室条件，提高污染源监测水平和覆盖面。③开展污染源排污核算的方法研究。加强理论研究，制定《污染源排污核算和排污绩效考核办法》及配套实施方案。污染源排污核算是污染源监管的核心内容，是推行各项环境管理制度和环境经济政策的基础。污染源排污核算方法理论体系的建立，有助于全面、及时、准确地掌握污染源排污情况，为环境监察部门开展排污总量执法提供技术支持，加强排污权交易制度实施后的监管力度。④提高污染源监管能力和监管效率。进一步加大污染源在线监控体系建设力度，扩大污染源在线监控设施的安装范围，完善现有的污染源在线监控实施，推行并加强第三方运营的监督管理，提高设施完好率和可靠性，充分利用现代高科技手段确保主要污染源的污染物排放得到有效监控。⑤建立完善的污染源动态管理信息系统。在污染源普查的工作成果上，逐步将现有的各类污染源信息数据整合为统一的动态管理的污染源信息管理系统，将环境监测、环境监察、项目审批、排污申报、环境统计、排污许可证管理、企业环境行为信用等级评比等信息进行统一整理、分析、储存，以提高污染源监管能力。

（2）探索规范的核算方法。环境统计是整个总量核算的基础，那么环境统计方法就是总量核算方法的灵魂，也就是说，环境统计方法是整个总量核算工作最核心的内容。针对环境统计体系中存在的问题，提出如下建议：①深入研究重点污染物的总量核算方法，通过国家和省市两级试点建立起一套科学合理的总量核算方法。②在全省重点污染源安装在线监测设备并定期校准，同时，考虑建立经营性质的调查监测机构或“双管”性质的专业环境调查监测机构，加大定期监测频次，扩大实测法的应用范围，切实提高基表数据的准确性。③重视在线监测数据准确性的研究。全省目前普遍反映在线监测数据和实测数据差异较大，同时，“十一五”环境统计报表制度中关于“凡安装自动在线监测设备的污染源，采用实时监测数据的汇总数作为排污量数据”的规定与《环境监测管理办法》中关于“县级以上环境保护部门所属环境监测机构依据本办法取得的环境监测数据，应当作为环境统计、排污申报核定等环境管理的依据”相互矛盾。因此，要集中技术力量找到造成两套数据差距较大的原因，并制定统一的数据采集技术规范。④利用污染源普查对排污系数重新实验修正之机，在污染源信息系统中建立排污系数数据库，并制定排污系数研究和更新核定制度，定期对排污系数数据库进行修正和更新。⑤完善线性的重点企业筛选原则，采取措施保证筛选核定时间满足环境统计需要。另外，要与统计、经济和农业部门对接，共同探讨城镇人口、燃煤量、畜禽养殖量等对排污总量影响较大数据的统计和核定方法。

（3）建立严格的环境统计制度。要探索建设统计部门牵头、环境部门参与的数据统一并且权威的环境统计制度。目前，环保部门存在几套数据不一的现象，其中，被称为“三表合一”的环境统计、排污申报与排污收费报表的统一，是由来已久的问题。事实上，监测申报、逐级汇总、总量审核本身就是环境统计工作的3个主要环节，环境统计之所以不全面、不系统、不规范、不准确，数据权威性受到质疑的原因就在于：监测申报这一前置性工作脱节；环境统计长期缺乏数据分析和总量审核这两个关键的后置性工作。目前，以上3个环节分别由不同机构管理，势必造成数据不统一、工作重复。因此，明确环境统计职能，从省级到县区级环保部门设立专门的环境统计核查机构负责排污申报、数据汇总和总量审核，是解决“数出多门”的根本办法。在环境统计中，国家、省、市、县各自的工作侧重点是不同的，市县重点强化数据采集和现场审核职能，而国家和省重点强化汇总数据审核和数据分析职能。现场监测和排污收费分别由专业技术机构和环境监察部门负责，这样就做到了监测独立、数据统一、收费有据，机构职能明确，从体制上理顺统计、监督和核定三者之间的关系。具体建议如下：①理顺管理体制。从市级环保局起建立由局长牵头、统计、污控、监督、监测和信息等部门领导参加的污染源基础数据库审核工作委员会，共同审核污染源基础数据，由各级环保局统一对外发布环境统计数据，保证环境数据的一致性、准确性和权威性。②理顺专业报表工作机制。针对专业报表统计工作中存在的上下沟通、业务指导不力的问题，建议总局各业务司加强对各地对口业务处室的指导，使专业报表制度能够顺利执行，进一步提高专业报表统计的时效性和准确性。③建立与相关部门的数据共享与合作机制。建立健全与相关部门、行业协会的横向合作机制，借用其他部门的力量和信息核实数据，如电力、统计部门的能源、产量和经济数据资料，节水办、自来水公司的用水数据资料；制定全国统一的相关基础数据的明细（微观台账）、汇总表（宏观核算）直接从相关部门调取，通过正规渠道获取相关指标，实现信息共享。

（4）不断完善总量核定的法律法规标准体系，强化总量核定监管法制基础。依法行政，立法是前提、基础。我国环境保护法律制度是由宪法、国际法、环保法律、行政法规、部门规章和标准、地方法规、地方行政规章、规范性文件组成，已颁布了几十部与环境保护相关的法律，1 023 项国家环境标准，以及难以计数的各类法规、规章和规范性文件。这体现了环境保护工作的力度，使得环境保护工作基本做到有章可循、有法可依，但总的来说还存在体系不完善、可操作性不强、制约力不大等问题，还不能完全满足新时期环保工作的要求。根据《“十一五”全国环境保护法规建设规划》，现行的法律法规标准体系将在“十二五”期间进一步完善。由于排污权交易增大了违法排污的经济利益驱动力，因此在强化污染源监管方面还须进一步完善相关法律法规标准体系建设，增强前瞻性和可操作性，在实践中不断完善。具体建议如下：一要进一步完善污染源监管法律法规标准体系建设。重点抓好 3 个方面工作：①应强化环境信息公开制度，尽可能避免信息不对称，防止排污权交易市场失灵，同时保护公众知情权；②提高法律法规的“吓阻”作用，明确环境污染的民事责任，提高环境违法成本，从法理上解决“违法成本低，守法成本高，执法成本更高”的问题；③畅通公众通过法律手段维护环境的途径，建立环境公益诉讼制度，畅通公众参与污染源监管的渠道，保障公众环境权益（方丽娟等，2007）。二要做好配套法规、规章、标准的调研和前期准备工作。针对新形势下，污染源监管过程中各种老问题，以及出现的新问题、新情况开展深入调查研究，广泛听取意见，确保配套规章具有前瞻性和可操作性。三要抓好法律法规标准以及政策出台后的跟踪调研，继续广泛听取不同层次、不同方面的意见，对存在的问题适时修改，不断完善。

（5）核定总量的信息公开。污染源监管事关环境安全，直接关系到人们身心健康和人类的生存与发展。加强污染源监管，防治环境污染，维护社会公众的合法环境权益，不仅要发挥政府环保职能部门的作用，而且还要发动广泛的社会力量，共同参与到污染源监管工作之中，维护环境安全。加强政府和企业的信息披露，政府应向公民提供排污总量核定信息，以公开为原则、不公开为例外，注重保护公民的知情权（韩利琳，2006）。同时，建立完善的社会监督机制，发挥公众、民间组织、新闻媒体的舆论监督、公民参政议政以及社会组织监督的作用，有助于破解当前污染源监管体系实施难的问题，有助于降低污染源监管成本，提高监管效率，实现长效管理。

4.1.2.2 总量核定监管的方法

总量核定监管应该建立污染排放监管、环境质量监管和群众评价监管 3 套方法。

（1）建立在线监测、监督性监测和年度审查相结合的污染排放监管机制。限于在线监测的实施条件，目前只能对部分的污染严重的企业使用，但是要尽可能把其他排污量较大的污染源纳入在线监控体系。监督性监测的对象为监控清单所确定的重点污染源，是对其年内排污状况的随机性检查。监督性监测的实施时间由地方环境监测站依据污染源所属类别按规定的频率选择，要求尽可能与其所排放的污染源总量等核定中的污染物通量发生异常时，分析污染源排污状况，对可能导致环境恶化的污染源进行临时性补充监测。除了上述监管外，建议对重点工业污染源以及排污量较大的企业增加每年一次的年度审查工作。年度审查工作由地方环境保护行政主管部门根据其下属监测站的监测力量，采取抽样方式确定审查数量和审查对象。抽样的范围以监督性监测数据与排污申报登记结果发生重大偏离（一般可将相对偏差超过 30%视为重大偏离）的污染源为主要对象（孟伟，2008），但不限于此。

（2）建立区域水环境、大气环境、土壤环境等主要的环境质量监管机制。总量核定效果的好坏最终是体现在区域环境质量上的。环境质量退化，就意味着总量监管不到位；环境质量改善，就意味着总量监管见到成效。基于目前群众普遍反映的饮用水安全、空气安全和食品安全等突出问题，必须要建立水环境、大气环境、土壤环境等主要环境质量的监测，并将环境信息公布于众，进而接受公众的监督。

（3）建立基于环境质量满意度评价的群众评价监管机制。老百姓满意不满意、老百姓高兴不高兴、老百姓答应不答应，是评判所有工作的终极标准，当然也是评判包括排污总量核定工作在内的环境保护工作效果的终极标准。因此，建议采取专家评价和抽样调查相结合的方式，对每年的环境质量状况进行一次满意度评价。评价工作要有统计部门组织实施，并且将评价结果公之于众。只有这样，才会政府感受到群众的压力，从而了解公众的环境保护需求，并进而确立政府的环境保护供给目标。

4.2 排污总量调整及其监管机制建设

4.2.1 排污总量控制的现状

4.2.1.1 总量控制与污染减排

所谓总量控制，是指国家为了保障环境安全，本着经济社会发展与环境相协调的原则，在一定时空条件下，对主要污染物排放的总量实行控制的一种管理方法体系（施问超等，2010）。这里所说的“总量控制”，是污染物排放总量控制制度的简称。当污染物的负荷超出环境容量，总量控制一般以削减现有总量的方式出现，即为总量核减，反映在区域或企业就是通常所说的“减排”。如果基期的某种污染物排放总量为 E_0，达到让居民满意的环境质量要求的某种污染物排放总量为 E_t，那么，污染减排的指标 ΔE 就是：$\Delta E=E_0-E_t$。只要 E_0 与 E_t 之间不相等，政府就面临着持续减排的任务。环境保护部门需要做的事情就是两件工作：①根据环境统计，确定每年的污染物排放实际总量 E_0；②通过问卷调查，确定人民满意的环境容量 E_t。E_t 的确定可以专家评价法和公众抽样调查法获得，将两种方法的结果做一个加权处理，就可以得到目标总量。通过连续一个时期的目标总量控制，逐步逼近完全满意的“环境容量极限”。总量控制应当包括 3 方面：①排放污染物的总质量（体积与浓度的乘积），或者排放强度（单位 GDP 排放量）；②排放总量的空间范围；③排放污染物的时间跨度。因此，总量控制是指以控制一定时段内、一定区域中，所有排污单位排放污染物的总量为核心的环境管理方法体系。

4.2.1.2 总量控制的现状分析

污染物排放总量控制是指将某一个控制区域如行政区、流域、环境功能区等作为一个完整的体系，按规定措施将排入这一区域内的污染物总量，在一定时间段控制在一定数量之内，以满足区域内环境质量或环境管理要求的管理手段。总量控制范围从区域一直到单个排污企业。①区域总量的确定有两种依据，即目标总量或环境容量，一般各地均采取目标总量的方式进行总量确定。这不仅是因为环境容量在测算上存在高技术难题，也是因为目标总量能与目标减排紧密结合。例如，“十二五”期间 15% 的减排任务就是通过目标总量削减的方式，层层分解，直至完成减排任务。②分区域总量是一个限制性条件，因为现实中往往存在行政区域拥有富余指标，然而相应企业所在分区域却已无多余指标。因此，区域总量作为上阀设置的一个门槛条件，具有改善区域环境的现实意义。③企业总量的核定受多方约束，地区经济总量、产业结构调整、生产工艺水平和排污状况等。在实际操作中，区域总量是企业污染排放总量最直接的限制性条件。

自从“十一五”总量减排以来，总量控制政策逐渐规范化和法制化。目前，浙江省已实施和正在制定的环保法规和措施中相当部分与总量控制有关。如《浙江省污染防治条例》《浙江省主要污染物排污权有偿使用和交易管理办法》（试行）、《浙江省排污许可证管理办法》和《浙江省建设项目环境保护管理办法》等均与总量控制有密切的关系。另外，浙江省出台了总量控制实施的专项保障措施，包括 2008 年发布并实施的《浙江省主要污染物总量减排考核办法》以及正在编制中的《浙江省主要污染物总量减排预警制度》。通过完善法规、政策体系，巩固了总量控制的区域环境管理中的基础地位，强化了政府在污染控制方面的责任，明确了政府管理和市场调节相结合的污染控制思路。总量控制与现行其他环境管理制度的有机结合，保证了环境管理的制度统一性和目标统一性。同时，与相关环境管理制度的组合，有利于促进对总量控制的动态管理，实现主要污染物排放的有效控制。

同时，也要看到存在的问题。浙江省部分企业产品科技含量低，管理模式落后，大多仍属粗放经营，但这些企业均属总量控制的重点管理对象，又是单个排污大户，对周围环境质量的影响很大。尤其造纸、印染等重污染行业均以小企业为主，生产设备落后，污染物排放量大，治理设施运行不稳定，污染物排放计量设备的安装更是处于空白。这类企业生产和开工往往受到市场和季节因素制约而很不正常，年际间生产量、排污量相差很大，污染物排放量难以确定，对总量控制的指标核定、排污许可证方法及管理、总量削减等实际操作造成一系列困难。

4.2.2 排污总量调整的总体趋势

如果把改革开放以来的整个历史时期做一个总体分析，那么可以看到，总量调整及其环境质量的关系可能表现为 4 个阶段性特征：

- 第一阶段（1978—2005 年）：排放总量递增，环境污染加剧。改革开放以来，浙江省的经济建设取得了举世瞩目的成就。然而，伴随经济飞速发展的是不断恶化的环境。大城市空气污染严重，全省地表水总体处于中度污染状态，浙江省的 SO_2 和 CO_2 的年排放量均以居于全国前列。从某种程度上来说，浙江省的经济发展是以牺牲环境为代价而取得的。尽管各级政府、职能部门做了大量的工作，采取了种种措施，但是，在“十一五”之前总体上表现为“排放总量递增，环境污染加剧”的特征（国家环保总局，2007）。

- 第二阶段（2006—2020 年）：排放总量递减，环境污染仍在加剧。“十一五”以来，按照国家的总体部署，浙江省节能减排成效初步显现。节能方面，“十一五”期间，浙江省完成了国家的考核目标任务，全省单位 GDP 能耗从 2005 年的 0.91 t 标准煤下降 20%以上。减排方面，全省“十一五”时期 COD 排放量下降 21.6%，SO_2 排放量下降幅度超过国家规定。2005—2010 年，浙江省累计关停小火电组 531.5 万 kW，淘汰造纸行业落后产能 5 万 t、皮革行业落后产能 160 万张、印染行业落后产能 20 亿 m。浙江省当前和今后一个时期经济社会发展过程中，节约能源和保护环境的任务艰巨。未来 5 年，浙江省经济发展进入转速转型期，工业化和城镇化进展将进一步加快，经济发展与资源能源节约和污染排放总量约束之间的矛盾日益突出，传统增长模式面临新挑战。从节能方面看，省万元 GDP 能耗水平已居全国领先水平，进一步大幅度降低能耗的空间相对较小。工业特别是高耗能行业节能潜力得到了较大程度的挖掘，工业能源利用效率提高幅度难度加大。从减排方面看，随着省经济持续发展，污染物排放也相应增加；工程减排的空间越来越小；产业结构调整需要一定的时间，产业结构调整进度仍然滞后于污染减排的要求，结构减排要发挥作用还需要较长时期；此外，“十二五”期间，浙江省还要上一批临港重化项目，必然带来能源资源消耗和污染物排放总量的增加。浙江省生产力布局和有限的环境容量，决定了节能减排工作的长期性、艰巨性和复杂性。
- 第三阶段（2021—2030 年）：排放总量再减，环境质量改善。在 2020 年以前，排放总量控制和环境质量改善是一个长期的、艰巨的、复杂的任务。在经过几十年的排污权总量控制和排污权交易后，环境质量得到了一定的保证，但和达到环境容量所需的目标还差一些距离，因此在 2020 年以后仍然必须实施总量控制，且对排污权总量的控制仍需加强。浙江省应在 2020 年以前总量控制的基础上，继续以环境总量为依据，减少排污总量。这一时期由于生活质量的提高，人们对于环境质量的要求更加严格。再加上随着减排技术的大幅度替身，逐步由环境与经济协调型转变为环境优先型（蒋洪强等，2008），到达总量控制约束性、质量改善指导性模式。考虑到 2020 年以后是中国全面小康社会目标的实现期，影响环境质量改善的主要污染物都必须严格实行排放总量控制，同时环境质量必须得到改善，与全面小康相适应的水平，也就是“环境小康”水平。

➢ 第四阶段（2031— ）：排放总量稳定，环境质量满意且稳定。未来，经过相当长时间的排污权总量控制以后，污染状况已经达到环境容量可以承受的范围之内，此时，对于排放总量的设定应处于稳定状态，而在实现全面建设小康社会的目标后，无论是中央还是地方政府，改善区域和城市环境质量应成为环境保护的重要约束性指标，这时 COD、氨氮、SO_2、NO_x 等主要污染物排放总量已经得到全面控制，环境质量改善。这期间，环境质量成为最大约束性指标。

上述 4 个阶段的“总量控制—质量改变”的轨迹正如王金南等（2010）在《“十二五”时期污染物排放总量控制路线图分析》所揭示的，如图 4-2 所示。

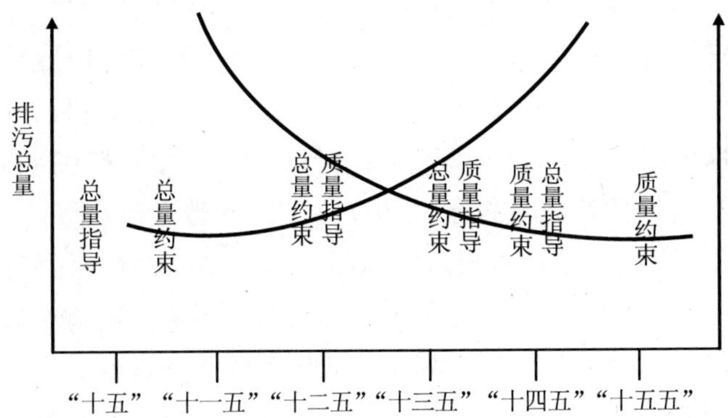

图 4-2 中国环境保护“总量控制—质量改变”行动路线图

4.2.3 排污总量调整存在的问题

4.2.3.1 经济与环境的冲突

污染物的排放，实质上是对环境容量资源的使用，为人类生产生活所必需，而排放权就是环境容量资源的使用权。对于整个浙江以及各县市来说，不论是为了满足人民日常生活需要，还是为了发展生产和壮大经济，都必须排放大量的污染物。从理论上说，一个地区排污总量指标的总和应当小于或等于控制区污染物排放总量控制指标，即从理性角度出发，应该以区域内环境容量为基准，污染物排放要小于或等于该区域内环境的可容纳量。但目前浙江省整个区域已经远远超出环境容量的负荷，如果一味要求按照环境容量作为总量控制的标准，浙江省的经济将会停滞不前，甚至出现倒退的现象。由于排污设备成本高，大部分企业难以承担过重的减排成本。即使配备了排污治理设备的大型企业，他们的排污技术及设备也很难达到环境保护的要求。因此，从目标总量控制到环境容量总量控制的转变会损害浙江省和省内各企业的生存权。但如果不从目标总量控制逐渐转变到环境容量总量控制，浙江的环境得不到改善，这就达不到原来总量控制所要达到的目标，总量控制失去了意义。

4.2.3.2 已有监测设施及统计口径的内在冲突

排污权有偿使用制度实施的前提是排污总量控制制度的全面实施，然而要控制总量，首先要科学、准确地测算出一个控制区域的最大污染物排放允许量。不同环境管理活动中的有关污染源排污核算的方法、标准、范围、程序、内容、要求各不相同，排污统计口径混乱，结果出现同一污染源有多个不同的排污数据。出现一个环保部门存在多个污染源信息库的“怪现象”：环境监测部门的企业污染源信息库、环境监察部门的排污申报数据库以及环境管理部门的环境统计信息库。近年还有污染减排数据库和污染源减排数据库。相关技术人员虽然忙于奔命，而现状仍然是污染源排污底数不清，排污统计口径混乱，无数据可用，造成了严重的人力物力浪费，加之排污口整治、排污设施建设、排污企业监测能力等排污总量控制监测硬件的投入普遍不足（陈慧明，2001），给环境管理工作带来不少困难。浙江省投入大量的人力、物力加强了污染源监测能力建设，取得很大的实效，但还有待于进一步完善，对污染源排污核算的支持力度不够。主要表现在：一些行业如化工，污染源自动监测设施故障率较高，误差较大，技术上有待于进一步完善；环境监测能力不足，人员、实验条件、仪器设备和装备缺乏，难以满足污染源监督性监测要求（沈满洪等，2009）。

4.2.3.3 公平与效率的冲突

浙江省在排污总量控制调整过程中，所面临的问题是如何在各个地区存在各种差异的情况下考虑公平与效率。按照环境效率标准，应该通过技术进步和制度设计提高环境资源生产率。杭州市等地区由于经济相对发达，环境生产率相对较高，据此，应该拥有更多的排污总量而少减排；按照公平标准，每个人享有公平的环境权益，工业化进程相对滞后的地区同样拥有发展经济及其相应的排放污染的权利。丽水市等欠发达地区应该享有更多的排放总量而少减排。这就构成了在总量调整过程中公平与效率的冲突。

4.2.4 排污总量调整的监管内容

（1）对总量核定主体的监管。排污总量是由政府核定的，因此，首先要加强对政府总量核定部门的监管。虽然浙江省目前的总量核定还无法与环境容量相一致，但是必须要努力与环境容量逼近。否则，环境改善无从谈起。总量核定部门必须要牢固树立科学发展观和生态文明观，以广大居民的答应不答应、满意不满意、高兴不高兴作为核定总量的唯一依据。

（2）对环境监测的监管。总量调整监管需要技术支撑，对各排污源以及排污过程中的监管依靠环境监测仪器和相关技术人员，对这些仪器设备和装备的监管才能保证在实施总量调整的过程客观公正。对于环境监测的技术保障不力的，要加强技术改进；对于环境监测的制度保障不力，要改进制度安排。

（3）对总量调整速度的监管。浙江省在总量控制从目标容量控制到环境容量控制需要一段很长的时间，但绝不能遥遥无期。政府部门为了使本地区经济发展，而长时间拖延对总量的调整，这会严重阻碍总量调整的进程。根据“总量控制—质量改变”轨迹，浙江省要在生态文明建设方面走在全国前列，必须提前实现环境质量的好转并且过渡到优质环境的稳定状态。为此，总量调整的速度和节奏，要根据全面建成小康社会和提前基本实现现代化的进度相对接。

（4）对总量调整方向的监管。浙江省总量调整的方向应该是分两步走：①从浓度控制转向总量控制，而且在达到全部污染源实施总量控制的基础上，要求从目标总量控制向容量总量控制转变；②从总量控制转向功能控制，排污总量的确定完全基于环境质量的优劣。在这些转变过程中，会出现政府部门对总量控制调整方向进行干扰，不能使总量调整按正常的方向进行，因此要在总量调整的方向过程中进行监管。

4.2.5　排污总量调整的监管举措

浙江省环境质量状况至今尚未出现根本性好转，因此，未来一段时期，排污总量的调整方向是单向的而不是双向的，也就是说始终应该朝着减排的方向努力。为此，必须实施下列举措：

（1）把污染减排真正作为具有强制力的约束性指标。在确定经济社会发展目标时，要真正体现“生态优先”理念，以“环境改善”作为前提确定经济社会发展指标。反之，如果做不到“生态优先”和“环境改善”就要动真格。

（2）把污染减排力度大小与环境质量监测结果关联起来。污染减排是为了改善环境质量的，污染减排是手段，环境改善是目的。只要不达目的，污染减排就压不断加大力度。这要成为工作的基本方针。

（3）以环境监测、排放监测和环境统计作为监管依据。总量调整是否科学合理，要由建立在环境监测、排放监测基础上的环境统计为科学依据。因此，必须提高环境监测的准确性、提高排放监测的准确性、提高环境统计的准确性。

4.3 排污总量分配及其监管机制建设

4.3.1 排污总量分配的思路与模式

4.3.1.1 排污总量分配的原则

初始排污权的分配不仅仅是一个单纯的环境问题，还是一个政治问题、经济问题和社会问题。排污总量的分配应该遵从公平性、科学性、可操作性和配额的经济有效性等原则。

（1）公平与效率兼顾的原则。排污权交易制度本质上是追求效率的，但是，排污权初次分配主要侧重公平，同时兼顾效率。由于区域能够容纳的排放总量有限，因总量分配实质上是在确定各排污者利用环境资源权利的过程，即利益的分配和矛盾的协调。在使用任何分配方法时，必须对分配的公平性进行考证。公平的基本含义是指个体之间公平合理地分担责任、分配权利和利益。在市场经济条件下，总量分配的合理性关系到各污染源的切身利益。公平性原则是排污总量分配中应遵循的首要原则，然后在公平的基础上以合作、交易或补偿手段来追求效率，使之既体现总体费用最少，达到保护区域环境，促进经济发展的目的，又尽量避免了各污染源之间允许排污量或削减量费用不均导致的不公平（严刚、王金南，2011）。

（2）可行性与现实性兼顾的原则。这一原则是方案实施的先决条件，它包括在经济上、技术上和管理上可行。它决定了环境容量的分配方案应尽量简单，易于实施，便于管理。经济上可行，即分配方案满足区域经济发展要求，而且各污染源所在单位可以秉承削减治理费用，或通过费用的协调使分配方案得到最大限度的接受；技术上可行，是污染单位在现有经济技术条件下可以选择到适当地削减治理工艺，满足分配方案要求，同时在污染源排污总量的监测和核算方法上要具有科学性，能够合理、准确、科学地确定排污总量；管理上可行，即通过上述原则确定的方案便于管理部门进行监督和管理。

（3）营利性需求与工艺性需求兼顾的原则。前者包括存量企业的需求和未来新增企业的需求，后者包括公共需求等。总量控制指标分配到各区域和各排污单位时，所有排污单位允许的排污总量不高于总量目标。环保部门可以预留一部分的指标不参与分配。这些指标有 3 个作用：总量控制目标的调节；地区招商引资项目的特殊需要，避免政策实施后个别地区经济发展可能面临压力；交易市场出现异常行为时可能的调控以及满足公共需求。

（4）配额使用与排污许可结合的原则。1988 年开始实施的排污许可证已经具备了排放配额的基本特征。因此，可以与排污许可证制度相结合进行配额的确定和分配。这样无论在法律层面还是在未来与其他政策的整合方面均有利于有偿使用的实施，反过来有偿使用政策的落实一定是排放许可证制度最有力的保障，有偿的排污许可证制度将成为基础性的、串联性的环境管理制度。

4.3.1.2　排污总量指标的分配依据

COD、SO_2、氨氮、NO_x 等排污总量核定后，就要将它分配给各个区域。各个区域之间排污总量的分配取决于下列因素：区域人口——区域人口越多，可获得的排污指标就越多；地区生产总值——区域生产总值越大，可获得的排污指标就越多；区域排污量基数——区域排污量基数越大，可获得的排污指标就越多。以 COD 为例，如果该流域在基期年化学需氧量的排放量为 COD，COD_i 表示流域内某个地区基期年的化学需氧量排放数量，那么：

$$\mathrm{COD}=\sum \mathrm{COD}_i \tag{4.1}$$

如果用 P 表示某个流域基期年的总人口，P_i 表示流域内第 i 个地区的基期年的人口，那么：

$$P=\sum P_i \tag{4.2}$$

如果用 GDP 表示某个流域基期年的地区生产总值，GDP_i 表示流域内第 i 个地区基期年地区生产总值，那么：

$$\mathrm{GDP}=\sum \mathrm{GDP}_i \tag{4.3}$$

如果核定该区域允许排放的化学需氧量的排污指标是 PRT，如果用 PRT_i 表示某个地区可获得的初始排污指标，K_P、K_{GDP}、K_{COD} 表示区域人口、地区生产总值和区域化学需氧量在初始排污指标分配中的权重，可以通过专家评价法得到各因素的权重系数，且满足：

$$K_P+K_{\mathrm{GDP}}+K_{\mathrm{COD}}=1 \tag{4.4}$$

那么：

$$\mathrm{PRT}_i=[K_P(P_i/P)+K_{\mathrm{GDP}}(\mathrm{GDP}_i/\mathrm{GDP})+K_{\mathrm{COD}}(\mathrm{COD}_i/\mathrm{COD})]\mathrm{PRT} \tag{4.5}$$

按照上述公式计算的初始排污指标主要考虑人口、经济和污染的基数。如果要考虑以往有的地区环境保护成效特别显著的因素，可以对上述计算公式进行适当的调整。

从区域初始排污指标分配给各个行业和企业，也可以用类似的办法进行具体分配。例如按照企业的产值基数、企业利税的基数、企业排污的基数、企业就业的基数等分别赋予权重，确定分配的数额。

4.3.1.3 初始排污权的获取方式

企业获取初始排污权包括有偿或无偿两种方式。

（1）排污权指标有偿分配。有偿分配方式包括政府统一定价出售和在通过拍卖定价出售。在有偿取得排污权的情况下，是“政府统一定价，企业购买取得”还是“企业在拍卖市场中竞价取得”又是一个问题。前者存在的一个突出问题是，政府信息的有限性，难以准确定价，要么定高了，要么定低了。更多的情况是定得太低了，导致企业在二级市场中“惜售”排污权。后者存在的一个突出问题是，排污权市场还处于起步阶段，某些企业可能操纵竞价拍卖排污权市场导致该市场失灵。但是随着排污权交易的逐渐频繁，浙江省排污权交易市场也在不断完善，加之政府出台了各种管理排污权交易的政策法规，这可以保证在排污权有偿取得的情况下，让市场参与定价能够更好地保证排污权交易市场的效率，因此，应尽快由政府定价为主转变为以市场定价为主的定价模式。

（2）排污权指标无偿分配。从环境保护的效果而言，初始排污权无偿分配还是有偿分配均不影响排污权均衡价格的形成。只要市场机制是完善的，即使初始排污权实行无偿分配，也会自然而然形成一个排污权的均衡价格。只是在排污权二次交易时，要区别对待。通过无偿分配方式取得的排污权，在进行转让交易时应当补交一定费用，通过有偿分配方式取得的排污权则可直接进入转让市场交易。这样既有利于避免企业通过非正常渠道占有过多的排污权谋利，又有利于企业通过排污权转让获取利益行使自主支配权，调动企业清洁生产的积极性，使其最大限度地缩小排污总量。

4.3.1.4 给公益性需求和发展性需求预留排污总量

排污总量的分配还要考虑公益性需求和发展性需求。

（1）按照盈利性需求和公益性需求切块，以保障公益性需求。实施限制划拨总量范围和建设排污总量控制政策，制定排污许可总量目录，对鼓励的、限制的、禁止的做出明确的规定。建立类似《划拨土地目录》和《财政部国土资源部中国人民银行关于调整新增建设用地土地有偿使用费政策等问题的通知》等政策措施。排污权总量分配过程中要严格按照这一政策对盈利性需求和公益性需求和法律规定的特殊需求作出区分，分别对待，并保障公益性需求。

（2）盈利性需求再切块，一部分分配到现有企业，一部分分配到未来企业。现行的排污权分配总量，一旦被分配出去，区域政府便无法接受新项目和新投资，因此政府应该为区域经济发展以及生态环境建设预留出一部分排污权份额给未来企业使用，作为政府招商引资的基本条件。要建立全省主要污染物总量指标基本账户制度和动态管理系统，各地基本账户由省级统一规范管理。各市、县（市、区）分配工业企业初始排污权时，在确保完成减排任务之外，可预留 10%～15%作为政府排污权储备纳入基本账户，用于各地产业转型升级的重点建设项目新增主要污染物总量的替代来源。这部分预留配额的分配方式将以拍卖的形式进行，这有利于政府筛选项目，地区转型升级，产业结构调整等

4.3.2 排污总量分配存在的问题

（1）总量分配中公平与效率的冲突。如何公平、公正地分配初始排污权是一个现实难题。（程玲玲等，2012）在国外，总量分配计划是由不同地方各自制定，美国联邦环境保护局对分配原则无具体规定，管理部门可使用任何合理的方案，只要符合排污权分配原则要求即可。其分配原则比较多，据不完全统计包括 19 种分配原则，其中主要是以追求公平、可行性和效率为主（封金利等，2010）。不符合公平原则的总量分配将是难以实施的，不符合效率的总量分配将是不经济的，不可行的总量分配将是一个虚订方案，将难以完成。片面强调某一方面的公平性，忽略了其他方面而造成貌似公平实际并未真正体现公平性的假象（吴丽君等，2011）。从目前的发展情况看，急需解决的问题是对总量分配方案进行合理性的评估，导入公共参与机制，增加社会对总量分配的关注，使总量分配原则能够在实践中逐步趋于多样性及合理性（路荣武、李丹，2011）。

（2）政府与企业之间的利益冲突。环境容量资源必须要由政府进行合理的分配，因为环境容量资源是有限的公共资源，不可能满足所有的使用者自由支配。但是由谁来使用不是任意的，有学者主张排污权也要给予非污染单位，使其通过排污权的市场化交易获得收益，对其“绿色”生产进行补贴和鼓励。但是这种主张既与我国现行的排污许可制度不符，也不容易执行。因为环境容量资源是非常有限的，放开“绿色”生产企业的排污需求会造成过度竞争甚至不当竞争。所以，由谁来使用有限的环境资源应该由资源的所有权人决定，这种决定不可能照顾到所有的排污企业，一些排污企业的经济利益必然会受到影响。而且政府环境保护主管部门的决策权很有可能出现权力异化，即可能会出现政府环境保护主管部门的“寻租”行为和排污企业通过不正当竞争手段获取排污权

的行为。

（3）企业之间的利益冲突。排污权初始分配的结果应该有助于激发排污企业的减排积极性。由于排污企业的行业性质、生产技术水平、污染治理水平以及未来发展规划的不同，获取排污权的数量肯定不同（沈发玲，2011）。显然，政府环境保护主管部门对排污权初始分配方式的选择直接关系到排污企业获取排污权的公平性问题，政府环境保护主管部门如果以免费的方式将初始排污权分配给排污企业，会影响排污企业之间的公平竞争，一些企业免费获得了初始排污权，便是免费获得了财富。对于其他受总量控制制约而不能同样免费获得所需排污指标的新建排污企业来说是不公平的。

4.3.3 排污总量分配的建议

4.3.3.1 统一设定配额总量

浙江省关于排污权总量分配应该从省级层面统一确定，不能由各区县分散设定。整体减排目标需要在被覆盖行业和未覆盖行业之间进行分配，由此才能明确浙江省总的配额总量。如果由各区县自行制定，那么为了照顾本区县行业利益它们会将覆盖行业的减排责任设定低于覆盖行业（周茂蓉等，2013）。这种划分会失去公平，而且在经济上缺乏效率。为了使减排成本最低，浙江省可以将减排责任按照效率原则在两者之间进行配置，即两者承担的减排责任刚好使两者的边际减排成本相等。例如，浙江省可以首先确定 2013 年初始总量，这将根据历史签发配额总量的年均水平来确定。此后每年签发的配额总量应逐年递减。

4.3.3.2 分配模式以拍卖为主

在分配模式上，建议主要以拍卖为主。在配额分配权利集中到浙江省层面以后，分配模式可以从免费分配方式转向有偿分配模式——拍卖为主，同时妥善建立针对既有设施的过渡性措施。在考虑到新入和退出规则对公平和效率的重大影响后，省政府应专门制定浙江省层面的相关规则。具体而言，分配模式主要包括以下 3 个部分。

（1）既有设施的过渡措施。过渡性措施将向覆盖设施继续免费发放部分配额，分配的方法将采用基准法。行业基准值为行业减排效率位列前 10%的设施排放的平均值，基准值与设施产出量的乘积就是该设施能获得的全额配额。但是免费配额并非全额发放，按照发放比例的不同，既有设施可以分为 3 类：第一类为已有减排设施，发放的比例为零，即不能获得免费配额；第二类为面临严重排污而未负担减排责任行业的设施，在第三期将获得全额配额的 100%；第三类为上述两类以外的设施，2013 年将免费发放全额配额的 80%，随后每年等量减少，到 2020 年只有全额配额的 30%免费发放，用以补偿这些设施的沉淀成本。

（2）新入和退出的统一规则。关于新入规则规定，浙江省配额总量的 5%将被单独划出，作为“新入者储备”，这是向新入者预留配额的最高上限。分配的方法将与同类既有设施的过渡措施保持一致。“新入者储备”还将专门划出一部分的配额，用以新减排设施以及绿色产业等示范项目。相比“祖父法则”，基准法能有效避免企业为获得免费配额而继续运行那些无效率设施，这为退出规则的制定提供了便利。因此，浙江省应对退出企业进行统一规定，停止运行的设施将不能获得免费配额。

（3）配额拍卖的相关安排。除上述免费发放的配额外，其他配额将分配给各区县或行业拍卖。其中 88%将分配给所有区县，各国分配的比例与各区县历史的排污量占比相当；将 10%以促进内部团结和经济发展为目的，分配给特定的区县，这些区县多为收入相对较低的地区；剩余 2%用以奖励早期减排的区县，即在未强制减排开始，已经进行减排试点且显有成效的区县，如嘉兴市等。此外，作为对部分区县部分行业的照顾，允许这些区县将本地区分配到的拍卖配额免费发放给这些行业，免费配额在 2013 年不得超过历史排污量的 70%，随后逐步递减。

4.3.4 排污总量分配的监管内容

（1）对政府的监管。政府是初始排污权的所有者和初始排污权的分配者。在初始排污权的分配过程中，环境保护主管部门的决策权很有可能出现权力异化，即可能会出现政府环境保护主管部门的“设租”行为和排污企业的“寻租”行为。因此，要充分调动排污企业的参与积极性、主动性，使其不仅是排污主体，而且成为排污权市场中的监管主体，并对自己的污染排放和治理行为作出选择，同时还要监管政府有一个公正的排污权初始分配模式，防止出现分配不公、权力寻租等现象。当政府环境保护主管部门作为公权力主体时，在经济利益与环境利益、短期利益与长远利益、公共利益与个体利益相矛盾时，政府环境保护主管部门有可能忽视环境利益、长远利益和公共利益，而选择经济利益、短期利益和私人利益。因此，在排污权分配中，必须加强对政府的监管，防止政府在排污权分配中的设租行为以及政府部门利益最大化行为，避免政府失灵（严刚等，2011）。

（2）对企业的监管。排污企业作为理性的“经济人”，在衡量企业利益得失时，只要具备条件，就会努力追求企业利益的最大化，为了获得政府环境主管部门的种种优惠，它们会采取机会主义行为，不是通过增加生产、降低成本的方式来增加利润，而是通过一些不正当的竞争手段寻求政府环境保护主管部门的特殊待遇。从长期来看由于排污权可以买卖，其价格呈上升趋势，会出现炒卖排污许可证的现象，甚至有可能出现某些人通过垄断排污权市场牟取暴利的现象。有些企业为获取更多的排污配额，甚至谎报虚报排污权交易申请材料，或向政府采取寻租手段，非法获取排污单位富余排污配额。因此，在排污权分配中必须加强对企业的监管，防止市场失灵。

对排污权市场中的总量分配的监管，即排污权交易的一级市场的监管，主要涉及的交易主体是政府部门和排污企业。最主要的监管手段是法律手段。应当在未来的立法中全面详细地规定有关排污权总量分配的规则和措施。明确提出排污权交易制度或排污许可证交易制度；明确规定排污权分配的基本原则、制度、程序及法律责任以及在排污权交易制度中总量分配所涉及的主体的范围、职责和地位；明确规定无证排放或超许可排放的法律责任等。

参考文献

[1] 邱秋. 制度变迁与环境行政手段的变革[J]. 管理学研究，2005（5）：116-120.

[2] 冯元群，康颖，童国璋，等. 排污权交易中污染源排污核算技术方法的分析[J]. 环境污染与防治，2009（7）：92-96.

[3] 王海芳. 环境监察精细化管理的探讨[G]//中国环境科学学会. 中国环境科学学会学术年会论文集. 2010：1279-1281.

[4] 方丽娟，耿闪清. 我国工业企业环境信息披露的对策建议和具体设计[J]. 会计之友，2007（2）：30-32.

[5] 韩利琳，张力. 环境信息披露制度研究[J]. 安全与环境工程，2006（3）：5-8.

[6] 孟伟. 流域水污染物总量控制技术与示范[M]. 北京：中国环境科学出版社，2008：64，138.

[7] 施问超，张汉杰，张红梅. 中国总量控制实践与发展态势[J]. 污染防治技术，2010（2）：38-47，63.

[8] 国家环境保护总局. “十一五”全国主要污染物总量减排核查办法（试行），2007.

[9] 蒋洪强，王金南，葛察忠. 中国污染控制政策的评估及展望[J]. 环境保护，2008（6）：15-19.

[10] 王金南，田仁生，吴舜泽，等. “十二五”时期污染物排放总量控制路线图分析[J]. 中国人口、资源与环境，2010（8）：70-74.

[11] 陈慧明. 排污总量核定中的主要问题及解决途径[J]. 环境监测管理与技术，2001（2）：4-5.

[12] 沈满洪，钱水苗，冯元群，等. 排污权交易机制研究[M]. 北京：中国环境科学出版社，2009：83，130.

[13] 严刚，王金南. 中国的排污交易实践与案例[M]. 北京：中国环境科学出版社，2011：129.

[14] 程玲玲，夏峰. 水污染物总量分配原则及方法研究进展[J]. 环境科学导，2012（1）：30-34.

[15] 封金利，等. 水污染物总量分配方法研究[J]. 环境保护与循环经济，2010（6）：34-37.

[16] 吴丽君，杨三明. 大气污染物总量分配方法研究综述[J]. 三峡环境与生态，2011（4）：19-22.

[17] 路荣武，李丹. 基于 FAHP 法的污染物排放总量综合评价与分配[J]. 青岛大学学报（自然科学版），2011（3）：88-91.

[18] 沈发玲. 排污权交易制度中主体利益关系研究[D]. 浙江农林大学，2011.

[19] 周茂蓉，谭秀杰. 欧盟碳排放交易体系第三期的改革、前景及其启示[J]. 国际贸易问题，2013（5）：96-103.

第5章　排污权市场环境监测监管机制建设

在排污权市场中，准确掌握污染源排放情况是排污权交易的先决条件。要准确掌握污染源排放情况，就必须开展严格的环境监测工作。然而，由于环境监测存在体制不健全、技术水平低等不足，环境监测未能成为排污权市场强有力的技术保障，一定程度上造成了企业偷排漏排现象、企业参与排污权交易动力不足等现象。为此，必须建立一套全方位的环境监测监管体系，在监测企业排污行为与区域环境质量的同时，监管企业排污量与许可排污量是否一致、排污权交易量与实际使用量是否一致。

5.1　排污权市场与环境监测监管

5.1.1　环境监测监管的内涵

环境监测是通过对人类和环境有影响的各种物质的含量、排放量的检测，跟踪环境质量的变化，确定环境质量水平，为环境管理、污染治理等工作提供基础和保证。环境监测业务类型主要分为环境质量监测、污染源监督监测、污染事故应急监测、建设项目竣工环保验收监测、自动监控仪器比对验证监测、污染事故纠纷仲裁监测、单位排污申报监测、科研型监测和专项调查性监测、各类市场委托监测等（柏仇勇等，2007）。在环境保护逐步实施定量化管理的大背景下，环境管理越来越离不开环境监测的技术支撑，环境监测也因而成为环境保护事业最具基础性、战略性的支撑体系与环境执法的重要依据（周驰等，2010；徐广华等，2009）。

环境监测监管具有两层含义：①环境监测作为环境监督管理工作的一种方式，通过环境监测达到环境监督管理的目的；②环境监测工作本身是一项复杂、系统的工作，需要引入监督机制加以约束与规范，以此提高环境监测工作的科学性与准确性。第一层含义所指向的是环境监测监管的起步阶段。随着环境保护工作的日渐完善及环保制度创新的需要，环境监测的重要作用越来越受到关注。同时，来自环境监测领域的管理体制、技术基础、制度规范、能力建设等方面的不足也日益显现，环境监测不力将直接影响环境监测为环境管理服务的质量、环境执法的公正性、严肃性以及政府环境决策的科学性。因此，环境监测监管更应指向对环境监测工作的监管，在夯实监测能力的同时注重提升监测质量与水平。

5.1.2　环境监测监管与排污权交易的关系

排污权制度所依附的环境监测业务主要是指针对排污单位的污染源监测与区域环境质量监测，同时也包括对交易总量是否影响环境质量的监测监管，以及对企业排污权交易量是否与实际使用量一致等方面的监测监管，如图 5-1 所示。其中，污染源是指因生产、生活和其他活动向环境排放污染物或者对环境产生不良影响的场所、设施、装置以及其他污染发生源。排污单位是指可参与排污权交易的所有直接或间接向环境排放污染物的具有独立法人资格的企业。

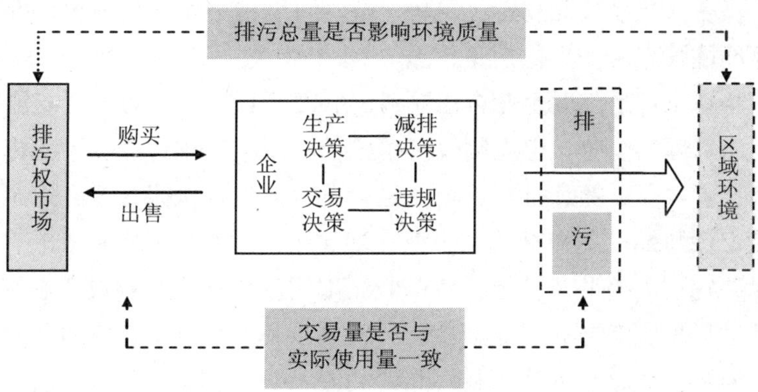

图 5-1　排污权市场中环境监测监管的内容

由于排污权交易是以明确的环境产权为基础的，交易标的又是数量化的污染排放指标，因此，排污权交易与环境监测及其监管直接相关。对排放量的准确监控是排污权交易的前提，排污量只有得到准确计量，才能在交易中以商品的形式存在，准确的监管也是保障排污权交易公平、公正的关键。目前在我国建立起一套完善的环境监测监管体系，是推进排污权交易健康发展的当务之急。

图 5-1 表明，排污权市场中的环境监测监管，主要体现在虚线所示的 3 个方面：①要监管排污总量的确定是否有利于区域环境质量的改善，防止过度排放及环境恶化；②要监管交易数量是否与实际使用数量一致，防止企业超排和偷排；③要监管排污是否

按照规定的时间、空间和浓度进行，防止突击排污和超标排污等。

5.1.3 排污权市场中加强环境监测监管的必要性

环境监测是排污权交易的基础，而排污权监测的监管机制则是夯实这一基础的关键。如若环境监测不能真实反映污染源排放情况与区域环境质量，那么排污权交易就会面临市场失灵的风险。可见，环境监测监管在推进排污权市场规范化运作、保障排污权交易顺利开展中发挥着重要作用，因此，在排污权市场中加强环境监测监管十分必要。

（1）环境监测监管是推进环境管理工作的基础。准确地监测污染排放和环境质量，是有效落实各种环境经济政策、实施有力的环境管理制度的前提。在“总量控制”为前提的排污权交易中，“总量”的确定就是基于环境质量的监测结果。如果环境监测宽泛而失真，没有真实反映现实环境质量，就会使得预期控制的污染排放总量人为变大，实际污染排放大于环境容量，致使环境质量恶化。因此，必须建设先进的环境监测监管体系，为全面反映环境质量状况和变化趋势，及时跟踪污染源变化情况，准确预警各类环境突发事件等环境管理工作提供决策依据。

（2）环境监测监管是确保企业合法排污的必要手段。环境监测在监测区域环境质量及区域污染“面”源的同时，也监测排污单位的“点”源排污情况。在排污权制度框架下，企业并非交了钱即可随意排污。企业是否具有排污权，拥有多少排污量都需经过环保部门的相关审核与批准。核准后，企业在现实生产运行中还需要安装在线监测设备，监测排污情况并定期上报监测结果。环保监测部门通过在线监测设备联网、定期或不定期对企业进行抽样检测等方式对企业实际排污情况进行监测。有效的环境监测能对排污企业形成外在监督，监督企业实际排污量是否在许可排污量以内，确保企业合法排污。倘若环境监测缺乏监管，便会给企业偷排漏排创造机会。

（3）环境监测监管是促进排污权交易的有效保障。排污权有偿使用制度的实施，必须使排污权可以界定、排污权的使用可以监测和监控，而这就需要发挥环境监测监管的作用。只有当排污权交易中的政策许可量和实际排污量对应起来，才能使排污权具有可自由交易的商品性质并提高排污权配置的效率，保证合法的排污者不会因为其他排污者的非法排放而遭受利益损失。环境监测监管机制便是要确保排污权交易量的准确性，保障排污权交易公平、公正进行。

表 5-1 比较了环境监测监管力度强弱对于政府及排污企业的利益影响。从表 5-1 可以看出，实施强有力的环境监测监管有助于企业在减排成本与排污权交易费用的权衡下，形成减排倒逼机制，或是在总量控制的前提下通过排污权交易合法排污，最终实现

政府环境治理的目标。

表 5-1 排污权市场中环境监测监管强度影响比较

比较项目	监测监管力度强	监测监管力度弱
政府环境监测监管成本	高	低
政府环境治理成效	好	差
企业违法排污成本	高	低
企业减排动力	强	弱
企业参与排污权交易动机	强	弱

5.2 排污权市场环境监测的现状描述

作为环境保护制度创新的排污权制度，其所依靠的环境监测是在已有监测体系基础上推进的。因此，排污权市场中的环境监测现状是指在一般意义上的环境监测基础之上，服务于排污权制度实施的环境监测工作开展情况。浙江省作为我国排污权制度先试先行的省份，已经搭建了环境监测体系。

5.2.1 环境监测行政体制

我国现行环境管理体制为分级负责的环境监管体制。国务院环境保护行政主管部门对全国环境保护工作实施统一监督管理。县级以上人民政府和环境保护行政主管部门是基层环境监管的主要负责机构，对本辖区的环境保护工作实施统一监督管理。对于跨行政区的环境污染和环境破坏的防止工作，由有关地方人民政府协商解决，或者由上级人民政府协调解决，做出决定（宋国君等，2010）。由于污染源排放监测与区域环境质量监测包含于环境监测业务范畴，因此，排污权市场中的环境监测行政体制也属于上述体制，监测工作主要由各级政府环保部门直属的环境监测中心（站）来执行。按照“做大做强省级站、配齐配全市级站、合理配置县级站”的思路，浙江省建立了以省监测中心为核心，各地市级站为区域中心，部分重点县级站为区域副中心的环境监测网络体系。现行环境监测行政体制（图 5-2）。可见，环境监测部门负责向同级环保部门提供监测数据，同时需向上一级环境监测中心提供监测数据。例如，浙江省环境监测中心是省环境保护厅直属单位，业务上受中国环境监测总站指导。

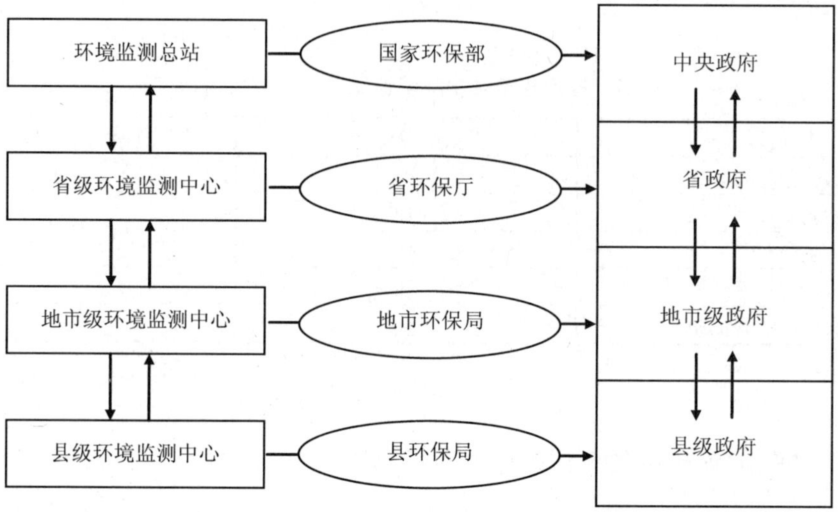

注：图中横向箭头“→”表示隶属关系，即监测中心隶属于同级环保部门，环保部门又隶属于同级政府；纵向箭头“↑”“↓”表示行政体系上下级关系。

图 5-2　我国现行环境监测行政体制

5.2.2　环境监测制度规范

制度规范是环境监测实施的纲要。为此，浙江省政府、省环保厅出台了一系列政策文件，明确环境监测实施主体的职责，统一环境监测各项标准，完善环境监测系统建设，着力构建严密的环境监测制度体系，如表 5-2 所示。其中，省政府于 2006 年出台了《浙江省环境污染监督管理办法》和一系列针对环境监测系统运行、维护、验收及技术要求的制度；2008 年相继出台《关于进一步加强环境监测工作的意见》《浙江省环境监测证管理办法》，对全省环境监测行为进行了规范；2009 年出台《浙江省主要污染物总量减排监测实施办法》，明确污染源监测技术采用自动监测技术和监督性监测（包括手工监测和实验室比对监测）技术相结合的方式，进一步强调加强污染源监测资料的采集、核定、上报等环节的监管，并要求建立污染源监测档案。而后出台的制度条文关注环境监测的质量控制及网络信息化技术的支持等。浙江省地市级层面第一个针对排污权监测技术的规定是台州市的《可交易排污权监测技术规定（试行）》。该监测技术规定对使用范围、引用标准、术语和定义、监测准备、监测采样、流量测定、监测项目和分析方法、质量保证、可交易排污权监测结果评价和可交易排污权申请单位环境保护能力评价等 10

个方面作出了详细的规定。制度建设的推进有利于不断规范环境监测工作，同时，排污权市场的逐步建立与完善为环境监测制度建设提出新的要求，这使得与污染源排放监测相关的监测制度还将继续跟进与细化。

表 5-2 浙江省出台的环境监测制度规范汇总

时间	制度名称	制度特征
2006 年	《浙江省环境污染监督管理办法》	管理手段
2008 年	《关于进一步加强环境监测工作的意见》	
2008 年	《浙江省环境监测证管理办法》	
2008 年	《浙江省污染源在线监控系统运行管理实施细则》	
2009 年	《浙江省主要污染物总量减排监测实施办法》	
2006 年	《浙江省环境自动监测监控系统管理办法（试行）》	技术手段
2006 年	《浙江省污染源在线监控系统建设技术要求（试行）》	
2006 年	《浙江省污染源在线监控系统验收规定（试行）》	
2006 年	《浙江省污染源在线监控系统运行规范（试行）》	
2006 年	《浙江省污染源在线监控系统建设技术方案（试行）》	
2006 年	《关于统一建立全省自动监测监控系统运营维护公司的通知》	
2007 年	《〈浙江省环境自动监测监控系统管理办法（试行）〉补充规定》	
2007 年	《浙江污染源在线监测监控系统建设验收和运行管理实施方案》	
2013 年	《浙江省企业刷卡排污总量自动控制系统（废水）建设技术要求》	
2013 年	《浙江省企业刷卡排污总量自动控制系统（废气）建设技术要求》	
2011 年	《浙江省环境自动监测监控信息传输管理办法》	
2008 年	《关于建立全省环境监测系统质量管理体系运行年度检查制度的通知》	质量保证
2008 年	《浙江省环境监测站年度考核办法（试行）》	
2010 年	《浙江省污染源自动监测数据有效性审核实施细则（试行）》	

5.2.3 环境监测能力建设

浙江省十分重视环境监测能力建设，各级财政每年投入大量人力、物力、财力用于污染源监测监察工作。2008 年年底，浙江省投资 6.5 亿元建成省级环境质量自动监控系统和重点污染源在线监控系统，其中包括水质自动监测站 82 个，覆盖全省八大水系等主要水体的所有县界以上交界断面；包括空气质量自动监测站 160 个；完成 88 个环境监控中心及专用网络的建设，实现了省市县三级联网，初步形成覆盖全省的主要污染物和环境质量监测监控系统。在建设与完善监测网点的同时，浙江省环境监测中心网站下设专栏提供污染源在线监测日报、季报，发布各县市环境质量报告等，通过及时的信息披露，使得监测数据接受社会监督。在地市级层面上，2007 年 10 月，嘉兴在全省率先完成了污染源自动监测监控和大气、地表水自动监测两大系统建设，对全市 90%的污染物排放总量和整个水环境、大气环境进行全天候实时数据和图像监控。

5.2.4 环境监测技术基础

监测设施是环境监测的技术依靠力量。浙江省在环境监测技术方面采取自主研发的策略，依托省环境科学院及相关合作企业，研发污染源排放监测设备。目前采用较为普遍的是污染物排放在线监控系统，全省已建成污染源在线监控设施 1 452 家，实现了对国控企业废水、废气排放浓度和排放量的在线监测和视频监控。

总量监管是排污权交易诸多环节中至关重要的一环，是排污权交易机制健康发展的必要保障。嘉兴桐乡市率先通过技术创新，试点企业刷卡排污系统。该系统由企业端的刷卡排污总量自动控制设备、各级环境保护行政主管部门中心端的管理平台和数据安全传输网络 3 部分组成（图 5-3）。系统运作包括刷卡、定量、关闸、开闸 4 个环节。当企业排污量接近核定量的 80%时，系统会以短信形式向企业联系人发出提示；接近核定量的 90%时，系统会发出警告提醒；达到核定量的 100%时，系统会自动关闭企业排污口。刷卡排污监控系统的运行如图 5-4 所示。

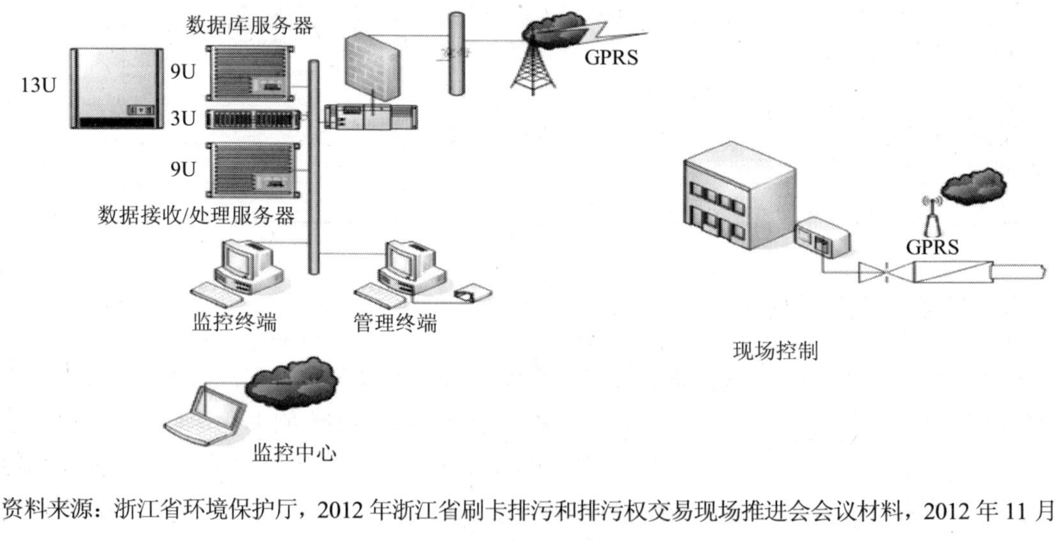

资料来源：浙江省环境保护厅，2012 年浙江省刷卡排污和排污权交易现场推进会会议材料，2012 年 11 月。

图 5-3 桐乡市刷卡排污系统组成

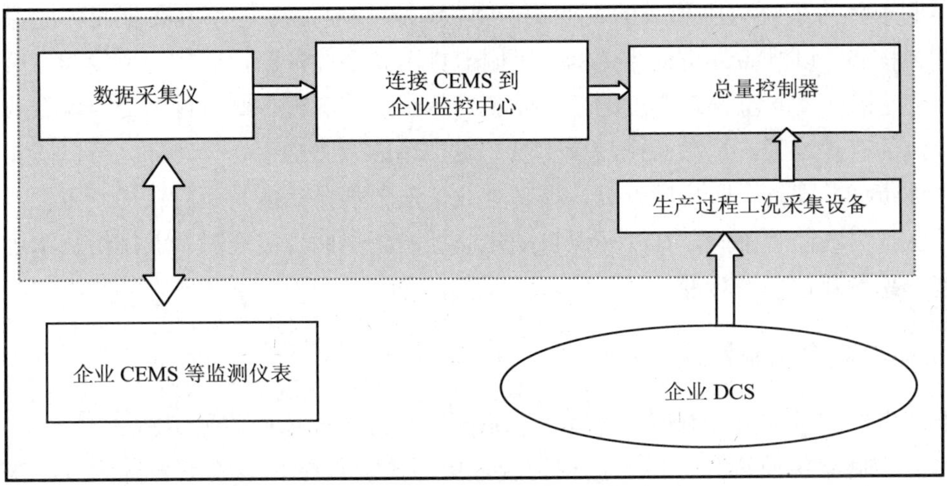

资料来源：浙江省环境保护厅，2012 年浙江省刷卡排污和排污权交易现场推进会会议材料，2012 年 11 月。

图 5-4 刷卡排污监控系统的运行流程图

桐乡市在 2008 年试点该系统，2009 年全面推开应用，截至 2012 年 7 月，桐乡市污水排放量在 500 t/d 以上的 114 家企业均已完成了刷卡排污自动控制系统的安装。在此过程中，有效搭建了在线监控与排污刷卡数据平台，将在线监控和排污刷卡数据进行实时传输、有效整合，并建立了 24 小时值班制度和监控数据日报制度，对超浓度排放和超水量排放企业采取切实可行的措施，制止违法排污行为。截至目前，桐乡市已对超浓度排放的 145 家企业发出了限期整改通知，72 家企业实施了行政处罚；对临超水量企业发出短信警告 632 厂次，对 59 家企业实施限产限排措施；对超总量排放的 13 家企业追缴排污费 18.3 万余元。这些举措有效控制了污染物排放总量。刷卡排污系统对企业排污形成倒逼机制，为环境监管从单一浓度控制向浓度总量“双控”转变提供了技术支撑。

绍兴县是全省开展刷卡排污工作的 3 个试点地区之一。目前，全县共安装刷卡排污总量自动控制系统 214 台套，涉及企业 222 家，总投资 1 116 万元，基本实现了刷卡排污对全县印染、电镀、造纸、制革、化工五大行业的全覆盖。刷卡排污控制系统安装以来，全县废水排放得到了有效控制，县域水质达标率有较大提高，废水排放总量从去年最高时的 76 万 t/d 下降到目前的 50 万 t/d 左右，2012 年 1—9 月，工业污水日均排放量为 48 万 t/d，比去年同期下降 10%；县域 40 个水质断面达标率为 52.5%，比 2011 年同期上升 10 个百分点。

由刷卡排污系统衍生形成的企业刷卡排污总量控制制度是以落实企业环境保护主体责任为核心，以排污许可证为依据，以刷卡排污为手段，以控制排污总量和污染减排为目的，是浙江省点源管理制度的重大创新。从试点情况看，刷卡排污是实现企业排污总量控制的有效途径，是激活排污权交易二级市场的有力抓手。一方面，可以落实企业环保主体责任，规范企业排污行为，提高企业依法依规排污的自觉性；另一方面，可以丰富环保部门的监管手段，打开环保自动化监控的新局面，实现对企业排污从浓度控制向浓度、总量双控制的转变。

5.2.5 环境监测实施模式

浙江省在推进排污权制度的过程中，不断丰富与拓展环境监测实施模式。

（1）实施集中监测与分散监测相结合。集中监测是指污染物纳管排污后，在排污管道出口处对相应管网内排污单位排污情况的监测。纳管排污作为集中监测手段易于政府确认区域污染物排放源，便于以集约化方式进行污染处理，从而实现环境治理的规模化经营。分散监测一般是采取在各排污单位安装在线监测系统，监测数据准确性更高。

（2）开展常规监测与专项监测相结合。浙江省为不断提高污染源治理达标率，在基础环境监测基础上，组织开展各项专项监测。其中，“飞行监测”便是其中一项突击检查式的非常规环境监测（耿国彪，2010）。嘉兴市作为排污权制度推行的示范地，在环境监测方面也是身先士卒。嘉兴市环境监察支队一周一次组织“飞行监测”，并且县际交叉进行。

（3）开展内部监测与外部监测相结合。内部监测主要指企业自测、环境监测部门监测等，外部监测主要是指与其他职能部门合作开展监测以及接受社会监测监督等。例如，嘉兴市环境监察大队在开展监测工作的同时，与给排水公司合作，将企业给排水水票作为排污监测的一部分。

（4）实施系统监测与人工比对相结合。对于未安装在线监测设备的企业，监测工作主要由监测人员采样比对进行监测。

5.3 排污权市场环境监测的问题分析

尽管浙江省在试点与推广排污权制度的过程中不断完善环境监测体系，但从现行的排污监管体系运行情况看，仍呈现出高投入、低效率，环境管理成本高昂，污染源长效管理效果差的态势，使得排污权市场存在失灵风险。综合分析，浙江省现行环境监测领域主要存在以下几方面问题：

5.3.1 环境监测存在政府失灵风险

由于现行的环境监测体制主要是单一的以命令-控制型为主导，因此存在政府失灵风险，主要表现为：

（1）行政干预监测。环境监测机构的行政附属性及其监测行为的行政化致使形式上具有独立法人资格的监测机构实际上不能完全独立地履行监测任务。在当前环境保护绩效考核、创建环保模范城市考核、创建生态市（县）和生态乡镇考核、节能减排考核等形式的推动下，各地环保局、各级政府更加重视环保工作和环保政绩，但与此同时也带来了副作用。部分地区环保局为出政绩，采用行政手段干预影响环境监测数据（肖德林，2012），具体表现为在审核监测数据过程中变更、修改数据，人为导致监测数据失真。

（2）监测体制条块衔接不足。现行环境监测体制主要是“垂直分级负责、横向多头管理”，前者指向条状管理体制，后者指向块状管理体制。条状体制是指由监测总站统一领导的环境监测垂直监管体制（易伟明等，2008；刘卫先，2009）。块状体制则是指以行政单位划分的环境监测体制。目前，环境监测体制中垂直监测较为欠缺，条块分割现象较为普遍。例如，太湖流域各省辖市交界断面水质存在块状的“地方政府负责制”。在各自为政的环境监测体制下，排污权交易就可能变得有名无实。监测体制条块衔接不足还会造成重复监测，并使得监测数据在层层上报过程中存在“信息耗损”问题。

（3）环境监测中存在企业寻租行为。行政监管是寻租活动加剧的根源。在流域排污权交易的行政监管中，某些掌握监管权力的行政官员除了被动地接受寻租人的回报或行贿外，还可能直接利用手中的权力谋取私利，寻租行为的存在会给社会酿成大量的不良后果（周朝民等，2011）。

环境监测的行政干预问题主要根源于环境测量与监督主体的同一性，不当的行政干预会使监测资料失真，从而引起排污权市场失灵。

5.3.2 环境监测制度执行不力

浙江省排污权市场环境监测相关的制度规范已较为完善，但在环境监测制度的执行方面存在很大不足，主要表现为监测力量涣散、监测行为不规范、监测工作无财力保障、监测标准采用的严格度不一等。排污权市场中的环境监测制度执行不力一方面使得环境监测尚不能为排污权市场提供严格、精确的监测数据，另一方面也给企业偷排漏排带来了契机。后者例如，不少排污企业修建隐蔽排污管道；利用节假日、夜晚等时段偷排污水；在线监测数据造假等。这将产生排污权假交易，并大大降低了企业购买排污权的积极性。若对排污企业进行逐一排查，则会产生过高的监管成本。究其原因，主要是当前环境保护领域的司法介入深度不够。对于监测主体而言，排污权市场中环境监测不规范行为缺乏相应的监督与惩罚机制，地方保护主义和“唯 GDP 论英雄”还有相当的市场，对环境违法行为还没有到“过街老鼠，人人喊打”的地步（沈满洪等，2009）；对于监测对象而言，相关制度及法规尚未对违法排污者起到真正的威慑作用，使得“违法成本低，守法成本高”局面还未真正改变。这些都对污染源监管体系的实施有很大的伤害作用，不利于排污权交易制度的建立与实施。

5.3.3 环境监测能力有待提高

环境监测能力主要是指监测设备的先进性、监测技术的水平、监测信息的处理能力以及监测人才队伍建设等方面。浙江省排污权交易制度的试点与推行依靠环境监测力量的支撑，同时，浙江省排污权市场的缓慢发展在一定程度上归因于污染源监管能力不足，主要表现在污染源监管力量分散，污染源监管基础设施不完备，环境监测技术薄弱等。在环境监测基础设施建设方面，浙江省虽已实现重点污染企业的排污实时监控，但大多数中小污染企业尚未被纳入监控范围，环保部门需要突击检查的企业数量远大于已经在线监控的企业数量。安装的监测设备缺乏运行管理及维护，由此导致造假比较容易。同时，由于监控设备安装成本较高，这为监测设备全面推行应用带来了阻碍。在监测技术力量方面，浙江省排污权市场中的环境监测技术主要为在线监控及刷卡排污两大系统。前者针对浓度控制，后者针对总量控制。这使得排污监控技术停留在污染浓度控制与总量控制并行的层面，尚未实现两大技术的有效结合。同时，排污监控技术的准确性、稳定性也存在一定问题。在监测信息处理能力方面，浙江省虽已实现环境监控中心省市县三级联网，但安装在企业的在线监测设备与监控中心的联网率不高，监测数据的传输、处理所依赖的信息技术应用程度不高。在监测人才队伍建设方面，浙江省排污权市场中环境监测的人才编制管理比较混乱，工作条件艰苦、工资待遇不高，影响了监测队伍建设进程。表 5-3 反映的是浙江省各级环境监测机构总数及总人数。浙江省排污权市场的搭建，对环境监测工作提出了更高的要求，但由表 5-3 可见，环境监测站点及人数并未有显著增加。

表 5-3　2005—2010 年浙江省环境监测相关机构数量及实有人数

年份	项目	合计	环保局	监测站	监理所	科研所	其他
2005	机构数/个	361	98	81	83	8	91
	年末实有人数/人	5 047	1 300	1 810	1 219	196	522
2006	机构数/个	421	105	81	86	8	141
	年末实有人数/人	5396	1 345	1 841	1 149	205	856
2007	机构数/个	499	109	83	87	9	211
	年末实有人数/人	5 796	1 367	1 918	1 355	206	950
2008	机构数/个	534	109	83	89	7	246
	年末实有人数/人	6 075	1 402	2 008	1 428	199	1 038
2009	机构数/个	586	102	84	99	7	294
	年末实有人数/人	6 450	1 365	2 022	1 467	201	1 395
2010	机构数/个	575	104	88	91	7	285
	年末实有人数/人	6 639	1 404	2 152	1 475	211	1 397

资料来源：《浙江统计年鉴》(2006—2011 年)。

5.3.4　缺乏第三方监督与管理

在目前的环境管理体制下，浙江省排污权市场中的环境监测及监督管理主要由各级政府环保部门负责，具体监测业务由环境监测协会受托开展。浙江省环境监测协会是由各级环境监测部门、环保科研机构及有关企事业单位发起组成并经批准成立的非营利性社会组织，在省环境保护厅和环境监测中心指导下开展工作，致力于加强政府和会员单位之间与环境保护相关的信息沟通与联系。环境监测工作的委托开展模式是对政府部门一手包办环境监测业务的创新尝试，但环境监测协会仍在较大程度上依附于政府环保部门，仍避免不了作为监测主体的政府自我监管失范的问题。从地市层面来看，只有嘉兴等地采取组建市民监察团、环保专家服务团等方式调动公众监督力量，第三方监测市场尚未兴起，一定程度上影响了环境监测监管的真实性与有效性。相对于企业自检与环保部门的监测而言，第三方监测具有其特有的优点：①监测监管更具有效率性、专业性、参与性、开放性，降低了环境监管的行政成本和社会成本；②能够充分利用民营环保企业的体制、技术优势对企业进行一对一帮扶，提升技术力量和管理水平；③为监管者和被监管者之间的信息沟通起到一种有效的媒介作用，有利于环境政策、法律法规的执行。因此，第三方监管模式是对政府监管模式非常重要有益的补充，更是建立保障公民环境知情权、参与权、表达权和监督权的社会公众环境监督机制的需要。浙江省排污权市场中的环境监测监管急须引入第三方监测力量以拓宽监管的渠道。

5.4 排污权市场环境监测监管体系构建

环境监测领域的薄弱现状使得排污权市场机制存在失灵的风险，影响排污权制度的推广。为此，针对排污权市场中的环境监测现状问题，必须建立一套有效的监管机制，提高污染监测数据的准确性，加强污染监测工作的公正性，消除排污者与监管者之间的信息不对称问题，杜绝非法排污行为，实现监测工作规范化、监测手段现代化、监测方法标准化、监测管理科学化、日常工作制度化（徐标等，2009），为排污交易及环境执法提供有力保障。

5.4.1 实施条块结合的环境监测行政管理体制

我国现行的环境监测行政体制下，独立于行政体制外的垂直监管体制尚不具备条件，环境监测工作仍需要依托地方环保部门的力量。因此，环境监测工作应推行条块结合的行政体制，逐步强化垂直监管体制的性质，弱化环境监测的行政干预成分。

（1）应明确环境监测垂直领导体制。美国排污权交易市场的成功构建较大程度上得益于美国完善的环境监测体制。美国环境监测任务由多机构共同承担，但终由 EPA（国家环保局）主导，各部门共同协作完成（周驰等，2012）。借鉴国外经验，我国应在全国范围内，逐步强化环境监测从中央的监测总站到地方各级监测中心的垂直监管，建立各级监测站点间的监督考核制度；在流域范围内，应加强流域环境监测的统一性，打破流域监测“各自为政”的状态，建立监测总站对流域监测工作的直接管理制度。浙江省排污权市场中，环境监测工作应强化省监测中心对地市级监测中心的直接监督管理，以此减少行政干预监测。

（2）应注重块与块的监测制衡。张军连（2007）在研究水配额制度时发现，相互监督机制能够有效降低监督费用和实施费用等主要的交易成本。因此，在垂直监管体制下，浙江省排污权市场中的环境监测还应加强地市级监测及流域上下游监测中的制衡机制。一方面，推行嘉兴市的交叉监测模式，打破地市级环境监测中的地方保护主义；另一方面，应注重流域间环境监测的协调管理，尝试让下游区域环境监测人员参与上游区域的环境监测，上游区域环境监测人员参与下游区域的环境监测，提高环境监测的公信力。

（3）应加强条块监测的衔接。垂直监测离不开属地监测工作的开展，属地监测又需要垂直监测的监督与指导，条块监测间密切联系。因此，条块监测机制相辅相成，应共同推进。加强条块监测的衔接，一方面，应明确各监测部门的职能界定与权利划分，建立监测问责制。政府环保及其他行政部门应注重监测工作的实施与推进，监测数据的审核应由监测部门独立承担，并接受上级监测中心的垂直监管，以此防范与遏制环境监测中的寻租行为，减少政府失灵的风险。另一方面，应搭建条块监测良好的沟通机制。美国资源环境监管体系职责分明，互相监督，行政效率高，得益于美国的分权制衡机制和公开透明的信息传递机制（李敬梓，2010）。自 1985 年起，美国每年都会召开一次全国环境监测大会（National Environmental Monitoring Conference，NEMC），为各种组织和机构提供一个共同研讨和解决环境监测中出现各种问题的平台。借鉴美国经验，浙江省各地在排污权市场中开展环境监测工作不仅要加强地区间资源整合力度，优势互补，提高整体监测能力；而且要同上级监测部门保持良好的信息传递与沟通。环境监测体制条块制衡模型如图 5-5 所示。该模型中，针对排污权市场的环境监测依然按照属地原则开展，但是块状监测（如流域上下游、各地市等）之间引入互相监督机制，同时，垂直的条状监测保证了环境监测独立于行政体制，避免了政府权力寻租问题在环境监测领域出现。

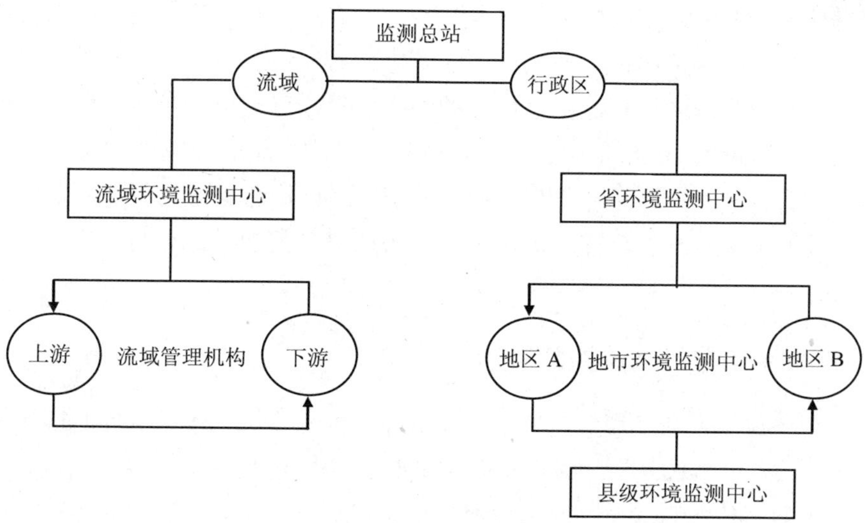

注：图中环境监测按照属地原则开展，箭头表示块状监测间的互相监督，垂直方向表示独立于行政体制的条状监测。

图 5-5　环境监测体制条块制衡模型

5.4.2 强化环境监测行为的规范

针对排污权市场中环境监测制度实施不力的问题，应从制度体系梳理、监测行为规范、法规制约强化等角度着手。

（1）梳理已有监测制度，形成统一的排污权监测制度体系，使之真正成为排污权市场中环境监测工作的指导。浙江省可交易排污权监测制度规范已较为成熟，在推进制度实施的过程中，应注重监测技术规范、监测分析方法、监测质量管理、综合评价标准等方面的制度统一，充分考虑可交易排污权监测的可操作性与精确性要求，切实为排污权市场运作及其他环境管理与决策提供科学的监测管理准则。

（2）加强对监测工作的监管，规范排污权市场中环境监测行为。监测工作开展前，应根据统一的监测制度规范对监测人员进行系统全面的业务指导，使其在熟悉业务流程的基础上加深对规范的监测工作对于排污权市场重要性的认识。监测工作开展中，应采取组合式手段监管监测行为。例如，打破定人定岗监测传统，采取轮换交叉监测方式，以此避免监测人员受到排污企业寻租后篡改监测数据的现象；实施严格的环境监测报告制度，监测月报、季报和年报按统一要求编制。监测工作开展后，还应加强监测考核制度，针对监测行为的规范化程度实施适当的奖惩。

（3）强化环境监测法规对监测执行力的约束。根据已有监测条例，修订完善《环境监测管理条例》，加快出台与其配套的职业资格、机构资格、监测专用设备监管等方面实施细则和相关办法，推进环境监测的统一管理，强化排污权市场中环境监测的法律规范。同时，对于环境监测失范行为，需在相关法规中对其加以约束与惩治，保障环境监测制度的执行力。

5.4.3 构建一体化的污染监控网络体系

加强排污权市场中的环境监测监管，关键在于建立全面、准确、完整的污染源动态监控管理体系，使之能够及时跟踪区域环境质量和企业污染物排放变化情况。服务于排污权交易市场的污染源自动监控网络体系如图 5-6 所示。

由图 5-6 可知，这一监控网络体系包括 3 个关键环节：

（1）环境监测终端，包括企业排污监测终端和环境质量监测终端。其中，企业排污监测终端是指安装在企业的排污监测设备，如在线监测系统、刷卡排污系统等；环境质量监测终端主要包括重点河流自动监测、城市空气自动监测、水源地自动监测等。由于这一环节主要依赖技术设备开展监测工作，因此，对于这一环节的监管主要体现在对监测技术设施的规范安装、运行维护、监测精确度控制及网络对接上，以使监管部门及时掌握环境质量变化及污染排污真实情况。

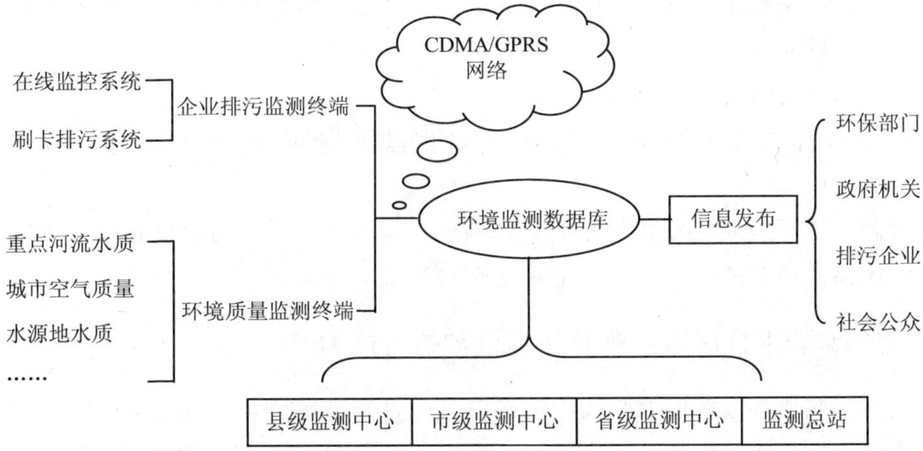

图 5-6 污染源自动监控网络体系

（2）在垂直监测体制基础上设立一体化的监测信息数据库，对监测数据实现信息化管理，加强监测数据的收集、整理、分析与储存。建立一体化的监测信息数据库可以减少不同层级环保系统数据库的重复建设，统一数据管理口径；避免监测数据在不同层级监测中心传递导致的信息漏损；统一管理也可以避免行政干预，保持环境监测的独立性与公正性。由于这一环节主要涉及监测数据的管理，因此，对于这一环节的监管主要体现在监测数据从监测终端到信息库的对接以及监测信息数据库的维护上。同时，应保证该监测信息数据库与排污权交易市场中的企业污染排放跟踪系统、审核调整系统和许可后跟踪监测系统相对接。

（3）建立统一口径的监测信息发布系统。在一体化监测信息数据库的基础上，建立针对排污权交易市场的监测数据发布系统，使得监测数据以统一的口径公之于众。一方面，环保部门及其他政府行政机关共同处于信息的获取末端，从而避免了行政干预监测的问题。淡化了环保部门及其他行政机关的干预权力，排污权交易市场中的环境监测也才能从根本上避免排污企业向政府权力的寻租行为以及政府针对排污企业的设租机会。另一方面，建立监测信息发布系统还能保障监测信息的透明度，使得企业获取排污权市场信息的渠道更为通畅。更为重要的是，信息公开共享保障了公民的知情权，将环境监测工作置于公众的监督之下，提高了公众的环保参与意识。

可见，一体化的污染监控网络体系涵盖环境监测的终端设备管理、监测信息的管理维护到末端信息发布，将环境监测从政府行政部门干预中剥离出来，通过垂直监测体制的运作与信息网络技术的支持，使环境监测的公正性与透明性得到最大程度的保障，以此服务于排污权交易市场。

5.5 浙江省排污权市场加强环境监测监管的保障措施

为保障上述环境监测监管体系的有效实施，推进排污权交易市场有序运作，浙江省在加强环境监测监管的过程中可采取以下措施：

5.5.1 明确监管主体职责，强化环境监测执行能力

排污权交易中，以环保部门为主的政府部门是污染源监管主体，参与交易的排污单位（不管是出让方还是受让方）是排污监管客体，公众和相关经济实体是污染源监管的环境利益相关方。

（1）应明确监管主体的职能。监管主体负责系统的验收监测工作，并监督、检查监测数据的准确性，承担着依法监督、管理、规范排污单位行为义务并使之符合相关法律法规要求的监管职责。作为监管主体，环保部门应对重点排污单位加强监督检测；应定期进行排污总量的监测；应及时掌握排污权的使用状况，在年中和年末分别对排污单位进行审核；应对环境监测中心污染排放情况进行监测和记录，核定污染物排放总量，核查治理设施的运行情况；应对重点排污单位进行例行监测和随机抽查；督促污染防治设施正常运转；依据监督监测和总量核定结果对排污单位进行许可证管理等。在对全省排污单位实施日常监管的同时，环保部门应不定期采用飞行监管等手段，对重点排污单位实行突击性抽查。抽查有助于及时准确地掌握污染情况，有助于发现排污单位偷排等违规现象，有助于强化排污监管，因此，应在浙江省环保部门中推行这种监管方式。同时，随着环境监测任务逐渐脱离行政体制，环保部门的环境管理职能也应逐渐发生转变，主要负责审核企业之间排污权交易符合的条件、对环境监测咨询公司进行资质认定、制定环境监测行业的技术规范以及对违规企业和环境监测公司的处罚等职能（陈华东、施国庆，2009）。

（2）应明确排污单位的排污监测责任。排污单位应安装符合技术要求的治污设施，规模化排污单位应安装在线监测系统；排污单位要按规定上报监测计划、监测装置质量鉴定申请及鉴定证明；记录并保存每小时的排污数据、流量数据和其他信息；以月报、

季报、年报等形式定期上报排污流量、设备运转及监测装置运转情况等。在厘清监测主客体职责的基础上，还应在实际操作中不断寻求环境监测执行能力的优化方式。

5.5.2　推广刷卡排污系统，强化监测监管技术支撑

排污监测监管工作的开展必须充分利用现代高科技手段，提高污染源监管能力和监管效率。在已有监测技术基础上，浙江省应进一步加大污染源在线监控系统建设力度，运用政府部分补贴形式扩大污染源在线监控设备的安装范围，完善现有的污染源在线监控设施，推行并加强第三方运营的监督管理，提高设备完好率和可靠性，确保主要污染源的污染物排放得到有效监控。在监测技术基础上，加强监督性比对与现场巡查。桐乡市的刷卡排污系统在污染总量控制方面有着较好应用，能够实现对排污单位的“既监又控”，值得全省范围内的推广应用。浙江省环保厅在刷卡排污推进工作中已明确部署，2013 年年底前分两个阶段实施完成全省市控以上重点污染源刷卡排污总量自动控制系统建设。在刷卡排污系统全面推广的过程中，应注意加强技术监管与监测质量控制。一方面，继续推进刷卡排污技术的改良，注重处理数据的效用问题、系统验收问题、长效维护管理等，探寻排污总量与浓度双重联合监控的技术创新；另一方面，推进制定统一的刷卡排污系统的技术标准与要求，建立刷卡排污质量监管体系，确保系统建设规范、数据可靠、运行稳定，真实反映企业排污现状。此外，对于没有安装污染监测设备的企业，采取流量计核查和手工监测比对的方式，或是采取统一的物料衡算方法核定。

5.5.3　加强监测设备维护，深化监测质量管理观念

排污权市场中存在较多市场失灵的环节，其中，过程监管不力所导致的交易信息的扭曲是市场失灵的关键。因此，在环境监测方面应突出“全过程的质量管理”理念，对环境监测的每一步和每一个环节进行质量管理，从而提升环境监测整体的质量管理水平。浙江省排污权市场中的环境监测主要以在线监测技术为支持，因此，在加强全过程监管时特别需要注重对监测设备的监管，实行污染源在线监测的专业化管理。一方面，政府应对重点污染源在线监测的设计、采购、安装和运营进行统一招标，便于统一管理；另一方面，监测部门应注重对监测设备的日常运行维护、校验、检修、质量保证与质量控制，确保监测过程及监测结果的真实有效性。

5.5.4　推进监测队伍建设，保障环境监测专业水平

环境监测工作的开展离不开强有力的监测队伍，监测队伍专业化水平的提高是加强

环境监测监管的重要依靠力量。在推进排污权市场中监测队伍建设方面，浙江省应主要从以下几方面着手：

（1）加强基层监测机构经费保障。既要在探索监管机制市场化运作的同时增加监测技术设施的政府补助力度，又要在调整编制的基础上注重改善监测人员的工作生活待遇，提高监测队伍工作人员的积极性。在环境监测科研方面，应建立起“技术第一”的方针政策，成立环境监测调研的专项资金，并推行鼓励政策，鼓励工作人员投入到科研中，为监测技术的发展提供有力支持。

（2）充分重视基层人才培养与技术培训，提高监测队伍专业化水平。要认真落实监测技术人员持证上岗制度，大力开展监测技术培训，不断提升监测人员的专业素质。注重培养环境监测的“复合型”人才，尤其是既能实际操作分析，又能对监测结果进行评价，并具备处理突发事件的应急能力。在专业化培训的基础上，建立监测人才考核制度，形成科学合理竞争格局，尤其偏向实际工作能力与综合分析能力的考察。

（3）建立监测人员工作交流协调机制。定期或不定期地召开由监测、监察和污染源管理部门参加的协调会，建立通畅的信息交流渠道，使监测人员能够在工作交流中分享工作经验，提高监测工作整体水平。

5.5.5 加大公众参与力度，完善社会监督管理体系

加强环境监测监管还需引入社会监管机制，联合社会中介和环保组织的力量提高监管能力与监管效率。一方面，在环境监测监管领域尝试引入市场机制，壮大第三方监测力量。例如，以委托方式成立由政府监督部门审核通过的环境监测服务公司。这样既为缺少排污监测力量的广大中小企业提供了便利，减轻政府财政负担，也能充分调动各方面的积极因素，提高环境监测的独立公正性及监测行业的整体水平和工作效率，实现社会监督资源的合理配置。例如，2008 年嘉兴市南湖区在国内率先通过招标，引进一家专业化民营环境监管公司，派驻专业人员对一批存在问题的企业定向监管。在没有政府财政投入的情况下，实施的效果理想，监管 3 个月后，被监管企业几乎没有再次出现浓度超标排放的行为（王斌，2009）。在培育第三方监测市场的同时，政府应着力于第三方监测的资质认定，严把第三方监测市场上的准入环节。另一方面，应推行企业排污信息披露制度与政府环境信息公开制度，构建公开透明的环境监测信息平台，建立社会公众参与环境管理渠道，保障公众知情权、参与权、发言权和监督权。此外，还应注重引导公众及媒体参与监督，共同督促排污权市场中排污单位在合理排污的基础上有效配置排污权。

参考文献

[1] 柏仇勇，黄卫，姜勇. 创新我国环境监测体制和机制的构想[J]. 中国环境监测，2007（6）：1-3.

[2] 周驰，刘波，任越，等. 浅谈美国环境监测质量保证与质量控制[J]. 中国环境监测，2010（3）：45-50.

[3] 徐广华，陈静. 加强环境监测管理的几点思考[J]. 中国环境监测，2009（5）：1-3.

[4] 宋国君，韩冬梅，王军霞. 完善基层环境监管体制机制的思路[J]. 环境保护，2010（13）：17-19.

[5] 耿国彪. 嘉兴环保：让鸟语花香重回江南水乡[N]. 绿色中国·A 版，2010（8）.

[6] 肖德林. 环境监测工作质量问题探讨[J]. 中华民居，2012（7）：522-523.

[7] 易伟明，李志龙. 环境保护中监管部门行为选择分析[J]. 当代财经，2008（4）：23-26.

[8] 刘卫先. 我国现行环境监测体制述评[J]. 中国环境监测，2009（3）：5-9.

[9] 周朝民，李寿德，易永锡. 流域排污权交易的监管体系设计[J]. 上海管理科学，2011（6）：94-97.

[10] 沈满洪，钱水苗，冯元群，等. 排污权交易机制研究[D]. 中国环境科学出版社，2009.

[11] 徐标，丁君. 当前如何做好环境监测工作的几点思考[J]. 内蒙古环境科学，2009（6）：80-82.

[12] 周驰，马文鹏，白惠莉，等. 中美环境监测体制之比较[J]. 环境监测管理与技术，2012（2）：63-67.

[13] 张军连. 可交易水权制度中的相互监督机制[J]. 中国农村经济，2007：54-59.

[14] 李敬梓. 资源环境监管机制的法经济学研究[D]. 吉林大学，2010-04.

[15] 陈华东，施国庆. 论排污权交易的监督机制设置[J]. 中国农村水利水电，2009（2）：23-25.

[16] 王斌. 嘉兴市排污权交易实施的方式与对策研究[D]. 上海交通大学，2009-05-24.

第6章　排污权市场环境统计监管机制建设

排污权有偿使用和交易制度建立的前提是总量控制，总量控制的基础是环境统计。环境统计工作的好坏直接关系到排污权制度的成败。然而，目前浙江省乃至全国环境统计工作还十分薄弱，组织上统计主体不协调，方法上统计口径不一致，统计数据真实性得不到保障。这些问题对环境保护工作，特别是排污权制度改革的推进影响重大。因此，加强环境统计监管机制建设显得尤为重要。

6.1　排污权制度视角下的环境统计问题分析

6.1.1　统计主体不协调

现阶段，我国环境统计是由两大主体单独完成。一个主体是国家统计局及其下属的地方统计局系统，这里统称为“统计部门统计”；另一个主体是国家环保部及其下属的各环保厅（局）系统，这里统称为“环境部门统计”。这两大系统的分工相对明确，但又不够细致，特别是在一些新的统计指标上，两部门可能会出现不协调的问题。沈满洪等（2009）指出人口、土地、气候、森林、水资源、用水构成、矿产资源、城市公共事业等指标是由统计部门统计，而环境保护人员情况、环境保护投资情况、工业“三废”排放及处理利用情况等指标由环境部门统计，这说明在大类中环境统计主体的职责分工是相对明确的。但是，两部门分工存在交叉且又不兼容的问题，主要体现为两个方面：一方面，宏观层面上行业或地区的污染物排放数据与环境部门所统计的污染排放数据不一致；另一方面，微观层面上环境保护部门所统计的污染数据加总与统计部门的统计有时也往往不相等，两者之间不存在准确的换算方法。

环境统计主体之间的不协调的原因有：①政府统计的单向性制约了与部门统计的横向联系。统计部门统计任务由国家统计局制定，而环境统计报表格式、编码等是由上级统计部门制发，环境统计结果最终上报到国家统计局核定。这种政府统计的单向运行，隔断了与环境部门统计的横向关系。②环境部门统计不可公开影响了与统计部门统计的联系。环境部门统计根据自身行业的特殊性，在设置统计报表、统计指标、口径、编码等都有特殊的要求。这种环境部门自成体系的内部运行，疏远了与政府统计的外部合作和有效配合。③方法的不兼容影响了统计部门统计和环境部门统计的双向合作。环境部门统计报表虽然要经政府统计部门的批准或备案，但由于统计部门和环境部门没有合适的兼容算法，两大统计按照各自的要求进行，在报表、指标、口径上存在交叉、重复等现象，从而使政府统计与部门统计无法通力合作。

统计部门统计和环境部门统计的脱节将不可避免地造成多方面的不良后果：①环境数据的重复统计造成人力、物力、财力的严重浪费。分工不细致、方法不兼容等问题均将造成统计部门和环境部门在统计过程中面临人力重复配置，财力重复支出，设备重复购置等局面。②环境数据的重复上报造成了不同上报渠道所得到的数据不一致和大大增加了基层工作人员的负担。从统计系统上报环境数据和从环保系统上报环境数据是目前我国两条重要的环境数据上报渠道，这两条渠道的信息损耗程度不一致，那么即便地方基础数据一致时，由于这两条渠道的信息损耗不同，最终上级部门得到的环境数据也不尽相同。而且，由于不同渠道均需要布置报表，这就增加了基层环保队伍的工作量，影响工作效率和环境统计质量。③不同主体所采用的统计方法不兼容导致了环境数据备受质疑。由于两大统计各自的目的、依据和标准不同，同一指标往往有不同的口径，易造成统计口径张冠李戴的混乱现象。同时，数出多头，数据无法前后一致，严重削弱环境数据的权威性。

6.1.2　统计口径不一致

统计口径不一致是统计主体不协调问题的衍生问题，正是由于统计主体不协调，各个统计主体之间所采用的统计口径也不一致。而且，统计口径不一致问题是统计主体不协调问题的根本，如果各主体之间统计口径相对一致或不同口径之间存在兼容的算法，那么“数出多头”也就不是问题。

现实中，我国统计指标体系存在很多不足，统计口径不一致问题非常突出。针对同一个统计指标，不同地区之间采用的统计口径存在着明显差异。即使在同一地区的不同年限之间，同一指标也存在统计口径不同的问题。口径不统一，数据在地域之间不能横向比较，在时间上也没有连续性，不能进行纵向比较。这就不可能反映研究对象的全貌和正确认识环境问题的总体特征，最终也就难以对环境变化的规律做出明确的判断，甚至会得出错误的结论。

环境统计口径不一主要表现为目前我国存在的 4 套环境统计数据：2005 年的环境统计数据（“十一五”规划约束性指标的设立是以 2005 年统计口径的排污总量为基础的）、2008 年的污染源普查数据、创办企业时的行政审批数据、企业自身的申报数据。环境统计口径不一的根源主要在于环境统计报表的制作不一致。各个报表对指标的解释不一致，这就造成在统计报表过程中统计数值也不同。比如国家统计局制定的环境统计综合报表制度和国家环保部制定的环境统计报表（“十二五”期间）两个报表所罗列的指标存在较大差异（表 6-1）。

表 6-1 不同环境统计报表的统计口径不一

<table>
<tr><th>制表单位</th><th>国家统计局</th><th>环境保护部</th></tr>
<tr><td>批准文号</td><td>国统制[2007]118 号</td><td>国统制[2011]14 号</td></tr>
<tr><td>工业废水排放量</td><td>包括生产废水、外排的直接冷却水、超标排放的矿井地下水和与工业废水混排的厂区生活污水，不包括外排的间接冷却水（清污不分流的间接冷却水应计算在废水排放量内）</td><td>包括生产废水、外排的直接冷却水、废气治理设施废水、超标排放的矿井地下水和与工业废水混排的厂区生活污水，不包括外排的间接冷却水（清污不分流的间接冷却水应计算在废水排放量内）</td></tr>
<tr><td>烟尘排放量</td><td>指厂区内燃料燃烧过程中产生的烟气中夹带的颗粒物排放量</td><td rowspan="2">指报告期内企业在燃料燃烧和生产工艺过程中排入大气的烟尘及工业粉尘的总质量之和</td></tr>
<tr><td>粉尘排放量</td><td>指报告期内企业排入大气的粉尘量。工业粉尘指在工业生产过程中排放的能在空气中悬浮一定时间的固体颗粒物</td></tr>
</table>

资料来源：环境综合统计报表制度（国统制[2007]118 号）；环境统计报表（“十二五”期间）（国统制[2011]14 号）。

表 6-1 表明，国家统计局制作的环境统计报表对于工业废水排放量的界定和环境保护部有所不同，环境保护部将“废气治理设施废水”也纳入到工业废水排放量中，而国家统计局的报表并没有将其纳入。这将导致基层统计人员在统计这两张表格时得出两个不同的工业废水排放量数据。另外，国家统计局分别统计烟尘和粉尘两项指标，而环境保护部则将烟尘与粉尘统一统计。2012 年中国统计年鉴已经就烟尘与粉尘的统计量进行合并处理，这意味着环境统计相关指标正在逐步规范，环境统计口径正在逐步归一，但仍需加强监管。

6.1.3 统计数据不真实

环境统计的基本任务是对资源能源消耗状况、污染物排放及削减情况等进行统计调查、统计分析，提供环境统计资料和统计咨询意见，并实行环境统计监督。执行这些任务的基本前提是环境统计数据要真实准确。环境统计数据失真就不能客观地反映污染物排放情况，从而会导致宏观环境经济决策会出现有偏，这也是环境统计工作存在的问题之一。

表 6-2 是杭州市 7 县市区 2002—2010 年工业废水排放量的统计情况，从表中可以得出过去 9 年里，杭州市 7 县市工业废水排放量总体呈现逐年平稳递增，然而在 2004—2005 年却出现了跳跃式递增。杭州 7 县市区工业废水排放量从 2004 年过渡到 2005 年时，7 县市区的平均增长速度为 67%，其中淳安县的增长速度最高，达到 220%，其次是萧山区，达到 100%，余杭和桐庐分别是 69%和 64%。这一数据的真实性广受质疑。在全国其他地区，2005 年的环境统计数据普遍高于 2004 年的水平，且各地区频频出现跳跃式的增长。这主要是因为 2005 年环境数据是“十一五”期间污染减排的一个基数，各地方政府作为一个理性的政府均会采取抬高基数以减轻减排压力的机会主义行为。但是，这样的数据并不真实，也不能被用在科研工作所用，从而让环境数据的可用性大打折扣。

表 6-2　杭州市各县市区 2002—2010 年工业废水排放量　　单位：万 t①

年份	2002	2003	2004	2005	2006	2007	2008	2009	2010
萧山	9 971	11 019	9 457	18 554	17 398	19 567	16 675	19 107	16 962
余杭	3 092	3 990	2 710	4 576	5 268	4 976	4 342	3 752	3 194
桐庐	1 473	5 760	6 105	10 000	8 716	6 279	6 168	9 724	10 244
淳安	264	286	253	811	1 008	1 161	1 408	1 547	1 582
建德	4 606	4 465	4 140	3 842	5 739	5 052	4 127	4 268	3 769
富阳	35 269	26 301	25 059	34 760	25 057	25 487	30 285	31 242	24 571
临安	4 716	4 859	4 166	3 672	4 547	3 461	3 479	3 512	2 584

6.1.4　统计数据适用性不强

作为经济现象数量特征和数量关系载体的统计数据，能否有用、能否为统计功能的正常发挥提供坚强的后盾是衡量政府统计数据质量的又一关键。政府统计数据是政府统计工作的产品，它必须适应市场的需求才能实现统计数据有用性的要求。然而，政府统计数据的有效性尚不能完全满足社会需求。现在的情况是政府统计机构没有形成政府统

① 杭州市环保局统计数据 2012（内部资料）；小数点后的数据采取四舍五入的方式处理。

计数据“公共产品”观念，在公共产品的开发及生产过程中不注意统计数据用户的需求，而是根据自己的体制和需求来制表统计环境数据。由于统计数据适用性不强，最后造成想要的统计数字没有，而能够得到的统计数字却没用，形成了数据的过剩和数据的不足同时并存的现象。

在 2012 年之前，杭州市统计年鉴中公布的关于环境保护方面的数据是以百分比的形式出现。例如，全市工业废水排放达标率为 96.88%，工业废水重复用水率为 73.43%，工业废水 COD 减排率为 4.34%。[①]孙宪华（1999）曾指出时间数列的外推预测方法和截面数据分析中的类推方法都是建立在对以往历史数据分析的基础之上和同类事物的可比性基础之上的。由于杭州市统计局没有统计或公布环境保护方面的历史数据，比例数据可比性欠佳也无法满足数据分析的要求。

统计数据的不好用问题可以归为两个方面：①统计数据供求不匹配，政府或研究者无法获得他们所需要的数据；②统计数据质量不够好，连续数据和地区平衡数据不可得，研究者无法从时间和空间两个维度对部分环境数据进行深入的分析。

6.1.5 排污权数据统计

排污权数据统计问题是环境统计问题在排污权制度实施之后所碰到的问题。这一问题中有一些问题与环境统计一致，有一些问题较新，尚未被纳入政府统计（包括统计部门统计和环境部门统计）范畴。排污权数据统计涉及总量数据，那么总量数据就可能存在“数出多头”的情形，即统计主体的不协调；也可能存在统计口径的不一致，不同口径下的总量数据不一致，至少存在 4 类总量数据；也可能存在不真实的问题，譬如在以 2005 年的数据为基期时，当 2005 年基期数据不真实时，那么排污权总量数据也就不真实；最后，也存在统计数据不好用的问题，目前还没有完整的排污权市场统计数据。

排污权作为一个新生事物，其相应的制度安排需要一个相对完备的信息系统保障其正常运行。那么在排污权有偿使用和交易的过程中，排污权数据统计至少需要包括以下几方面的信息。

（1）排污权总量指标。它是指特定时间段内某一地区或某一领域政府所拥有的排污权总量。具体包括地方政府在每一次拍卖过程中所拥有的拍卖量。每一次拍卖可能有多次竞拍过程，那么每一次竞拍的排污权量就构成了在那一次竞拍时刻的排污权总供给，这将决定着离散的局部均衡价格。

① 杭州市统计年鉴，第 11 篇：城市建设、环境保护，2011。

（2）排污权价格指标。就拍卖而言，排污权价格有一个起拍价；就有偿使用而言，排污权的价格在各个地市之间存在显著差异。排污权交易是一种通过市场机制来解决环境资源配置问题的方式，因此价格波动是一种正常现象，但不正常的是价格信息不完全，需要加强披露和监管。

（3）排污权交易中的企业数量。这一指标是指排污权市场的市场结构，无数家企业参与排污权市场拍卖所形成的价格可以被认为是完全竞争市场中的排污权价格。两家企业通过政府"拉郎配"方式所实现的交易价格可以被认为是一个自然垄断市场中的排污权价格。因此不同时间段、不同地点对排污权交易中企业个数的统计能够解释均衡价格的有效性。

较好地统计上述信息能够有效地解决排污权市场中信息不充分的问题，而为了真实、准确、有效地统计排污权数据，构建排污权制度视角下的环境统计监管体系势在必行。

6.2　排污权制度视角下环境统计监管的体系构建

构建排污权制度视角下的环境统计监管体系应首先应着眼于环境统计的一般问题，基于此可以将该一般性的环境统计监管体系运用于排污权制度之中，从而有助于搭建起排污权有偿使用和交易环境统计监管体系。

6.2.1　明确环境数据统计主体

我国环境数据统计方式有统计部门统计和环境部门统计，但两者无法达到统一规划，合理分工，造成环境数据统计口径不一、数据质量不高、数据的适用性不强。同一个数据由两大统计主体分头去统计的体系不科学，也不合理。因此，首先应该明确环境数据的统计主体：到底由统计部门来统计，还是由环境部门来完成。

美国是采用高度分散的国家统计系统的国家之一，其统计工作按主体不同放在不同的部门之中，有近100个联邦机构从事各自分管领域的政府统计工作，也就是说几乎所有联邦机构都有统计工作。为保证分散型政府统计工作有序、高效运行，美国建立了一套统计工作管理和协调机制。在组织上，由白宫行政管理和预算办公室负责监督、管理、协调和指导所有联邦机构的统计活动；在管理机制上，它们制定一系列详细的统计法规、政策制度、标准和准则，组建联邦统计政策委员会、方法委员会等协调机构，规范整个联邦政府统计工作流程，提高统计数据质量和统计效率。

美国环境领域的统计工作主要由美国环境保护署（EPA）来完成。EPA 是一家独立的执行机构，直接向美国总统汇报工作。为满足管理联邦环境活动的需要，EPA 由 17 个部门和 10 个区域办公室以及分布在全国 17 个实验室组成[①]，其规模大，且独立立法，权威性很高。EPA 作为环境数据统计的主体，在排污权交易实施方面，它主要监督实施排污权许可证的颁发：对各行业、企业发放排污许可证，企业的许可证要接受环保部门的监督；现场监督和调查排污的实施情况，确保企业的排污行为符合法律的要求和规定；环保执法，也就是对企业的违法行为进行行政处罚；通过环境监测数据反映执法的效果（车国骊等，2012）。

我国环境统计多主体并存现象十分突出，而且该体系已不能较好地适应环境保护工作对于环境统计的要求。因此，可以借鉴美国的经验明确环境统计的主体，主张由环境部门对需要较强专业知识的环境数据进行统计，确保环境统计工作责任到部门、责任到人。鉴于此，今后针对环境统计数据的监管将更具针对性，有效避免数据找不到出处，监管对不上主体。

6.2.2 完善环境统计指标框架体系

开展环境统计必须有一个基本的理论框架。从各国情况看，有两种框架为多数国家所采用：①由联合国计划署（UNSD）开发的环境统计开发框架（FDES），如澳大利亚、爱沙尼亚就是采用 FDES 组织环境统计资料和信息；②由经济合作与发展组织（OECD）开发的压力-状态-反应框架（pressure-state-response，PSR），如欧盟各国就是采用 PSR 来组织他们的环境统计资料和信息（洪亚雄，2005）。

联合国统计司于 1984 年正式颁布了《环境统计发展框架》（FDES），提出了环境统计的组织和发展的系统方法，并在若干个国家进行了应用试点。FDES 是结合介质方法和压力-反应方法，该框架含有 4 个部分：社会经济活动和事件，影响和效果，对影响的反应，详细目录、存量和背景条件。OECD 于 1993 年开发了一套 PSR 结构的环境统计编制框架，其内容包括：压力（指作用于环境的人类活动及其活动的过程和模式）；状态（指环境的状态）；反应（指环境变化引起的政策选择和其他反应）。该框架目前主要被欧盟各国采用，其部分内容也被东欧和中亚国家应用于环境统计资料的编制（李锁强，2006）。

联合国、欧盟委员会、国际货币基金组织、OECD 及世界银行五大组织于 2003 年

① USEPA.EPA organization chart [EB/OL].（2010-01-28） [2010-05-25]. http//www. epa.gov/epahome/or-ganization.htm。

共同完成综合环境与经济核算体系（SEEA）最新版的研发。该框架包括分解和计算经济账户中与环境有关的流量和存量，连接实物资源账户和价值型环境账户、资本账户，估算环境成本，核算自然资本，考虑环境耗减和恶化成本，计算环境调整指标（米红等，2006）。随着越来越多的国家投入到 SEEA 的研发与使用中，预示着 SEEA 将替代 FDES 和 PSR 成为未来环境统计框架的发展方向，我国环境统计部门可利用这一机遇，在 SEEA2003 的基础之上，借鉴环境统计比较成熟的芬兰、丹麦、挪威和加拿大等国的经验，并根据我国的国情研发出中国版的 SEEA 作为我国未来环境统计框架发展方向。

在 SEEA 框架下，环境统计体系主要在以下 3 个方面进行了完善。①环境统计指标的选择、定义、统计口径、计算方法等多方面都更加科学合理，在基本涵盖环境各方面统计的同时，又突出了热点性的全国环境问题，加强了统计数据与社会需求数据的供求关系，大幅提高数据的适用性。②指标的含义更加明确、通俗易懂、数据易于搜索。目前与环境统计相关的众多指标反映的环境问题具有不同层次、数据搜索方式各不相同等问题，SEEA 框架遵循一定的逻辑思路，对各项统计指标予以筛选，将其组合在一起，形成一个统计指标体系，大大提高可操作性，以便供社会进行统计分析。③统计表格设置更加合理，实现统计人员只需填报基础数据，之后的复杂计算数据可通过数据库自动计算出来，而且可以清清楚楚地展示数据的计算方法，这样一方面可以减轻统计人员的工作压力和工作难度，另一方面也将避免由于地区因素干扰或企业根据自身条件谎报数据的问题，确保统计结果的准确性和权威性。

6.2.3 环境统计数据的预警与验证

环境统计的具体数据统计主要由基层统计人员来完成，难免会碰到基层统计人员统计经验不足，对数字的敏感度不强，就很容易使一些应该引起重视的数字变动被忽略，使一些可能存在的数据风险隐患被遗漏。为解决这个问题，环境统计部门应该对每个具体指标设置一个警戒值，当期的指标变动只要超过了警戒值，就应该及时采取措施验证统计数据的真实性，有效得提高环境统计监督工作的效率。

采用多种的统计方式来验证统计数据，可以大大提高验证结果的真实性，如果几种统计方法验证的结果一致，那么可以认为该统计数字是真实可信的。具体来说，在企业污染物排放计算中，环境数据验证方法主要有 3 种：实际检测法、物料衡算法、产排污系数法。具体计算方式如下：用 3 种不同的统计方式来验证同一套数据，可以检验出虚假数据，大大提高统计数据的质量。

（1）实际检测法。通过实地测量排污单位外排废气、废水（流）量及其污染物浓度，计算出废气、废水排放量及其中某污染物绝对排放量。其核算方法如表 6-3 所示。常用的计算公式为：

$$G_i = K \cdot Q \cdot C_i$$

式中：G_i —— 废气（废水）中污染物 i 的排放量，kg/a；

Q —— 废气（废水）排放总量，m^3/a（或标 m^3/a）；

K —— 单位换算系数，对废水取 10^{-6}，对废气取 10^{-9}；

C_i —— 污染物 i 的实测质量浓度，mg/L（或 mg/标 m^3）。

表 6-3 污染物产排情况统计表（按照实际监测法）

<table>
<tr><th colspan="2">污染物产排量的核算方法</th><th colspan="14">1. 产排系数法　2. 实际检测法　3. 物料衡算法</th></tr>
<tr><th rowspan="3">数据来源</th><th rowspan="3">季度</th><th rowspan="3">监测日期</th><th rowspan="3">工业废水排放量/（t/月）</th><th colspan="4">化学需氧量（COD）</th><th colspan="4">氨氮</th><th colspan="4">……</th></tr>
<tr><th colspan="2">质量浓度/（mg/L）</th><th colspan="2">产排量/kg*</th><th colspan="2">质量浓度/（mg/L）</th><th colspan="2">产排量/kg*</th><th colspan="2">……</th><th colspan="2">……</th></tr>
<tr><th>进口</th><th>排口</th><th>产生量</th><th>排放量</th><th>进口</th><th>排口</th><th>产生量</th><th>排放量</th><th>进口</th><th>排口</th><th>产生量</th><th>排放量</th></tr>
<tr><td rowspan="4">1. 监督性监测数据
2. 在线监测数据</td><td>1</td><td></td><td></td><td colspan="2"></td><td colspan="2"></td><td colspan="2"></td><td colspan="2"></td><td colspan="2"></td><td colspan="2"></td></tr>
<tr><td>2</td><td></td><td></td><td colspan="2"></td><td colspan="2"></td><td colspan="2"></td><td colspan="2"></td><td colspan="2"></td><td colspan="2"></td></tr>
<tr><td>3</td><td></td><td></td><td colspan="2"></td><td colspan="2"></td><td colspan="2"></td><td colspan="2"></td><td colspan="2"></td><td colspan="2"></td></tr>
<tr><td>4</td><td></td><td></td><td colspan="2"></td><td colspan="2"></td><td colspan="2"></td><td colspan="2"></td><td colspan="2"></td><td colspan="2"></td></tr>
</table>

* 计算机自动计算值。

资料来源：中国环境监测总站，环境统计——思考与展望[M]，北京：中国环境科学出版社，2011。

（2）物料衡算法。物料衡算法是根据质量守恒定律，对某系统计算物质质量转化的方法。在生产过程中，进入某系统的物料量，必等于排出的物料量和过程中的积累量。其核算方法如表 6-4 所示。

表 6-4 污染物产排情况统计表（按照物料衡算法）

<table>
<tr><th colspan="2">污染物产排量的核算方法</th><th colspan="8">1.产排系数法　2.实际检测法　3.物料衡算法</th></tr>
<tr><th>指标名称</th><th>计量单位</th><th>本年实际</th><th>产生量*</th><th>排放量*</th><th>指标名称</th><th>计量单位</th><th>本年实际</th><th>产生量*</th><th>排放量*</th></tr>
<tr><td>SO_2</td><td>kg</td><td></td><td></td><td></td><td>烟尘</td><td></td><td></td><td></td><td></td></tr>
<tr><td>……</td><td></td><td></td><td></td><td></td><td>……</td><td></td><td></td><td></td><td></td></tr>
</table>

* 计算机自动计算值。

资料来源：中国环境监测总站.环境统计——思考与展望[M].北京：中国环境科学出版社，2011。

（3）产排污系数法。产排污系数是指在正常技术经济和管理条件下，生产某单位产品所产生的污染物数量的统计平均值。根据生产过程中单位产品的经验排放系数与产品产量，计算出“三废”排放量的方法即是排放系数法。其核算方法如表 6-5 所示。计算通式为：

$$G_i = K_i \cdot W$$

式中：G_i —— 污染物 i 的年度排放量，kg/a；

K_i —— 污染物 i 的排放系数，kg/t（产品）；

W —— 产品年产量（或生产规模），t。

表 6-5 污染物产排情况统计表（按照产排污系数法）

污染物产排量的核算方法		1.产排系数法 2.实际检测法 3.物料衡算法							
指标名称	计量单位	本年实际	产排污系数最大值*	产排污系数最小值*	指标名称	计量单位	本年实际	产排污系数最大值*	产排污系数最小值*
污染物产量	—				污染物产量	—			
COD	kg				COD	kg			
氨氮	kg				氨氮	kg			
……					……				

* 计算机自动计算值。

资料来源：中国环境监测总站，环境统计——思考与展望[M]，北京：中国环境科学出版社，2011。

6.2.4 构建环境数据质量评价体系

质量评估是环境统计工作监督的重要手段，建立完善的统计数据质量管理体系对于监督环境统计工作具有重大意义。构建我国环境数据质量评价体系，必须要根据国情来设计评价体系，具体构想如下：

（1）环境数据质量评价体系设置需要遵循一定的原则。①全面性原则。全面性原则是指评价体系涉及统计设计、统计调查、统计分析以及数据公布的全过程，需要对数据质量进行全面控制。②科学性原则。科学性是指评价体系的各种评价方法应具有科学性，各种指标的设计要具有科学的理论依据，意思明确，并且能够客观、准确地测量数据质量。③适应性原则。评价指标的选择应该与本国的统计发展水平相适应，评价体系的设计要切合实际，具有可操作性。

（2）环境数据质量的评价必须包含数据收集、数据处理和数据公布 3 个方面。①数据的收集要秉持客观、准确的原则，要确保收集到的数据适用性强，要做到产销对路，提高社会对数据需求的满足程度。②数据的处理要做到方法健全可靠，要确保数据的可比性强，要求统计数据的概念和方法在时间上保持相对稳定，保证统计数据的口径范围、计算方法在时间上一致衔接，做到数据不论在时间上还是在空间上都具有可比性。③数据的公布过程必须做到及时性和完整性，必须做到数据的可获得性强，要求环境统计机构建立便于用户检索和查询的统计数据分类目录系统和建立方便快捷的统计服务系统（包括统计数据传输系统、适合用户的格式和发布渠道。

只有从数据的收集到公布全流程都建立质量评价体系，才能够真正确保统计数据真实可靠，从而充分发挥质量评价体系的监督作用。

6.3 排污权制度视角下环境统计监管的实施举措

6.3.1 健全环境统计监管的法律法规

虽然我国《环境保护法》《统计法》都有提到环境统计，而这两部法律的环境统计立法以实体法为主，程序立法缺失，对环境统计违法行为的处罚等诸多方面尚缺乏明确的程序性规定。在现实执法中真正对环境统计起到规范作用的是《环境统计管理暂行办法》，然而其制定主体是环保总局，在法律性质上属于部门规章，法律效力阶位比较低，因此还没有一部关于环境统计的基本法。

因此，关于环境统计的上位法立法就显得尤为重要，环境统计法作为环境法的一个子部分，立法必须坚持做到同环境保护法、统计法等国家法律法规意愿上的一致，同时也要突出环境统计的特色。①明确环境统计指标体系，这不仅可以提高统计数据的准确性和适用性，还将大大提高数据的利用效率，同时也要明统计数据质量控制的具体规定，从立法高度规定统计数据质量控制的问题。②注重实体法的同时也要兼顾程序法的制定，必须对统计调查、数据搜集、统计资料的报送、提供以及公布等各个环节作出明确规定，让每一个统计环节都有法可循，有法可依。③要对一些新兴的环境统计问题作出法律性的规定，当未来的统计行为超出了现有环境统计法，也有基础性法律法规可参照，防患于未然。

环境统计法的执法与立法同样重要，立法是执法的前提，执法是立法的归宿。加强环境统计的执法能力。①建立一支高效、公正的基层环境统计队伍，提高环境统计执法水平，扩大执法检查工作的经常化和制度化。②要实行执法责任考核，从制度上保证环境统计法律法规的实施。比如，对统计员数据统计的及时性、准确性，统计的执行力，工作态度，服务意识，沟通能力等诸多工作绩效进行权重赋分，可以准确评出每位统计工作人员的绩效，提高统计工作人员的积极性。③要加大执法的力度和频率，严肃查处各种环境统计违法行为，使环境统计执法检查工作日常化、规范化，并建立环境统计案件的举报制度。

6.3.2　完善自动在线监控设施

2003 年，绍兴建成浙江省首个排污自动监控系统，只要坐在绍兴市水务集团排水公司的中控室里，用鼠标点击计算机排水操作系统，绍兴市区所有排污管道的运行情况便一览无余。2008 年浙江省全省 1 452 家重点排污单位实现了在线监控，对全省主要污水排放企业实现了实时监控污水排放情况。也在 2008 年，浙江省环境保护局颁布了"浙江省污染源在线监控系统运行管理实施细则"，该法规针对细则实施范围、排污单位的职责、在线监控系统运行维护机构以及在线监控设施维护的时间等都作出了明确的规定（浙环发[2008]42 号）。此法规的出台，加上原有 1 452 家企业已经安装在线监控体系，全省将初步建立以企业刷卡排污制度、排污权有偿使用和交易制度为核心的优化环境资源市场配置制度体系，基本形成管理规范、交易顺畅的排污权交易市场；初步建立"一企一证一卡"企业刷卡排污总量控制制度和排污权储备、分配、交易、激励等市场化配置制度体系；完成国控、省控重点污染源的刷卡排污总量自动控制系统建设。

绍兴县作为浙江排污大户，自 2011 年实行刷卡排污以来，成效明显。全县废水排放总量从 2011 年最高时的 76 万 t/d 下降到了 50 万 t/d，2012 年 1—9 月，工业污水日均排放量比去年同期下降 10%。2012 年 1—9 月，绍兴县环保局根据在线监控平台，共发出刷卡排污预警短信 500 余条，送达阀门关闭告知书 29 份，全县有 21 家企业因超过当月废水排放量被强制关停[①]。在浙江省率先开展此项工作的桐乡市，目前已经将刷卡排污工作与排污权有偿使用和交易有效结合起来。

浙江省目前已经全面铺开刷卡排污，计划到 2013 年年底全面建成重点污染源刷卡排污体系，为实现污染减排、倒逼企业转型升级提供有效技术手段。在总结废水刷卡排污经验基础上，浙江省还可以试行废气刷卡排污。由于对废气排放量的计算

① 周颖，浙江全面铺开刷卡排污——到 2013 年年底全面建成重点污染源刷卡排污体系，2013-01-04。http://www. zhb.gov.cn/zhxx/hjyw/201301/t20130104_244565.htm。

相对复杂，因此技术和监管上难度也更大。为此，要继续深化研究，不断完善各项技术和要求。

最后，需要明确的是在线监控设施的安装与完善与环境数据质量有着密切的联系，至少在无偷排、漏排等假设下在线监控系统所采集到的环境数据是最权威、最可靠、最真实的。这些数据能够进一步佐证不同方法所估算的企业污染物排放数量，进而对环境统计数据进行检验，从而完善环境统计监管机制。

6.3.3 加强对基层统计人员的管理与专业培训

虽然基层统计队伍不断加强，但是人员不稳，素质不高，技术人才不足等问题依然突出。如何解决上述问题成为当前和今后加强基层统计人才队伍建设需要重点思考的问题。为了给全省经济社会发展提供更加高效优质的统计服务，必须加强基层统计人才队伍的建设。

统计人才队伍的建设目标是实现全省统计岗位人员更加充实、结构更加优化、管理更为科学。为了实现这一目标，各基层可以采取以下措施对策：

（1）充实基层统计岗位人员。行政、事业单位，分年度向社会招考录用人才，有条件的部门内部调剂使用；企业单位，行文要求配备统计专（兼）职人员，支持鼓励企业向社会招聘人才。同时加强部门统计工作，真正实现统计部门综合管理、加强统计执法的职能建设。

（2）明确基层统计人员编制。乡镇街道统计员要明确专人专编，要把村、社区统计员纳入村、社区正常职数中，设置统计员津贴，确保基层统计队伍的稳定性。

（3）优化人员结构。优化统计人才队伍的学历、专业和职称。学历和专业上，向社会招聘大专以上文化以及统计相关专业的毕业生从事统计工作；职称上积极引导现有人员参加统计专业技术资格考试，使更多的人员拥有从事统计工作的任职资格和相应的业务能力。优化统计人才队伍的知识结构。尤其是对统计人员进行专业知识的培训，既包括统计学知识的培训也包括环境学、生态学、经济学等方面知识的培训。

（4）提高统计岗位人员待遇，提升统计人员社会地位。建立统计岗位人员科学合理的流动机制；人事部门增加统计专业技术职称聘用中职、高职数量，组织部门在推荐干部中适当增加统计人员的选拔任用比例，进一步完善统计岗位考核激励机制，充分调动他们爱岗敬业积极性。

参考文献

[1] 沈满洪，钱水苗，冯元群，等. 排污权交易机制研究[M]. 北京：中国环境科学出版社，2009.

[2] 孙宪华. 从统计数据到有效信息[J]. 中国统计，1999（9）.

[3] 车国骊，田爱民，李扬，等. 美国环境管理体系研究[J]. 世界农业，2012（2）.

[4] 洪亚雄. 环境统计方法及环境统计指标体系研究[D]. 湖南大学，2005（11）.

[5] 李锁强. 国际环境统计的发展趋势[J]. 中国统计，2006（3）：43-44.

[6] 米红，杨炳铎，刘飚. 我国环境统计指标可操作性框架研究[J]. 环境科学研究，2006（2）.

第 7 章　排污权市场网上交易监管机制建设

排污权交易机制是以最低成本实现环境保护目标的重要机制。排污权网上交易是大势所趋。浙江省虽然已经有了 10 多年排污权有偿使用和交易的探索，但是，网上交易才刚刚起步。加强排污权网上交易系统及其监管机制建设，是降低排污权交易成本、推进排污权制度改革的关键。

7.1　国内外排污权市场网上交易系统及监管经验借鉴

7.1.1　美国的做法和经验

7.1.1.1　美国的做法

美国是较早进行排污权网上交易的国家。1990 年，美国国会通过了《清洁空气法案》修正案，提出了“酸雨计划”。“酸雨计划”与美国以往的排污权交易相比，改善了传统的操作方法，建立了以计算机网络为平台的信息系统，方便了解受控企业 SO_2 排放状况和许可证交易状况（陈竹音，2009）。虽然这一信息系统的建立并不是真正意义上的网上交易平台，但是，它一方面为网上交易平台提供基础，另一方面丰富了网上交易平台的发展。

真正实现排污权网上交易平台建立的是芝加哥气候交易所（CCX）。该所开发了一套基于因特网的电子交易平台，方便其成员进行交易，且所有碳排放权交易须通过电子交易平台进行（陈怀连，2011）。交易者 A 卖出排污权，通过 CCX 自建电子交易平台，交易者 B 买入排污权，实现了排污权网上交易的买卖。芝加哥气候交易所十分注重排污权网上交易事前监管。要想进入电子平台进行交易需要经历 3 个步骤：①获得验证资格，即对所参与的项目进行初步审核；②通过验证，即所参与的项目必须满足芝加哥气候交易所的全部要求；③进行登记，即将通过验证的项目发布到指定注册账户。

除此之外，为了保证排污权网上交易的顺利进行，美国还进行其他方面的排污权网上交易监管。一方面注重信息系统的建立，在美国排污权交易系统中，设立了 3 个数据信息系统对排污权交易进行管理：排污跟踪系统、年度调整系统、许可证跟踪系统，实现了随时了解精确与完整的数据（安丽，2009）；另一方面，注重监管层次，美国排污权监测采取两级监控措施，先由企业承担连续在线监测任务，然后环保局对连续监测系统进行监督鉴定，以保证污染源提供的数据准确有效（支海宇，2008）。

7.1.1.2 美国的经验

从美国进行排污权网上交易及监管的实践可以得出如下经验：

（1）排污权网上交易监管保证了排污权网上交易的顺利进行，排污权网上交易与排污权网上交易监管是相互促进的。在美国排污权网上交易及监管的发展过程中，排污权网上交易监管的部分内容是先于排污权网上交易发展的，待排污权网上交易发展到一定程度后，排污权网上交易监管又得以进一步发展，如在芝加哥气候交易所排污权网上交易平台建立之前相关信息系统的建立，一定程度上实现了排污权网上交易的信息监管。由此可知，排污权网上交易与排污权网上交易监管是相互促进，任何一方的发展都为另一方的发展创造条件。

（2）排污权网上交易监管不仅要考虑到横向监管内容，还需考虑到纵向监管层次。横向监管内容应包括事前、事中、事后监管全过程的内容，如美国在进行排污权网上交易监管时注重事前、事后信息监管系统的建立；纵向监管层次是指不同层级水平进行排污权网上交易监管，如美国的排污权两级监控措施。美国排污权网上交易横向监管内容的丰富及纵向监管层次间的有效配合为美国排污权网上交易的进一步发展奠定了基础。

7.1.2 欧盟的做法和经验

7.1.2.1 欧盟的做法

2003 年 6 月，欧盟立法委员会通过了“排污权交易计划”指令。在发展“排污权交易计划”的过程中，欧盟建立了排污权交易平台。为了健全交易平台并实现顺畅运作，能源期货交易所、证券交易所等熟悉业务、具有经验的机构，成为最适合的平台搭建者。因此，现在多由此类机构负责欧盟排放交易平台的建立及维护工作。通过这一借助其他机构的网上交易平台，交易者 A 卖出排污权，交易者 B 买入排污权，实现了排污权网上交易的买卖。

除此之外，欧盟正致力于建立一个全球性的排放交易网络体系。CLIMEX 交易所和 ASIA CARBON 下属的亚洲碳排放交易所展开合作，举行经证实的排放削减量（CERs）

在线拍卖，实现了来自亚洲、拉美市场的CERs供应与欧盟市场的需求间的在线连接，欧盟也在努力进行着与其他地区市场的对接，如挪威、加拿大等（林云华、冯兵，2008）。

在欧盟排污权网上交易监管方面，法规的建立对推进排污权网上交易监管发挥重要作用。欧盟排放许可量等可交易的商品，以电子形式存在于登录体系中。登录体系有3种体制：英国版的排放量交易制度、法国版的CDC IXIAS、美国PQA版的SO_2交易制度。欧洲执委会拟定登陆法规，确保各国政府按照相同的规定设立系统。法规的拟定一方面为排污权网上交易监管提供依据，有利于解决监管方向、监管内容、监管的法律支撑等问题；另一方面，法规的制定避免了市场遭到扭曲，为排污权网上交易及监管提供了一个更为稳定的操作环境。

7.1.2.2 欧盟的经验

从欧盟进行排污权网上交易及监管的实践可以得如下经验：

（1）排污权网上交易及监管的发展离不开技术支撑，需要专业化平台建设。排污权的产权性质决定了可以实现其在一些有经验的交易机构进行交易，而这些机构往往已具备一定的监管能力，具有进行排污权网上交易及监管的优势。所谓的“专业化平台”是指那些具有丰富经验、具有技术保障、具有网络体系、具有监管机制的排污权交易平台，并不是指一般的排污权交易中心。在选择排污权网上交易平台时应该以是否真正具有专业化水平作为检验标准。

（2）排污权网上交易及监管都离不开法律法规的支撑。欧盟进行排污权交易有不同的交易体系，而其登录法规的建立使得不同的体系可以有效进行排污权网上交易。同时，排污权网上交易及监管法规的建立也为日后进行排污权网上交易监管提供监管依据。

总之，排污权网上交易及监管技术和其法规共同保障了欧盟排污权交易监管措施的落实。

7.1.3 中国的做法与经验

7.1.3.1 中国的做法

我国推进排污权网上交易及监管的时间较迟。2008年，天津排放权交易所实现了全国第一笔排污权网上交易，天津弘鹏有限公司通过公开电子竞价购入一笔50 t SO_2排放指标，成交价为每吨3 100元。随后，不同地区也在积极进行排污权网上交易的探索：重庆在2009年9月建立排污权交易管理中心，并在国内首次采用网络电子竞价方式进行排污权交易；浙江省嘉兴市南湖区在2012年进行排污权网络电子拍卖，开创排污权拍卖先河，创新了网络交易模式；在2012年《江苏排污权有偿使用和交易试点工作报告》中指出，江苏省太湖流域排污权有偿使用和交易平台由排污指标申购系统、排污量核定系统、排污指标交易系统组成，为排污权有偿使用和交易提供了网络支持，实现了排污权网上审批、网上核定等监管环节；陕西排污权交易可网上报名；成都也正在建立排污权交易平台，建立排放跟踪系统、审核调整系统，使企业、政府以及交易所可随时了解到企业的排污状况和排污权交易状况（张京凯、陈廉，2009）。可见，虽然我国排污权网上交易及监管发展程度较低，但是各地区也在努力发展网上交易与监管制度。从我国排污权网上交易及监管情况来看，我国排污权网上交易主要依托于其他具有经验的、成熟的平台，如嘉兴市南湖区排污权网络电子拍卖选取中国拍卖行协会网络电子拍卖平台为指定平台；我国排污权网上交易监管除这些平台已有的网上交易监管手段，其他相关排污权网上交易监管措施仍较少。

7.1.3.2 中国的经验

从我国进行排污权网上交易及监管的实践可以得出如下经验：

（1）我国排污权网上交易与监管各地不同，不同地区构建各具特色的排污权网上交易与监管体系。从排污权网上交易与监管的具体做法上来讲，不同地区进程不一，有的已经构建了排污权网上交易平台及相关监管体系，有的则没有。不同的网上交易平台与监管方法为继续研究排污权网上交易与监管提供经验及借鉴，但是，这也对构建相对统一的排污权网上交易与监管体系提出了挑战。

（2）我国各地构建的排污权交易中心往往借鉴其他交易平台的交易及监管技术。当前，我国排污权交易中心多提供有关排污权的信息、专业支持、服务等功能，而交易中介的功能由其他有经验的机构提供。这在排污权网上交易起步阶段有其优势，即以较低的成本实现了排污权网上交易，并能为排污权网上交易提供一定的监管。这种排污权网上交易发展方式需要排污权交易中心发掘其可具有的另一种功能——对提供交易中介的网上交易平台进行监管。随着排污权网上交易及监管的发展，当排污权交易中心拥有一定的资金、技术等条件时，排污权交易中心也可以开发自己的交易平台，实现其排污权网上交易及监管的功能。

7.2 排污权网上交易及监管体系构建

7.2.1 排污权市场网上交易系统的构建

排污权网上交易监管机制的完善离不开网上交易系统的建立，网上交易系统的建立为网上交易监管提供基础。根据浙江省排污权市场中网上交易的现有基础，浙江省排污权网上交易系统的可能模式有下列 3 种：

7.2.1.1 各自独立的网上交易系统

浙江省排污权制度的推行形式是“自下而上”，不同地区的排污权制度并不相同。而排污权网上交易系统的建立可以当地排污权制度为依据，同时结合当地具体条件。不同的做法、统一的系统，也许难以满足排污权网上交易的需要，甚至阻碍排污权制度的发展。排污权网上交易系统的“独立”主要体现于交易平台的建立。具体来讲，应体现在以下方面：①交易平台的选择，根据现有的经验，平台的构建可以是依托有经验的交易机构，但是不同地区对机构的选择又不相同，具体的选择应考虑到各自不同的情形；②具体交易内容的确定，这包括网上交易流程、环节、内容等各方面，依据排污权制度的不同，确定行之有效、安全可靠的交易流程、环节、内容等；③网上交易监管的规定，根据不同的网上交易系统建立相应的监管体系，包含监管内容、技术、规章制度等，同时建立网上交易监管内部全面的监管及其与其他技术性监管、制度性监管的协作，提高监管的有效性。网上交易法规的制定，为排污权网上交易提供制度支撑，不仅保证网上交易的顺利进行，避免不合规行为的发生，还为排污权网上交易监管提供依据。

7.2.1.2 全省统一的网上交易系统

虽然不同地区应依据具体情况建立各自独立的网上交易系统，但是为了促进排污权制度发展，方便交易与监管，各网上交易系统的建立应有其统一性，即体系的建立既要符合各地特点，具有独立性，又要符合一般性规范，具有统一性。浙江省网上交易系统“统一性”应体现在以下几点：①对不同系统的建立确定统一的发展态度，浙江省应为各网上交易系统的建立提供支持，一方面可以为交易系统的建立提供技术支撑，如系统的选择、人员的培训等，另一方面应为交易系统的建立提供资金支持，促进排污权网上交易的发展；②对不同系统的建立确定统一的发展方向，浙江省应确定各网上交易系统全面发展，网上交易系统的建立应考虑到交易前的审核、交易过程的监管、交易后的监测等全过程以及多层次、多方面；③对不同系统的建立确定统一的发展规范，即使面对不同的交易系统，也应制定相同的规范管理系统，以免出现排污权网上交易系统混乱、监管困难等问题；④对不同系统的建立确定统一的发展法规，浙江省应确定各网上交易系统适用的法律法规，以增强关于排污权网上交易的执行力，不仅要确定网上交易规范行为，还要确定网上交易的违规行为，以便为监管、违规处罚等提供依据。

7.2.1.3 有分有合的网上交易系统

正如前文分析，网上交易系统既要实现自身独立性，又要实现全省统一性，即建立有分有合的网上交易系统。分是指依据不同地区排污权制度的特点建立的排污权网上交易系统，合是指从浙江省来讲，建立统一的排污权网上交易系统，使不同的排污权网上交易系统有其统一性。①有分有合的相关法律法规，建立与发展阶段相适应的法律法规。建立适应于全省的法律法规，不仅需要以省为参考目标，还需考虑到与各地的相容性、连接性，也可以各地方的共同性为法律法规建立依据。②有分有合的交易平台，浙江省需要在各地方交易平台的基础上建立联网机制，适时了解各地交易动态。这样，一方面可以对各地网上交易进行监督、管理，建立双重监管体制，另一方面，整理全省相关信息，有助于推动排污权网上交易系统的发展。在条件允许的情况下，浙江省也可自建网上交易平台，一方面为各地网上交易平台建设、管理提供参考，另一方面也可促进区域间网上交易的发展。③有分有合的网上交易内容，网上交易内容应是与网上交易有关的事前、事中、事后等全过程多方面的集合，“分”是指内容的相对独立性，“合”是指各内容的互通性及协调性，不仅包括系统内部的协调，还应包括系统间的协调。④有分有合的网上交易技术，不同交易系统的技术不尽相同，但是不同交易系统间的技术有其共同性，网上交易系统发展所需的技术可以相互借鉴、相互补充，同时，地方性网上交易技术的探索可以为浙江省发展网上交易技术提供基础，浙江省网上交易技术的发展为地方性网上交易技术的发展提供方向。

根据排污权制度发展的趋势，浙江省排污权网上交易系统的建设需要经历两步跨越：第一步是从“独立”系统向“统一”系统迈进，避免网上交易的无序性；第二步是从“统一”系统迈向“有分有合”的系统迈进，实现普遍性与特殊性的兼顾。

7.2.2 国内外排污权网上交易及监管体系建设对我省的启示

通过了解国内外排污权网上交易及监管情况可知，不同国家、不同地区排污权网上交易与监管体系并不相同，浙江省也应探索具有自身特色又遵循一般规律的排污权网上交易与监管体系。

7.2.2.1 排污权网上交易需要进行全面的监管

排污权网上交易的全面监管包括 3 个方面的内容：①一个区域内部的排污权网上交易要坚持属地监管的原则，加强监管部门的横向监管；②基于排污权制度的系统性，还要加强不同政府层级之间的纵向监管，既包括上级对下级的监管，又包括下级对上级的监管；③在排污权网上交易的过程中要实施事前、事中和事后的连续监管。浙江省排污权网上交易监管可以借鉴国内外的相关经验，如从国内的经验来看，江苏实现了排污权网上审批、网上核定等监管环节，加强了事前监管；成都正在建立排污权交易平台，建立排放跟踪系统、审核调整系统，加强了事前、事中监管；从美国的经验来看，美国设立了3个系统对排污权进行管理，加强了事后监管，并进行排污权两级监管措施，增强了排污权网上交易监管层次。

7.2.2.2 排污权网上交易及监管需要专业的交易平台

从欧盟的经验来看，排污权网上交易平台需要能源期货交易所等熟悉业务、有经验的机构来承担。一方面，这样的机构具有一定的技术支撑，不至于排污权网上交易监管从零开始，且充分利用了资源；另一方面，这样的机构有大量业务活动的经验，能够有效辨别网上交易风险。在美国，芝加哥气候交易所开发了一套基于因特网的电子交易平台，但是这一选择需要有足够的资金及技术等的支持。对于浙江省来讲，排污权交易中心并无足够的资金、技术等支撑去开发自有平台，依托已有成熟的机构作为排污权网上交易及监管平台也许是近期的理想选择。这样就需要排污权交易中心提供对这些交易平台的监管。当然，从长远来看，完全可以建立一个区域性的综合的环境产权交易平台，既包括自然资源产权交易，又包括环境产权交易，还包括气候产权交易等。综合的环境产权交易平台有利于发挥平台的规模经济效果。

7.2.2.3 排污权网上交易及监管离不开法律法规

法律法规确定了排污权网上交易合规及不合规行为，为排污权进行网上监管提供了执行依据。例如，欧洲执委会拟定登陆法规，确定的规章制度统一了各参与者及交易平台的行为，避免了网上交易混乱的现象产生，并方便对参与者行为进行监管约束。要进行排污权网上交易监管，就需要建立规范统一的法律法规。在上位法缺位的情况下，加强地方性法规的建设；同时，积极呼吁加快推进上位法的建设。

7.2.3 排污权市场网上交易监管体系的构建

结合国内外排污权市场中网上交易监管的经验及浙江省排污权市场中网上交易体系的构建，浙江省排污权市场网上交易监管体系主要包括下列内容：

7.2.3.1 构建各具特色的网上交易监管体系

目前，浙江省各地正在积极探索排污权网上交易及监管问题。因此，要构建各具特色的排污权网上交易监管体系。为此，需要以下几个方面的支撑：①有相关的法律法规为支撑。不仅需要设立网上交易监管的基本规则，还需要设立相关的更有效力的法律法规，否则，排污权网上交易监管将会出现监管不当、监管不力等问题。②专业的监管平台为支撑。浙江省排污权网上交易监管的有效进行需要有力的、专业的监管，监管平台的建设不仅要监管排污权网上交易过程，还要监管网上交易平台所提供的监管是否有效，而这一监管平台可以由浙江省各地区排污权交易中心承担。③纵横交织的排污权网上交易监管内容的支撑。丰富排污权网上交易横向监管内容与纵向监管层次，并注意两者之间的相互配合，在横向监管中需要明确网上交易的结束并不是网上监管的结束，在纵向监管中需要加强各层级间网上交易监管的配合。

7.2.3.2　构建统一规范的网上交易监管体系

这里的“统一规范”是指允许各地区依据自身情形建立不同的网上交易监管体系，但是从全省来讲网上交易监管体系应统一规范。具体来讲应实现以下几个方面的统一规范：①统一监管规则，对于不同的监管体系应有统一的规则，即体现监管思想的一致，应规定谁监管、监管谁、怎样监管等问题；②统一违规处罚，要做到公平、公正，即使对不同的监管体系也应制定相同程度的违规处罚，而且对不同监管体系进行的违规处罚都要有强制力，这需要对相关监管体系制定一定的网上交易监管法律法规；③统一的监管技术，虽然对不同的监管体系，运用的监管技术并不相同，但是从浙江省来看，应借鉴、积极研发先进的监管技术，在总结先进经验的基础上，逐渐引导网上交易监管体系技术的发展；④统一的监管内容，不同监管体系的监管内容不同，但是从浙江省来讲，应注重网络交易的全面监管，而且浙江省有总结、实施全面监管的优势，也为各排污权网络交易监管体系的发展起到了导向作用。

7.2.3.3　构建监管机制相互配合的网上交易监管体系

排污权网上交易监管作为技术性监管手段之一，需要加强与制度性监管的配合，如法律法规。同时还需要加强其与其他技术性监管的配合，如环境监测监管。除此之外，网上交易监管机制内的相互配合也有待加强。

在进行排污权网上交易监管时，应注重事前监管、事中监管、事后监管全过程的监管，而每一方面的监管应包含多层次的监管。赵晓桃（2009）则认为，电子商务系统安全性层次可以划分为：网络节点的安全、通讯的安全、应用程序的安全性、用户的认证管理，由此来确定排污权网上交易监管的层次：网络节点的监管、通讯的监管、应用程序的监管、用户认证管理的监管。杜雷鸣（2005）认为，网络技术风险主要包括网络硬软件风险、网络运行风险、数据传递风险 3 个方面。与这些风险相对应的是网络技术监管内容：网络硬软件监管、网络运行监管、数据传递监管等。根据上述分类进行排列组合，可知浙江省排污权网上交易监管内部各部分的现状，如表 7-1 所示。

表 7-1 浙江省网上交易监管的现状

过程 内容	事前监管	事中监管	事后监管
网络节点监管	不足	缺失	缺失
通信监管	缺失	缺失	缺失
应用程序监管	缺失	缺失	缺失
用户认证管理	不足	缺失	缺失

可见，现在不仅监管内容严重不足，而且已存在的监管也没有实现相互之间的配合。因此，要丰富排污权网上交易监管内容，加强排污权网上交易监管机制的内部匹配。

7.3 排污权市场网上交易监管的保障措施

7.3.1 明确排污权网上交易监管平台

明确排污权网上交易监管平台，就需先明确排污权网上交易平台，即辨别清楚“谁监管”与“监管谁”的问题。通过前述分析可知，当前浙江省各地区排污权网上交易平台以依托那些有经验的机构为较佳选择。排污权网上交易平台决定了排污权网上交易监管平台的两级监管层次：①排污权网上交易监管平台对排污权网上交易平台行为的监管，②排污权网上交易监管平台对排污权网上交易平台本身的监管。排污权网上交易监管平台可以由各地区排污权交易中心承担，或者是由浙江省排污权交易中心承担，由谁承担取决于各主体的承担能力，是否有能力开发排污权网上交易监管平台。这样可以确定排污权网上交易监管的运行程序大致是：先是由排污权网上交易平台自身的监管措施对排污权网上交易进行监管，然后是排污权网上交易监管平台对排污权网上交易平台行为的监管，最后对排污权网上交易平台监管是否有效进行判定，从而实现排污权网上交易的“双重”监管。

7.3.2 健全排污权网上交易监管法规

排污权网上交易监管法律法规的建立，需要着力解决下列问题：①要确定各地区排污权网上交易的具体内容、行为规则等，确定惩处措施，为各地区排污权网上交易监管提供监管依据；②确定与各地区排污权网上交易监管有关的监管内容、行为依据等，规范排污权网上交易监管行为；③确定与浙江省排污权网上交易监管有关的监管内容、行为依据等，一方面要与各地区排污权网上交易监管法规相适应，另一方面需要对各地区排污权网上交易监管行为等方面进行监管；④当排污权网上交易监管相关规则发展较成熟时应及时转变其为更有法律效力的法律法规，以确保排污权网上交易监管的有力、有效。

7.3.3　鼓励排污权网上交易监管队伍建设

排污权网上交易监管体系的发展离不开专业的队伍建设，不仅要提高监管队伍的排污权网上交易监管理论水平，还要增强监管队伍的排污权网上交易监管实际操作能力。为此，首先，组织专业的排污权网上交易监管队伍。当前浙江省排污权网上交易监管几乎处于空白阶段，相关人才不足，因此，如何组建有关排污权网上交易监管的专业队伍是推行排污权网上交易监管的基础。其次，对排污权网上交易监管队伍进行专业培训。一方面向国内排污权网上交易监管有关专家学者及已实施排污权网上交易监管的机构学习；另一方面由于我国排污权网上交易监管相关理论、经验的不足，在条件允许的情况下，也可以向国外的专家学者及机构请教。最后，为排污权网上交易监管培养相关人才。排污权网上交易的发展将为排污权网上交易监管提出更高的要求，因此，培养人才创新理论、研发新技术是促进排污权网上交易监管发展的有力推动。

7.3.4　加强与排污权网上交易监管有关各方的相互配合

如前所述，排污权网上交易监管不仅要考虑到横向监管内容，而且要考虑到纵向监管层次。要实现排污权网上交易监管的有效、有序进行，就需要实现排污权网上交易监管的各方面相互配合。①要实现排污权网上交易监管与网上交易的配合。监管的目的就是确保交易的顺利进行，若网上交易监管无法实现与网上交易的配合，就会出现监管无力、交易风险发生等问题。②实现排污权网上交易监管机制间的相互配合。注重排污权网上交易监管措施间的相互配合、相互协调，实现前后监管措施间的对接，避免出现监管措施冲突、前后监管措施不连续等现象。③实现排污权网上交易监管层次间的相互配合。排污权网上交易监管体系的建立需要上级政府与下级政府的共同努力。下级政府需要积极探索排污权网上交易监管方法，为上级政府建立统一网上交易规范提供依据。上级政府依据各交易监管体系的建立进行分析、总结，建立全省统一的网上交易监管体系规范，同时，充分利用省级优势，研发、创新监管体系，使其更为完善。实现上级与下级、各交易监管体系间的配合，下级以上级行动为发展方向，并在实践中改善各自的排污权网上交易监管体系，上级以下级为发展依据，完善浙江省排污权网上交易监管体系。

参考文献

[1] 陈竹音. 中美排污权交易制度比较研究[D]. 吉林大学，2009.

[2] 陈怀连. 中美碳排放权交易机制比较研究[D]. 华东师范大学，2011.

[3] 安丽. 基于可持续发展的排污权交易有效性研究[D]. 天津大学，2009.

[4] 支海宇. 排污权交易及其在中国的应用研究[D]. 大连理工大学，2008.

[5] 林云华，冯兵. 欧盟排污权交易的实践及对我国的启示[J]. 中国集体经济，2008（7）.

[6] 张京凯，陈廉. 我国排污权有偿使用和交易的实证研究——以嘉兴市、南京市、深圳市为例[J]. 政府法治研究，2009（9）.

[7] 赵晓桃. 浅谈电子商务的安全策略与安全技术[J]. 职业，2009（18）.

[8] 杜雷鸣. 中国网络经济风险管理初探[D]. 四川大学，2005.

第 8 章　排污权市场排污许可监管机制建设

完善的排污许可证制度是排污权交易实现的前提和保障，亦是对排污权交易进行监管的依据。排污许可监管的内容涉及制定相关的排污许可证法律规范，构建政府、公众和排污者在内的全方位监督机制，实现政府监督机制和其他监督检查机制的长期有效，而诸如此类则需要多部门联动机制进行保障。

8.1　排污许可制度的法理分析

8.1.1　相关概念的辨识

8.1.1.1　排污许可证与可交易的排污许可证

排污许可属于行政许可的范畴。根据《行政许可法》第二条的规定，行政许可是指行政机关根据公民、法人或者其他组织的申请，经依法审查，准予其从事特定活动的行为。据此，可以把排污许可定义为：环境管理行政机关根据排污者的申请，经依法审核，准予其从事排污活动的一种行政行为。排污许可作为一项行政行为，最终以排污许可证的形式表现出来。换言之，排污许可证作为记载许可内容的凭证，是排污许可具体行政行为的最终表现形式。一般而言，排污许可具有以下几层内涵：①排污许可是一种解除一般禁止的行政行为。“环境与资源法上的一般禁止是指环境利用行为与事项本为社会或私人的自由，但由于公共利益的需要而在行政上设立一定的限制，其目的在于遏制有组织、有规模的环境利用行为所可能造成的对公众环境利益的威胁或影响”（汪劲，2006）。排污许可即是对特定的排污者解除一般禁止的要式行政行为。只有当申请人的行为满足法律规定的必要条件，环境管理机关才可以按照法定程序、以书面形式赋予申请人向环境排污的权利，其目的在于控制排污者排污对环境造成的损害，实现环境容量与排污行为的平衡。②排污许可是一种授益性行政行为。排污许可是环境管理机关依特定相对人（排污者）的申请而解除禁令，并赋予其向环境排放污染物的授益性行政决定。

排污者在获得排污许可后，即享有了排污的权利，这项权利受到法律保护。③排污许可具有预防性。排污许可是对符合条件的对象解除限制或禁止，允许其在一定条件下从事对环境有影响的活动。这种解禁是有条件的，需要通过法律的层层控制，让那些符合法律要求的排污者生存下来，其过程本身就是一种预防性过程。

排污许可证制度最早在瑞典实行，其对环境保护所起的作用得到很多国家的认可，并成为经济发达国家防治污染的常规性、“支柱”性环境管理措施。排污许可制度是一种具有多种适应性的环境管理制度，它既可适用于命令-控制型的环境监管模式，作为政府直接管制的有效手段；也可进一步转化为基于市场的环境政策工具之一——可交易的排污许可证制度。

在传统的命令-控制型环境监管机制下，政府往往不会考虑各个企业减轻污染的费用，而只是简单地通过强制命令的方式为被规制企业设定其应达到的污染控制目标，并监督企业采取相应措施以达到该目标，从而实现环境监督的目的。在命令-控制管理模式中适用的许可证，通常采用两种标准（行为标准和技术标准）来达到控制排污的目的。只要污染企业没有达到政府为其设定的行为标准或技术标准，就被认为是违法。这种模式下实施的许可证是不能转让的。传统的命令-控制型排污许可证制度实施简便，但“一刀切”的方式使得企业负担加重，并不利于排污技术的革新。针对命令-控制型制度的种种不足，美国产生了以市场为基础的可交易的排污许可证制度。可交易的排污许可证是指某项污染物具有的可转让的权利，该污染物对分布广泛的共用资源享有排放权。用于污染交易的可交易许可证与传统的命令-控制管理模式中所实施的许可证不同，因为它是可以转让的，既不设定操作应具备的条件或操作标准，也不提供明确的限制排放的技术。蒂坦伯格概括了可交易许可证制度的关键特征：①享有权——对受特定限制的排放享有某种权利并受法律保护；②可转让性——可将该享有权的全部或部分让与他人；③强制性——保护该排放享有权的权利和确保转让条件的遵守。蒂坦伯格强调可交易排污许可证应为许可证持有人提供某种安全保障，同时还要明确他不是一项财产权（Tietenberg，2003）。排污许可证的享有权、可转让性和强制性必须由政府行为确立。在可交易的排污许可制度下，政府无须制定和执行硬性的行为标准或技术标准，而只要综合各种因素设定一个合理的减排目标，企业就会在自身利益的驱动下，以他们认为最经济的方法来实现减排目标。

8.1.1.2 排污许可证制度与总量控制制度

总量控制制度是以改善环境质量为根本目标，在特定时间内，以控制特定区域内的特定污染物排放总量为手段，来实现降低污染物控制的社会成本的命令-控制型的环境管理措施。在实行污染物排放总量控制的特定流域、海域、区域，对排污者有污染物排放总量控制指标要求的，该指标纳入排污许可证管理之中。排污者排放污染物不得超过国家和地方规定的排放标准和排放总量控制指标。我国《水污染防治法实施细则》第六条规定："对实现水污染物达标排放仍不能达到国家规定的水环境质量标准的水体，可以实施重点污染物排放总量控制制度。"因此，总量控制应是基于环境质量的排放控制，前提是"所有点源均已达到基于技术的排放标准"，在仍不达标的特定区域，在不提高基于技术的排放标准的情况下，依据实际排放点源的位置、数量、排放特性及环境容量，计算排放量的削减指标，然后将指标分配到特定的污染源，写入污染源的排污许可证内，实施基于环境质量的总量控制。总量控制的实现需要排污许可证制度的支持，换言之，总量控制是通过排污许可证制度实现的。

厘清排污许可证与总量控制之间的关系，直接关系排污许可证的价值定位，如果两者的关系界线模糊或形成包容关系，就会导致排污许可证制度被架空，失去制度本身的效能。排污许可证制度作为一项独立的制度，可与其他环境制度，如环境标准、申报登记、污染物排放总量控制等配套使用。排污许可证的种类不限于总量控制下的排污许可证。排污许可证可以与浓度控制相结合使用，亦可以同浓度与总量控制结合使用，还可以与其他制度配合使用。概言之，排污许可证制度是一项独立于总量控制制度的环境管制措施。因污染物总量控制制度必须依靠排污许可证制度才能得以实施，没有完善的排污许可证制度必然没有完善的污染物总量控制制度。"但是排污许可证并不必须与污染物总量控制制度连在一起，与污染物总量控制制度'联体'的只是'总量许可证'。"（韩广等，2007）

8.1.1.3　排污许可证与排污权交易

排污权交易（Emissions Trading）最早在美国实施，分为排污信用交易（Credit Trading）和总量控制型交易（Allowance Trading）。信用交易是排污源在一定时间内自愿削减自身的污染物排放，经环境监督管理部门认可，就可产生排放削减信用（ERCs）用于交易或储备。总量控制型交易是指预先为一定区域内的污染源设定总的年度排放上限及一定时期的削减计划时间表，年度排放总量的上限以许可或配额的形式分配给污染源，排污者在期末剩余的许可数量可以储备、出售或退出使用。无论是信用交易或是总量许可交易，交易的对象都是一个削减的排放量。排污权交易的前提是排污指标，排污指标体现为由排污者向环境管理部门申报，经核准审批后颁发的排污权许可证。排污权交易的过程实质是拥有排污许可证的排污者通过自身的努力，提高污染治理水平，减少排污量后，将排污许可证许可的排放指标削减的部分进行交易。交易完成后，交易双方修改相应排污许可证可排污总量的数据。可见，排污权交易的对象是削减后的排污指标，这是一项行政许可性权利，以排污许可证的形式表现，可在法律允许的范围内交易（沈满洪等，2009）。

从上述内容看，如何合理有效地进行排污权分配，成为排污权交易的首要问题。这种初始分配活动就其本质而言，是一种行政许可，以许可证的形式表现出来。通过排污权初始分配授予排污者排污资格，体现了行政主体对排污行为的监督、管理、调控，同时也体现了排污者对排污权的行使。可见，排污许可证制度是排污权交易的前提和基础。排污者只有在取得可交易的排污许可证后方能排污，通过技术改革减少排放量后，富余的排污指标才能用于交易。因此，完善的可交易排污许可证制度是排污权交易实现的前提和保障，亦是对排污权交易进行监管的依据。这也是外国立法将排污许可证制度作为排污权交易前置性制度的原因。如美国《清洁空气法》第 4 条第 408 款、欧盟指令第 4 条至第 8 条都明确了排污许可证制度。

8.1.2 排污许可证的制度价值

8.1.2.1 排污许可证制度是基础性的环境监管机制

排污许可证制度至少具有 4 方面的功能：①保障排污者合法排污权利；②界定环保部门的权限防止权力扩张滥行；③限制与环境公益相冲突的利益追求和行为；④保障环保部门在法定权限内正确有效实施环境管理。可以说，排污许可证制度在环境管理中起着基础性的作用，具体体现在：

（1）排污许可证制度的安排是以法律权力责任和权利义务两个基点展开，使之具有管制的直接性和强制性，是除刑事处罚外的最为严厉、强烈和见效快的环境法律措施。排污许可证颁发后，排污者获得了排污的权利，同时必须依据许可证的要求履行相应的义务；监管者依据排污许可证对排污者进行监管，核查其是否严格遵守了许可证的所有要求。依据排污许可证，排污单位的环境管理目标和内容更加明确；监管部门的监管内容也更加明确和直接，监管行动更有效率。

（2）排污许可证制度是一个动态的、持续的过程。这一过程包括事前调控，事中监管和事后救济。排污许可制度包括排污许可、排污许可证、排污许可程序要求、监督、事后救济等一系列制度。排污许可是一种事前的调控。监管机构把排污行为纳入管理和调控的范畴，在发放许可证之前对排污行为进行审核、评估，对于适当的排污行为予以许可，危险性大的不予准许，从而控制危险的发生；事中监管主要是执法监督，监管部门按照排污许可证的记载内容，监督排污者严格按照法律的要求进行排污，若出现违法行为的，及时予以纠正。事后救济即通过责任追究来平衡环境损害。

（3）排污许可证制度具有极强的兼容性。这一制度既可独立实施，也可与其他环境法律制度，如排污权交易、污染物排放总量控制、申报登记、环境标准、环境监测等制度进行整合性实施，可以协同发挥作用；既可以作为其他制度的实现形式，也可作为其他诸多制度的先导性、前置性法律要求（如排污权交易制度），甚至还可以表现出保障和救济功能。这一制度可以单独执行，也可以实行“综合式许可”。此外，这一制度既可适用于常规性监督管理，也可用于危机性控制。

总之，排污权许可制度在环境监督管理中具有确定底线的意义，其对在环境法领域推行经济刺激、行政指导、公众参与等机制起着基础性保障作用。

8.1.2.2 排污许可证制度是公共环境容量资源的分配机制

环境容量资源具有公共性和稀缺性。道德约束和自由市场都无法有效配置环境容量资源。在这一社会性问题上，“有许多相互冲突的利益需要调整，公共福利也必须加以保护以使其免受反社会的破坏性行为的侵损，因此由政府直接采取行动进行管理也就成了势在必行之事了”（博登海默，1999）。排污许可证制度是政府通过环境行政的手段允许符合要求的企业排放一定数量的污染物，其实质就是对环境容量资源的分配。

环境容量资源的分配要做到科学合理，依赖于两个要素：①环境容量的科学测定。环境容量的测定是分配排污指标、实行排污许可的前提，环境监管部门应根据环境目标控制点的环境质量标准，结合污染物的扩散模式来确定允许的排污量；②科学合理的分配方式。排污指标的分配方式有两种，有偿分配和无偿分配。排污指标的分配应该是以有偿分配为主，这样有利于市场主体的公平竞争，符合污染者付费的原则，同时也能科学地反映环境容量资源的价值。而无偿分配排污指标一般是出于社会公益的考虑，而且对这类排污指标的使用有严格的限制，如按照指定的用途使用，不得随意转让等（张曼等，2002）。

8.1.2.3 排污许可证制度是公共利益与个体利益的协调机制

排污许可是应保障环境公益的需求而产生的，以保障环境公益为其存在的价值取向和标准，是环境公益的法律表述。排污许可是为保障环境公益而对个体利益（排污权益）的限制和干预，是在一般禁止基础上实行部分放开。因此，排污许可是对公共利益和个体利益进行衡量和选择的结果，排污许可证制度是环境公益与私益的协调机制。

排污许可证制度以权力（权利）和义务为基点，规范了公权力与私权利，公益与私益之间的关系。排污许可是一项授益性的行政行为，一方面授予排污者在法律的规定的限度内，享有排放污染物的权利，同时也可以把富余的排污量进行交易。另一方面规定排污者需严格遵守排污许可证上记载的义务，违反相关规定将受到来自行政法、民法和刑法上的惩罚。环境监管者依据排污许可证对排污者进行事前调控、事中监督和事后惩处，以保证排污者的排污行为不损害环境公共利益。因此，从环境公益的角度看，排污许可证制度是防止排污者损害环境公益的制度保障。同时，环境监管者，具有信息上的优势地位，在环保机关发放排污许可证过程中，可向公众以及特定的利害关系人公开提供环境信息，为公众实现环境信息知情权，保障公众参与环境保护，实现环境公益提供了制度基础。从申请人角度看，排污许可证是对排污者合法排污活动的确认和准许，在法律上宣示了排污者的法定排污权，使排污者及时预见所从事活动的合法性，使持证者减少了受行政机关或其他人侵害的风险。同时，排污许可证也是对环保部门的约束。环保部门不仅不得侵犯持证者的权益，而且还应采取措施保护持证者的权益不受其他人侵害。

8.2 排污许可监管机制的问题分析

8.2.1 排污许可制度的立法问题分析

8.2.1.1 立法概况

我国排污许可证制度的立法特点是中央法律缺位、地方立法先行。排污许可证制度缺乏统一的制度规范，为各地区发展排污许可证制度提供了契机，也为制度的创新提供了空间。浙江省排污权许可证制度虽然起步较晚，但通过充分借鉴其他地区的先进经验，结合本地特色，制定了较为完善的法律规范。

浙江省排污许可证管理制度主要以地方各市先试点、先立法为主。如杭州市 2008 年制定了《杭州市污染物排放许可管理条例》、温州市 2009 年制定了《温州市排污许可证发放管理办法》（试行）、宁波镇海区 2008 年制定了《宁波市镇海区排污许可证管理实施办法》（试行）。浙江省在总结各地方关于排污许可证立法的经验基础上于 2010 年先后制定了《浙江省排污许可证管理暂行办法》（以下简称《办法》）和《浙江省排污许可证管理暂行办法实施细则》（试行）（以下简称《实施细则》），对排污许可证申领条件、排污许可证延续、依法注销排污许可证、违反排污许可证管理规定的行政处罚等作出明确规定。此外，《浙江省大气污染防治条例》《浙江省水污染防治条例》中也明确了排污许可证的相关规定。这些法律规范为推行排污许可证制度提供了法律依据，同时也成为为浙江省排污权有偿使用和交易的前置性的法律依据。

8.2.1.2 立法特点

（1）根据管理需要和管理能力确定了发证范围，明确、细化了许可证的适用对象及范围。排污单位未取得排污许可证的，不得排放污染物。使得该制度更具操作性、更符合现实管理需要。根据《办法》《实施细则》规定，应取得排污许可证的排污单位包括：排放 SO_2、NO_x、烟尘和粉尘等主要大气污染物且经依法核定排放量的排污单位；排放工业废水的排污单位；直接或间接向环境排放医疗污水的医院、卫生院、疗养院、门诊部和诊所等排污单位；存栏 200 头猪以上（或相当规模的其他畜禽）的规模化畜禽养殖场；直接向环境排放餐饮污水的排污单位；城乡污水集中处理设施的运营单位。从上述规定可以看出，目前浙江省排污许可证实施对象仍以水、大气排污为主。

（2）规定了总量控制制度和重点水污染物排放总量控制指标有偿使用和转让，为排污权交易制度提供了法律依据。《实施细则》规定对 SO_2、NO_x、COD 和氨氮实行排放总量控制制度。县级以上环境保护行政主管部门应根据本级政府制定的主要污染物排放总量控制规划，制定主要污染物排放总量分配方案，对所辖区域内排污单位的主要污染物排放总量进行分配，纳入排污许可证管理。并将排污许可与总量控制相结合，实行 A、B 类许可证管理。实施主要污染物排放总量控制的排污单位申领 A 类排污许可证，其余排污单位申领 B 类排污许可证。B 类排污许可证不单独分配主要污染物排放总量。《浙江省水污染防治条例》第三十四条第二款规定："逐步推进重点水污染物排放总量控制指标有偿使用和转让。在实行重点水污染物排放总量控制的同一流域内，依法有偿取得重点水污染物排放总量控制指标并安装水污染物排放自动监测设备的排污单位，完成重点水污染物排放总量削减指标后，通过清洁生产和污染治理等措施节余的重点水污染物排放指标，可以依法有偿转让。"上述规定为排污权交易制度提供了前置性法律规范。但遗憾的是《办法》和《实施细则》中未明确总量削减指标可以有偿转让，不能不说是一个缺憾。

（3）加强了对排污许可证证后管理的规定，保障了排污许可证制度监管功能的实现。纳入排污许可证管理的排污单位应当接受环境保护行政主管部门现场核查。其中，纳入 A 类排污许可证管理的排污单位还应当于每年的 1 月 15 日前，主动向核发排污许可证的环境保护行政主管部门提交排污许可证和上年度排污许可证执行情况核查证明材料，接受环境保护行政主管部门对排污许可证的书面核查。环境保护行政主管部门应当对纳入 A 类排污许可证管理的排污单位污染物排放情况予以核实，并对书面核查情况予以记录。

（4）建立、完善排污许可证相关信息制度。明确了环境监管部门的责任，使得排污许可证的发放、管理更加公开、透明，既有利于保护公众的知情权，也有利于保护排污者的合法权利。《办法》规定环境保护行政主管部门应当每年将本行政区域上一年度排污许可证的核发和监督管理情况向本级人民政府和上一级环境保护行政主管部门报告。环境保护行政主管部门应当按照国家和省有关政府信息公开的规定及时向社会公布排污许可证核发和监督管理的相关信息。排污单位有规定的违法情形的，按有关规定将其纳入企业信用信息记录，并向社会公布相关信息。

（5）加强和完善了违法责任的相关规定。除行政责任外，还规定了刑事责任。《办法》规定："违反本办法规定的行为，有关法律、法规、规章已有行政处罚规定的，从其规定；构成犯罪的，依法追究刑事责任。"此外，违法责任主体除排污单位之外，还规定了环境保护行政主管部门及其工作人员违法应承担相应的行政责任和刑事责任。

8.2.1.3 立法困境

目前国家层面缺乏有关排污许可证管理的统一立法，自开展试点以来，浙江省排污许可证制度运行的主要依据是地方各市、区的政府规章。《行政许可法》第十五条第一款的规定，"尚未制定法律、行政法规的，地方性法规可以设定行政许可；尚未制定法律、行政法规和地方性法规的，因行政管理的需要，确需立即实施行政许可的，省、自治区、直辖市人民政府规章可以设定临时性的行政许可。临时性的行政许可实施满一年需要继续实施的，应当提请本级人民代表大会及其常务委员会制定地方性法规"。根据该规定，由地方各市、区的政府规章来设立行政许可是缺乏法律依据的。虽然浙江省在2010年制定了《浙江省排污许可证管理暂行办法》，但根据《行政许可法》第十五条的规定，省、自治区、直辖市人民政府规章只能设定临时性的行政许可，而且临时许可满一年需要继续实施的，需提请制定地方性法规，但至今浙江省仍没有出台有关排污许可证管理的法规。由于实施排污许可证所依据的规范等级低，因而在实际执法过程中的效力就大打折扣，显得底气不足。

8.2.2 排污许可证制度实施的法律问题分析

8.2.2.1 排污许可证制度的实施现状

浙江省排污许可证制度的实施模式采取了由试点到全面推广的模式，早在1987年国家为加强污染物排放治理引进了排污许可证制度，杭州作为试点城市之一。希望通过试点为我国建立排污许可证制度获取一手经验。2000年杭州市再次作为排污许可证试点城市。浙江省根据"五年规划"总量控制中的强制约束性指标，在发证对象上采取了先规制总量控制的重点污染物和因子，再全面推开的模式。

排污许可证实行分级管理、属地发放的原则。根据排污许可证相关法规，地方环境保护主管部门，根据当地污染物排放总量控制的指标核算排污单位的排污量。县（市）环境保护行政主管部门负责核发本行政区域的排污许可证；设区的市及其区环境保护行政主管部门按照职责分工，负责核发市区的排污许可证；总装机容量 30 万 kW 以上燃煤发电企业的排污许可证，由省环境保护行政主管部门核发。在“十一五”期间浙江省浙江省政府公布了《关于进一步加强污染减排工作的通知》指出，排污许可证应明确排污单位的允许排污总量、需要削减的排污量和削减时限要求。同时进一步重申：严禁排污单位无证或超总量排污。

排污许可证的发放范围主要包括日排 COD 10kg 以上工业污染源、城镇污水处理厂、存栏 300 头猪以上（或产生相当数量排泄物的其他畜禽）规模养殖场；设有 2 t 以上燃煤锅炉和相当规模工业窑炉的排污单位。污水进入污水处理厂统一处理的污染源，按污水处理厂处理能力确定允许污水进管量和污染浓度后，核发排污许可证。浙江省自 1990 年起开展排污申报试点和排污许可证制度，截至 2010 年已有 4 万余家实施了排污申报登记，共向约 1.5 万家单位发放了排污许可证。特别是在“十一五”期间，浙江省颁发排污许可证制度为完成总量控制指标发挥了重要作用。虽然浙江省按时、保量完成了总量控制的目标，排污许可证发放情况总体趋于良好，但仍存在发展极不平衡的状况。以温州为例，“温州市目前市区人口 200 万，日污水排放量约 50 多万 t，已建污水处理厂日污水处理能力为 35 万 t，但城市污水处理率仅为 62%，剩下大部分污水直排内河或瓯江。据不完全统计，市区 3.3 万家有排水行为的工商注册单位中，已取得排污许可证的单位不足千分之八。”①

8.2.2.2 排污许可证制度实施中存在的问题分析

（1）排污许可证制度实施的法律依据不完善。排污许可证制度实施的法律依据不完善主要表现在两方面：①排污许可证缺乏上位法的规范。由于既缺乏国家层级的排污许可证管理规范，也缺乏地方法规层级的排污许可证管理规范，使得排污许可证在实施中遭遇法律依据不足的尴尬。此外，由于《行政许可法》的实施，地方各市、区在缺乏上位法的情况下制定出的排污许可证相关规范不符合《行政许可法》的要求，可能导致今后地方政府和环保部门因此陷入法律纠纷。②排污许可证相关规范与其他法律法规不协调。从《浙江省排污许可证管理暂行办法》的应用来看，与其他相关的法律法规在协调

① 数据来源：http://www.wenzhou.gov.cn/art/2010/1/4/art_3596_122865.html. 2013-02-16。

上还存在较多问题，如《中华人民共和国大气污染防治法》规定大气环境保护工作由地方人民政府负责管理，虽然环保部门在管理中把大气污染纳入排污许可证，但目前并没有地方政府委托地方环保部门管理大气污染的合法规定，因此地方环保部门在排污许可证的大气管理中就不具有合法权利。

（2）现行的许可证制度并非事先的批准，仅是一种事后同意。排污单位在污染物排放之前没有向环境保护部门提出申请，而是未经许可排污已经成为既成事实，只是在事中或事后向环保部门提出所谓的“申请”，经环保部门同意后发给排污许可证。此外，在初始排污权的分配上，对现有企业和新建企业基本上是分别对待的。如湖州市规定：《湖州市主要污染物排污权有偿使用和交易管理暂行办法》颁布前（2008 年 10 月 31 日前）已经取得排污许可证及已经审批的新建、改建、扩建项目的排污单位简称“老污染源”，其主要污染物排污权的取得可实行有偿方式，也可实行无偿方式，鼓励实行有偿方式。《湖州市主要污染物排污权有偿使用和交易管理暂行办法》颁布后（2008 年 10 月 31 日后）需要获取排污权的排污单位简称“新污染源”，其主要污染物排污权的取得一律实行有偿方式。出于历史因素及实施难度的考虑，对现有企业的初始排污权大部分是无偿分配的，而对于新建企业则基本上要求有偿获取，这种分配方式是不能体现公平原则的。即便有些地方全部采取有偿分配，也都是承认现有，这就使得有些历来污染重、对环境损害大的企业，用相对较低的成本就能占有大量的排污权指标；而一些污染轻、效益好的企业，反而要用较高的成本才能购买较少的排污权，难以实现排污权在各污染企业间实现有效地分配。一旦排污指标初次分配失之公平，一些无法得到排污权的企业可能会冒险违规排污，从而无法达到控制污染的目的。

（3）排污许可证的实施缺乏程序性保障。现行运作的排污许可证制度大多数无严格的法律程序，即使有相关的法律规定，行政机关在实际的操作中也是人为因素大于法律规定。绝大数环保部门公布了排污许可证申报的程序性要求。但并未按照《环境信息公开办法（试行）》规定将“排污许可证的发放情况”予以公开，公众获取政府信息的成本仍然很高。此外，公众参与缺乏保障和听证制度流于形式都使得排污许可证的实施缺乏保障。

（4）证后监管薄弱导致“只发不管”。一方面，基层环保人员力量不足，设备有限。许多基层环境监察监测机构专业技术人员的比例配置偏低，环境执法手段和技术装备普遍落后，交通工具、通讯设备、取证仪器等设备严重不足，已经成为规范执法、严格执法的客观障碍。另一方面，对排污的监测频次低，总量核定体系不够完善。目前的环境监测体系中，对重点污染企业的监测为 1 季度 1 次，对一般企业监测为 1 年 1 次监控手段有待于进一步提高。各级环保部门都非常认可在线污染监控方式，但全面实施在线监控还无法实现。目前没有关于在线监控设备由谁购置、谁承担运营费用的规定，在管理和维护在线监控设备的过程中都存在资金压力。如何解决费用问题是推广在线监控的关键。

8.3　完善排污许可监管的机制构建

8.3.1　加强立法以完善排污许可证制度

尽早通过《排污许可证管理条例》是当前在全国范围内实施排污权许可制度至关重要的一步。在目前上位法缺位的现实下，浙江省在排污许可立法方面应尽早通过《浙江省排污许可证管理条例》（以下简称《条例》）。因排污许可对环境保护关系重大，因此《条例》应属于行政区域内特别重大事项的地方性法规，由浙江省人民代表大会常务委员会通过。为保证《条例》与将来的上位法协调一致，必须对以下几项内容作详细考量和规定。

8.3.1.1　《条例》的基本原则

条例应遵循全面发证原则、综合许可原则、持证排污原则和总量控制与浓度控制相结合原则。

全面发证原则是指，对于排污许可证制度所适用的对象，要求全部申请领取排污许可证。适用的对象应包括直接或间接向环境排放污染物的法人、其他组织和个体经营者。全面发证原则要求整合后的排污许可证制度拓展适用范围，消除环境管理的盲区，将污染日趋严重而又游离于环境监控之外的个体经营者纳入管制范畴。当然，全面发证并不意味着所有的排污行为都要申请领取排污许可证，只有符合条件的排污者才适用排污许可证制度。

综合许可原则是指将大气污染物排放许可证、水污染物排放许可证和环境噪声污染排放许可证三证合一，统一为综合的污染物排放许可证。不同排污者排放不同污染物的区别，具体体现在排污许可证的内容之中。这样有利于节约执法成本、提高行政机关的监管效率。

持证排污原则是指，排污者在排放污染物之前，必须向环境保护主管部门申请领取排污许可证，否则不得排放污染物。一方面，未依法取得排污许可证向环境排放污染物的行为是法律所禁止的，排污者必须承担相应的法律责任，行政机关有权依法采取强制措施；另一方面，排污许可证是排污者向环境排放污染物行为合法的法律依据和凭证，在符合许可证条件的前提下，排污者的排污行为是排污者的法定权利，非因法定事由，并经法定程序不得被剥夺。

总量控制与浓度控制相结合原则是指，对重点排污单位试行主要污染物排放总量控制，对其他排污单位及重点排污单位的其他污染物实行主要污染物浓度控制。

8.3.1.2 排污许可证的适用范围

《办法》和《实施细则》中将排污许可证的适用范围予以细化，明确了适用范围。如《办法》第2条规定，在浙江省内排放主要大气污染物且经依法核定排放量的；排放工业废水、医疗污水的；排放规模化畜禽养殖污水的；向环境排放餐饮污水的；运营城乡污水集中处理设施的企业、事业单位应当按照《办法》规定取得排污许可证。[①]该《办法》明确了排污许可证的适用范围，使排污许可证制度更具操作性，但适用范围还是比较狭窄，仅限于向大气和水体排污，且没有明确排放污染物的方式是直接排放还是间接排放。此外，适用对象仅限于企业和事业单位，个体工商户并未纳入排污许可证的管理范围。而2008年的《排污许可证管理条例》（征求意见稿）规定，国家对在生产经营过程中排放废气、废水、产生环境噪声污染和固体废物的行为实行许可证管理；直接或间接向环境排放污染物的企业事业单位、个体工商户，应按照条例的规定申请领取排污许可证。[②]因此浙江省在制定《条例》时，应进一步扩大排污许可证的适用范围，规定向环境排放大气污染物的；直接或间接向环境排放工业废水和医疗废水以及含重金属、放射性物质、病原体等有毒有害物质的其他废水和污水的；城镇污水集中处理设施的运营者；在工业生产中因使用固定的设备产生环境噪声污染的，或者在城市市区噪声敏感建筑物集中区域内因商业经营活动中使用固定设备产生环境噪声污染的；产生工业固体废物或者危险废物的，应当取得许可证。适用对象应包括直接或间接向环境排放污染物的法人、其他组织和个体工商户。扩大排污许可证的适用范围，一方面便于将来与上位法相协调，减少环境监管的盲区；另一方面，浙江省多年来排污许可证工作的试点实践经验，也表明上述所列的适用范围符合当前社会经济发展水平和环境状况，具有可行性。

8.3.1.3 明确排污许可证制度与总量控制制度、排污权交易制度的关系

排污许可证制度、总量控制制度与排污权交易制度这3种制度是既相互独立又相互依存的制度。

总量控制目标不具体化便会失去意义。最佳具体化方式是将总量控制目标以具有法

---

① 参见《浙江省排污许可证管理暂行办法》第2条。

② 参见《排污许可证管理条例》（征求意见稿）第二条。

律性质的排污许可证形式落实到各排污单位。污染物总量控制制度必须依靠排污许可证制度才能得以实施，没有完善的排污许可证制度就没有完善的污染物总量控制制度。因此，应在《条例》中明确：在实行污染物排放总量控制的流域、海域、区域，对排污者有污染物排放总量控制指标要求的，该指标纳入排污许可证管理之中。排污者排放污染物不得超过国家和地方规定的排放标准和排放总量控制指标。

排污许可证（可交易的）与总量控制是排污权交易的前提条件。为保障排污权交易制度的建立和实施，需在《条例》中就排污权交易作出原则性规定，为地方实施排污权交易提供法律依据。应明确规定：国家鼓励排污者采取可行的经济、技术或管理等手段，实施清洁生产，持续削减其污染物排放强度、浓度和总量。削减的污染物排放总量指标可以储存，供其自身发展使用，也可以根据区域环境容量和主要污染物总量控制目标，在保障环境质量达到功能区要求的前提下按法定程序实施有偿转让。

8.3.1.4　加强排污许可证持证人权利的保护

为加强依法行政，防止行政机关侵犯相对人的合法权益，排污许可证制度应当规定以下内容：①设置信赖利益保护条款。规定持证人的合法权益受法律保护，环保部门不得擅自改变已经生效的行政许可。排污者依法取得的排污许可证非依照环境保护法律、法规的规定，并经过法定程序，不得被撤回、撤销或者吊销。②权利救济条款。在排污许可程序中，排污许可证申请人和其他利害关系人应当享有陈述权、申辩权、举行听证会的权利、提起行政诉讼的权利和请求赔偿权。③环保部门及其工作人员违法时应当承担相应的法律责任。为加强依法行政，防止行政机关侵犯相对人的合法权益。应明确规定环保部门及其工作人员的法律责任。

8.3.1.5　加强证后监管

排污许可是一个动态、持续的过程，许可证的发放只是这一制度的开始，加强证后监管是实现这一制度功能的关键。因此在排污许可证立法方面，应加强证后监管的措施。如规定排污许可证年审制度、排污许可证撤销制度和注销制度（目前《办法》只规定了排污许可证的注销制度）等。规定各级环保行政主管部门对由本单位审批发证的单位进行年检，在排污许可证年检中主要查看各级环保监察、监测部门的环境监察和监测报告，若存在不符合排污许可证要求的行为限期整改，经限期整改仍达不到要求的则不予通过年检。规定排污许可证撤销制度和注销制度可以有效地保障许可的合法性、公正性。

8.3.2　构建全方位的排污许可证实施监督机制

排污许可是一个动态、持续的过程，排污许可证制度的监管功能必须通过许可证的有效实施才能实现。在排污许可证制度的实施过程中，监督机制的不完善已成为不争的事实。因此，必须构建一个包括政府、公众和排污者在内的全方位实施监督机制，以确保排污许可证的有效实施。

8.3.2.1 政府监督机制

许可证制度属于一种典型的命令-控制型手段。因此，政府的实施是关键，没有一个强大的政府实施机制，其他主体的实施监督将缺乏基础和保障。建立有效的政府监督机制，需要注意以下几方面的问题。

（1）建立长期的监督检查机制。对环保部门而言，发放排污许可证既是一种权力，也是一种责任。排污许可证的证后监管是决定该制度的功能得以实现的关键。环境行政机关应该对排污许可证进行长期的监督检查，以保证排污者保持其取得许可证时所应满足的条件。行政监管机构可以通过书面审查、在线监测、现场检查等方式对排污者实施许可证进行监督。书面审查方式体现了行政监管由直接监管向间接监管转化的进步，但是应该采取措施保证书面材料的真实准确性；在线监测最能直接、准确地反映排污者实施排污许可证的情况，应在条件成熟的企业推广。现场检查是直接监管的重要方式，但是应该注意避免影响企业的正常生产。

（2）构建多部门联动机制。排污许可证的实施是一个涉及面广、复杂的过程。排污许可证制度的实施应推行环保部门统一监督管理、有关部门分工合作的工作机制，充分发挥有关部门在环境保护方面的职能。环保、工商、住建等部门应相互配合，将排污许可、工商年检、建设项目管理等制度相结合，实现对排污许可证的监管。如工商管理部门进行年检时，可根据环保部门提供的名单，对纳入排污许可证发证范围而未取得排污许可证的企业和未通过排污许可证年检的企业，暂不予通过年检。为保障多部门联动工作机制的顺畅运行，环境保护行政主管部门和工商、水利、住房和城乡建设、城市管理行政执法等行政主管部门应当建立执法信息互通共享机制，及时通报相关行政许可、监督管理、行政处罚等情况。

（3）排污许可证的实施需要依靠管理手段的革新，这对环保基层提出了更高、更多的要求。环保基层力量不足不仅仅反映在人力、物力等方面的不足，在技术上、管理手段上都还有很多欠缺。因此，需要加强基层环保力量建设，增加人力、物力和技术的投入，更新管理手段。除加强日常监督管理（如在线监测、现场检查等）外，还可建立排污许可跟踪系统，将企业污染排放实际数据与环保部门核发的排污许可量进行比较，真实反映区域实际污染排放情况；建立污染源“三量”管理台账——新增排污总量（增量）、削减排污总量（减量）及超标排放或偷排的总量（变量），作为排污单位现状排污总量的核定基数；建立污染排放档案，包括现场检查结果历史数据、检测设备运行合格证明、总量报告、环境统计等；建立排污许可证的年审制度和考核制度，对考核合格的予以奖励，不合格的予以惩罚，真正提高环保部门的管理和监督水平。

（4）建立政府实施许可证制度的行政问责制。排污许可证的实施监督，不仅是对排污者执行许可证的监督，也包括对环保部门履行法定职责的监督。现实中排污许可证的实施情况不尽如人意的原因当然是多方面的，但与环保部门未切实履行职责，对排污者监管不到位也无不关系。因此有必要在排污许可证的实施中建立环境行政责任追究制。根据国家环境保护总局和国家监察部 2006 年 2 月 20 日发布的《环境保护违法违纪行为处分暂行规定》，目前环保行政责任追究制主要适用于两类行为：一是决策失误；二是执法失误。如果将这一制度运用于保障排污许可制度的实施，将会大大改善政府的排污许可制度实施机制。

8.3.2.2　公众监督机制

由于政府资源和能力的有限性，将政府的部分环境监管权转移给社会，如当地居民、社区和非政府组织等是监管机制建设的国际趋势。我国虽然已经建立了公众投诉、检举、控告等制度，但是总的来说，公众参与环境保护的热情和能力仍然不充分。要建立有效的公众监督机制，需要完善以下制度：

（1）建立、完善信息公开制度。信息顺畅、充分是公众参与监督的前提。要保障公众的环境监督权，先要保障公众的知悉权。因此应当规定环保部门和排污许可证的持证者有义务进行信息公开。环保部门应当向排污申请者和社会公众公开相关环境信息。环保部门要严格执行有关信息公开的法律规范，加大信息公开力度。一方面，环保部门应当主动、完整地公开相关信息。将许可证申请及管理过程中的相关详细信息，如项目的性质、申请人的申请材料、排污者的具体排污情况、排放方式、环保设施的建设和运行情况以及辖区内已发放企业的名单、地址等，除了涉及国家安全、商业秘密等（为防止环境保护部门推脱责任，以国家秘密、商业秘密等为由拒绝公开环境信息，有必要对国家秘密、商业秘密等进行详细的解释）依法需要保密的以外，全面公开，让排污申请者以及公众能够通过合法的途径获取这些信息。排污申请者、公众可以将从公开途径获得的数据资料直接用于维护自己的权益和其他合法活动之中。另一方面，要完善环保部门环境信息公开的方式，扩大信息公开的渠道，方便公众查阅。如及时更新完善环保网站的信息，方便公众阅读和下载等。除加大信息公开力度外，环保部门应当建立健全环境信息公开工作考核制度、社会评议制度和责任追究制度，定期对环境信息公开工作进行考核、评议。公众或排污申请者认为环保部门不依法履行环境信息公开义务的，可以向上级环保部门举报，如果查证属实，上级环保部门应当责令其改正，情节严重的，对负有直接责任的主管人员和其他直接责任人员依法给予行政处分；认为环保部门在环境信息公开工作中的具体行政行为侵犯其合法权益的，可以依法申请行政复议或者提起行政诉讼。

除环保部门应履行环境公开信息义务外，排污许可证持有者也应在一定条件下承担信息公开义务。在一般情况下，环保部门应鼓励许可证持有者自愿公开企业排放污染物种类、数量、浓度和去向，企业环保设施的建设和运行情况，企业在生产过程中产生的废物的处理、处置情况等企业环境信息。自愿公开环境信息的许可证持有者，可以将其环境信息通过媒体、互联网等方式，或者通过公布企业年度环境报告的形式向社会公开。在特定情况下，许可证持有者负有信息公开的法定义务，必须进行环境信息公开。如污染物排放超过许可证规定的排放标准，或者许可证核定的排放总量控制指标的许可证持有者必须公开企业名称、地址、法定代表人；主要污染物的名称、排放方式、排放浓度和总量、超标、超总量情况；企业环保设施的建设和运行情况等信息。必须公开企业环境信息的许可证持有者，应在其所在地的主要媒体上公布其环境信息，并将向社会公开的环境信息报所在地环保部门备案。环保部门有权对企业公布的环境信息进行核查。违反信息公开义务的许可证持有者，由具有管辖权的环保部门对其进行罚款等行政处罚。

（2）逐步完善公众参与机制。完善公众参与机制，①需要有法可依。在今后排污许可证的立法中应明确参与对象、参与的方式、程序、期限、反馈措施以及保障参与的救济措施等的规定，并将公众参与纳入到排污许可证的发放至监管整个过程，充分发挥公众的力量。②在排污许可证从发放到监管的各个环节导入公众监督。如在许可证的申请受理环节，要将企业的相关材料（涉及商业秘密除外）通过网站、报纸等公众便于知晓的方式予以公开，在法定期限内，公众可通过环保部门专门设立的电话、邮箱等途径予以反馈意见；对公众申请举行听证会或者环境保护主管部门认为比较敏感必须举行听证会的情况，应及时组织听证会并通过网站、报纸等方式予以公告，听证会后审查公众反映的意见，并将结果及详细情况予以公告。许可证发放后，公众对持证者违反许可证的行为以及环保部门未履行职责的行为进行监督，享有检举、控告的权利。为鼓励公众参与监督，可以建立有奖举报制度，对举报属实的予以奖励。此外，尽快建立适于我国的环境公益诉讼制度，亦是保障公众监督权利的有效途径。

8.3.2.3 排污者自我实施机制

对排污许可证的监督管理，不仅需要加强环境监管部门的执法监管、提高公众的参与积极性，也离不开持证者的自觉遵守和配合。

自我实施指排污许可证持证者自觉遵守许可证的要求。这在西方国家也叫“自我政策”或“自我管制”（李挚萍，2007）。但应当注意的是，自我实施并不意味着这一机制完全建立在自愿的基础之上。通常排污者的自我实施机制会以法律义务的形式在许可证中予以规定。自我监测、自我报告和记录维持是对排污者的最基本的要求，排污者必须安装、使用和维持监测仪器设备，定期监测和提取样本，建立及维持相关的记录，制作特定的报告，并且提供其他环保部门要求的信息。持证者自我实施义务的履行既是政府监管和公众监督的基础，亦是持证者自身据此评价处理和减少污染物的效果，确定降低成本的方式。政府据此收集数据信息、建立基准线、确定污染物排放标准、追踪污染源、确定遵守情况、评估环境质量的变化等；公众据此获知排污信息，评估环境风险和影响、采取行动保护自身利益。通过这个制度，政府和公众对持证者的监督将大大加强。为了鼓励排污者披露自我监测、自我披露及纠正违法行为，可以规定相应的免责或减轻责任的措施。

我国虽然已经建立了自我监测、污染物申报登记制度，但这些制度仍有许多缺陷。可以考虑从以下几方面进行改善：①将自我监测、自我报告和维持记录的义务在许可证中明确规定，使之成为持证者自我实施的依据；②在政府主流媒体（如政府网站）上公布报告和记录的主要内容，使公众能够知悉；③采取有效措施刺激持证者自我监测、自我披露和纠正违反许可证的行为；④使未能依法提供信息或提供虚假信息的持证者承担相应的法律责任。

8.3.3 强化法律责任承担

目前，排污许可证实施效果不理想的原因之一是排污者违法成本低。提高违法成本最有效途径之一是强化法律责任。强化法律责任的主要内容是增加责任形式、加大处罚力度。

8.3.3.1 增加排污许可证制度的违法责任形式

我国排污许可证制度关于违法责任的责任形式的规定还仅限于行政处罚。在环境问题日益严峻的形势下，应当考虑引入最具威慑力的刑事制裁。而事实上，刑事制裁已在一些发达国家的环境保护中发挥着越来越重要的作用。如美国。美国的环境法中，刑事制裁得到了普遍运用。在排污许可证制度中，对违法者的处罚是相当严厉的。例如，《清洁水法》中规定，“对过失违反法律或许可证规定的排污者，或者知道或应该知道其排污将导致人身伤害或财产损失或导致公共污水处理厂（POTWs）违法排污的排污者，应处以每违法日 2 500～25 000 美元的罚金或 1 年以下监禁，或者二者并罚”，“对故意在申请中提供虚假信息、故意做虚假监侧记录、报告，或者故意伪造、破坏、篡改许可证规定的监测设施和方法的应处以 10 000 美元以下罚金或 2 年以下监禁或并罚，累犯加倍”。此外，刑事制裁的适用范围为“任何人”，既包括排污者也包括行政主体。而反观我国相关环境立法，并没有重视刑事制裁的功能。

因此，我国排污许可证的相关立法中，可借鉴他国的经验，引入刑事制裁，对违法者的违法行为（如排污者以威胁、贿赂等方式获取许可证、伪造、私自涂改许可证要求、无证排污及故意违证排污的行为；监管机构及其工作人员滥用权力、该举行听证会的不举行、合乎条件该发证的不发证、不该发证的却发放许可证，情节较严重的行为等严重违法排污许可制度的行为）处以罚金、拘役和有期徒刑。鉴于环境法制的经济性特性，具体适用应以罚金刑为主。应注意的是，根据有关法律的规定，《许可证管理条例》作为行政法规不能对涉及刑罚和限制人身自由等方面的内容增加规定，而应由基本法规定。刑事制裁虽具有极强的威慑力，但刑罚需经过严格的司法程序，将会延缓对违法行为的及时有效处理。

除行政责任、刑事责任外，还可以规定排污者违反排污许可证制度排污给公私财产造成损害的，应承担民事赔偿责任。

8.3.3.2 加大处罚力度

对违反排污许可证制度的行为加大处罚力度，包括两方面的内容：①明确法律责任；②增加处罚力度。

排污许可证制度的适用主体包括了作出许可的行政主体和被许可人，当然许可主体与被许可人都应对自己的行为承担相应的法律责任，但有关排污许可的法律规范中，缺乏对行政许可主体所承担责任的规定或规定不明确。这使得许可主体的行为缺乏有效的法律约束。例如，《办法》第三十条规定：“环境保护行政主管部门及其工作人员在排污许可证核发及监督管理中有违反本办法规定行为的，由有权机关责令改正；情节严重的，对直接负责的主管人员和其他直接责任人员依法给予处分。”该规定非常的笼统，只是说给予处分，到底何种情形下给予什么处分没有具体规定，这其中就有很大的灵活性。而且，行政处分应是行政机关的内部行政行为，不适用于社会其他公民，把它规定作为行政制裁措施，反而使行政工作人员能够规避应负的法律责任。因此应当明确规定环保部门工作人员的违法情形及其相应的法律责任。

现行排污许可证制度的法律责任对排污者不构成威慑力，一方面由于法律规定不够明确、细化，另一方面与处罚力度不强无不关系。排污者的违法成本低，当然会选择违法。如《水污染防治法》第七十条规定：“拒绝环境保护主管部门或者其他依照本法规定行使监督管理权的部门的监督检查，或者在接受监督检查时弄虚作假的，由县级以上人民政府环境保护主管部门或者其他依照本法规定行使监督管理权的部门责令改正，处一万元以上十万元以下的罚款。”第七十二条规定：“违反本法规定，有下列行为之一的，由县级以上人民政府环境保护主管部门责令限期改正；逾期不改正的，处一万元以上十万元以下的罚款：（一）拒报或者谎报国务院环境保护主管部门规定的有关水污染物排放申报登记事项的；（二）未按照规定安装水污染物排放自动监测设备或者未按照规定与环境保护主管部门的监控设备联网，并保证监测设备正常运行的；（三）未按照规定对所排放的工业废水进行监测并保存原始监测记录的。”《水污染防治法实施细则》第四十四条规定：“不按照排污许可证或者临时排污许可证的规定排放污染物的，由颁发许可证的环境保护部门责令限期改正，可以处 5 万元以下的罚款；情节严重的，并可以吊销排污许可证或者临时排污许可证。”排污许可证的审批和正确执行都有赖于排污信息的真实性，对拒报谎报排污情况、不按规定进行监测并保存记录的行为的却仅仅 1 万元以上 10 万元的罚款；而对不按排污证排污这一根本违反排污许可制度的行为，仅处以 5 万元以下的罚款，情节严重的仅吊销许可证。而地方受立法权限的限制，对违法者的处罚力度就更弱了。这样的处罚规定对排污者的威慑力可想而知。因此建议在制定《排污许可条例》时除明确监管者与排污者的违法情形及相应的法律责任外，应加大处罚力度，提高违法者的违法成本。使法律责任的规定能真正保障排污许可证的实施。

参考文献

[1] 汪劲. 环境法学[M]. 北京：北京大学出版社，2006.

[2] Tietenberg T H. Environmental and Natural Resource Economics，6 th edition.Addison Wesley Publisher，2003.

[3] 韩广，等. 中国环境保护法的基本制度研究[M]. 北京：中国法制出版社，2007.

[4] 沈满洪，钱水苗，冯元群，等. 排污权交易机制研究[M]. 北京：中国环境科学出版社，2009.

[5] 博登海默·E. 法理学、法律哲学与法律方法[M]. 邓正来，译. 北京：中国政法大学出版社，1999.

[6] 张曼，屠梅曾. 排污权交易制度在中国的应用探析[J]. 科学经济社会，2002（4）.

[7] 李挚萍. 中国排污许可制度立法研究——兼谈环境保护基本制度之间协调[G]//中国法学环境资源法学研究会，环境法治与建设和谐社会——2007 年全国环境资源法学研讨论文集，2007.

第9章 排污权市场环境财政监管机制建设

环境保护供给的公共性和紧迫性以及环境保护市场配置的失灵，要求政府通过公共财政的宏观调控对环境资源实行合理配置。这是排污权市场需要财政监管的重要原因。排污权市场中财政监管主要包括对价格、税收等财政收入和财政支出的监管。在浙江省排污权市场财政监管的实践中，解决财政收支错配的监管、事权和财权错配的监管是核心。

9.1 排污权市场环境财政监管的现状及问题分析

9.1.1 排污权市场环境财政监管的范畴设计

排污权制度的运行离不开财政支持，而财政支持需要监管机制予以保障。从范畴上讲，对排污权交易的财政监管是环境财政监管中的重要组成部分。所谓环境财政，是一种通过政府财政干预来促进经济主体在市场行为中选择主动保护环境、减少浪费、合理利用环境资源的财政手段，是公共财政的重要组成部分（沈满洪等，2009）。由于排污权属于国有资产，因此，排污权交易的收支必须进行严格的财政监管，从而实现对环境资源的合理有效配置。

实际上，对于排污权市场中的财政监管主要围绕两个问题展开——“是什么、怎么办”。“是什么”主要解决财政收支的监管对象，而“怎么办”主要涉及财政收支监管的主要内容。因此，排污权市场中的财政监管内容可用图9-1进行阐释。

从财政收入和支出角度看，排污权市场中财政收入的监管主要应解决“怎么收、收什么”这两个问题，即对排污权定价机制进行监管和对排污权税收内容和过程进行监管。前者不仅包括排污权初始价格的定价监管，而且包括对各种有偿收入进行的税率监管。后者主要在理清排污权财政收入资金来源（初始排污权出让的有偿使用收入、没收破产企业等的储备、税收）的基础上，对各来源进行合规监督，并确定各级政府的税费的分配。对排污权市场财政支出的监管也涉及“怎么支、支什么”的问题，前者主要是指对专项资金预算管理的监管，从而强化财政支出的规范性；后者主要是指对财政支出用途进行监管，合理的支出范围应用于环境改善类支出和回购储备金的留存。

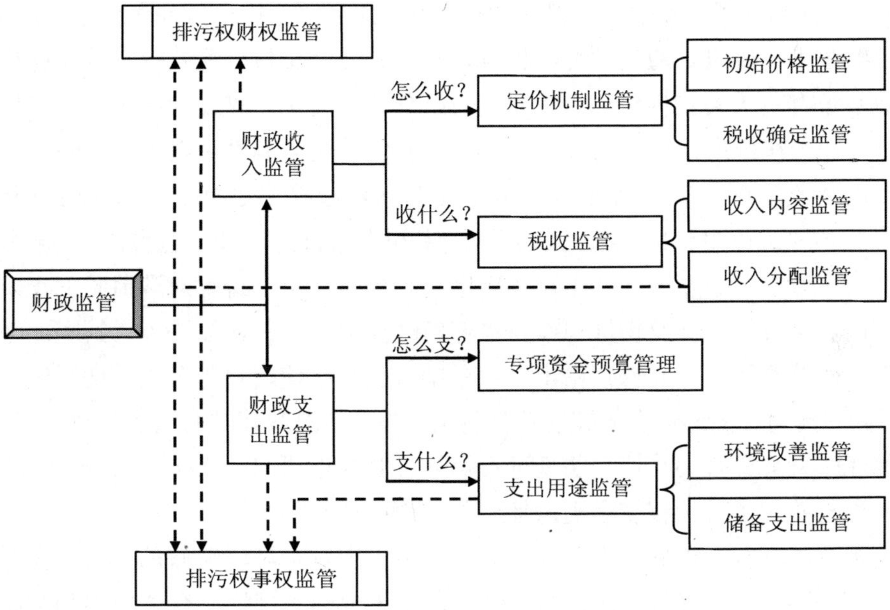

图 9-1 排污权市场中财政监管的主要内容

从排污权财权和事权角度看，排污权财权监管与财政收入的监管密切相关，尤其是税收的收入分配监管。排污权事权监管主要涉及财政专项资金支出的监管，尤其是支出用途的监管。事实上，排污权财权和事权的监管重点在于监督承担主体责权一致、激励相容，这样才能更好地促进排污权交易的顺利开展。

9.1.2 排污权市场环境财政监管的现状分析

随着浙江省排污权交易的深入开展，各项配套的保障制度也纷纷出台。例如，总量核定监管制度、环境监测监管制度、网上交易监管制度、排污许可监管制度等；而财政监管制度的出台，则通过对排污权价格、有偿使用收入和支出所涉及的财政问题进行重点监督，在一定程度上确保了排污权交易资金的规范，使政府在履行环境保护职能这一事权时有了必要的财政基础，从而更好地推动浙江省排污权交易的发展。

（1）思想认识显著提高。党的十七大报告首次提出了“建设生态文明”的论断，指出："建设生态文明，基本形成节约能源资源和保护生态环境的产业结构、增长方式和消费模式。"这些思想越来越被政府、企业和公众所接受。而环境财政作为实现"资源节约型、环境友好型"这一发展模式的重要政策保障，引起了各级部门、各个企业的关注。大家充分认识到了环境财政在排污权交易中的重要作用，一方面积极增加政府投入，构建环境财政支持制度，通过预算、税收、补贴、转移支付、财政投资等多种形式，使环境财政政策在更大范围内对排污权交易发挥作用，实现财政监管在排污权交易中的职责；另一方面，在排污权交易的过程中，伴随着各种交易制度、组织制度的发展与完善以及出现的"监管盲区"，人们更加认识到了对排污权交易进行财政监管的重要性。在浙江省以及各地级市出台的《排污权有偿使用和交易试点工作暂行办法》《排污权交易专项资金管理办法》等多个文件中，多次指出对排污权市场进行财政监管的重要性，要求环保部门、财政部门以及物价和审计等部门既要通力合作，又要各司其职加强对排污权交易资金的监督管理，并特别指出"对在排污权有偿使用收入征收、使用过程中弄虚作假、截留、挪用、挤占资金等违法违规行为，按照《财政违法行为处罚处分条例》（国务院令第 427 号）等有关法律、法规进行查处。涉嫌犯罪的，移交司法机关依法处理。"这些均较好地奠定了排污权交易财政监管的思想基础。

（2）规章制度有所积累。为更好地促进排污权市场中环境财政的监管，在浙江省以及金华市、绍兴市、嘉兴市、舟山市、义乌市等出台的"排污权有偿使用和交易试点工作实施办法"中，均对排污权有偿使用资金的管理提出了要求。2010 年，浙江省又颁布了《浙江省排污权有偿使用收入和排污权储备资金管理暂行办法》，对排污前交易资金管理提出了具体的要求。与此同时，嘉兴市（嘉兴南湖区）、温州市、金华市等地区积极出台了具体的《排污权交易专项资金管理办法》，专门针对排污权交易资金收支与管理工作进行了详细的规定，详见表 9-1。通过对排污权交易资金的收缴、支出管理以及监管等方面进行制度性的构建，明确排污权交易收益的属性、管理要求，规范排污权交易资金的使用程序、使用范围，为浙江省排污权市场的财政监管提供良好的制度基础，并以此来指导各地排污权交易的试点工作顺利开展。

（3）财政监管效果显现。对排污权交易进行全面的财政监管是一项艰巨的任务，需要各政府部门的通力合作才有可能实现。自实施"排污权交易专项资金管理办法"以来，浙江省排污权交易专项资金的收缴和使用，受到了财政、审计、监察、环保部门等的监督和检查。通过对排污权有偿使用和交易进展情况的考核、排污权有偿使用金情况的绩效考评、对排污权有偿使用金收支和使用情况的审计监督，浙江省排污权交易资金运行正常，为排污权交易顺利开展提供了保障。

表 9-1　浙江省排污权交易资金相关规章一览表

政策名称	实施时间	涉及环境财政监管的主要内容
浙江省排污权有偿使用和交易试点工作暂行办法	2010-10-09（浙政办发[2010]132 号）	初始排污权指标的核定、分配和有偿使用、排污权交易、资金管理、监督管理
浙江省排污权有偿使用收入和排污权储备资金管理暂行办法	2010-12-30（浙财综[2010]143 号）	排污权有偿使用收入、排污权储备资金、专项支出等
嘉兴市南湖区排污权交易专项资金管理办法	2008-09-02（南政办发[2008]96 号）	资金的收缴、使用管理、监督检查等
温州市排污权有偿使用资金管理办法（试行）	2012-09-01（温政办[2012]138 号）	排污权有偿使用收入的收缴、专项支出、监督检查等
金华市排污权有偿使用资金管理暂行办法	2012-12-24（金市财综[2012]414 号）	征收管理、支出管理、监督管理
新昌县排污权有偿使用收入和排污权储备资金管理暂行办法	2011-12-30（新政发[2011]61 号）	排污权有偿使用收入、专项资金支出管理等

在上述排污权财政制度的监管下，排污权初始申购定价机制不断改善，新老企业购买排污权过渡自然，保证了排污权交易的有序开展。同时，浙江省排污权交易资金得到了有效的收缴。例如，截至 2011 年 6 月，嘉兴市建设项目排污权交易就达 1 611 个，交易资金为 2.7 亿元；初始排污权有偿使用 1 678 家，有偿使用金额 6.09 亿元，累计完成排污权有偿使用和交易金额 8.79 亿元，为污染减排、环境质量改善等提供了一定的资金基础；绍兴市至 2012 年 9 月共办理排污许可证 2 024 本，全市累计发放 COD 指标量共 31 113 t/a，氨氮指标量共 1 376 t/a，SO_2 指标量共 34 670 t/a，试点以来累计排污权有偿使用单位 2 315 个，累计有偿使用总金额 2.77 亿元。

也正是因为排污权有偿使用、交易资金的收缴，在一定程度上增加了浙江省地方政府财政资金收入，形成了减排、环保等专项资金。通过各级财政专项资金、“以奖代补”等多种方式，浙江省大力扶持了排污减排、环境保护等项目建设。从资金使用范围角度看，目前，排污权有偿使用资金主要用于污染防治，包括对企业自身投资的减排工程项目和污染防治项目的补助、环境保护能力建设和排污权交易平台建设投入、排污权回购与储备、排污权交易管理相关工作的费用等。从资金使用监管角度看，排污权资金使用必须由对应的各级环保部门、财政部门提出方案，报经对应的各级政府同意后方可实施，做到专款专用。

在严格的排污权相关财政监管下，排污权专项资金支出符合了财政资金支出的规范，并有效地促进了排污减排等工作的开展。在“十一五”期间，浙江省政府以重点流域、重点区域、重点行业和重点企业污整治为突破口，每年落实各类减排项目超过 1 000

个，累计投入资金超过 350 亿元。2011 年，浙江省环境污染治理投资总额达 238.7 亿元，占 GDP 比重达 0.74%，其中，城镇环境基础设施建设投资 133.2 亿元，工业污染源治理投资 17.8 亿元，当年完成环保验收项目环保投资 87.6 亿元[①]。

9.1.3 排污权市场环境财政监管存在的问题分析

排污权交易作为一项环境经济政策，旨在通过市场机制合理配置环境资源；而排污权的环境财政监管则旨在通过对运用市场机制进行交易的排污权资金进行全面的、系统的监管，从而克服诸如信息不充分、交易成本高等市场失灵问题。从嘉兴市实施排污权交易制度以来，财政监管尽管从无到有不断发展，但是由于排污权本身的性质定位、法律缺位、排污权的折旧等问题，排污权的环境财政监管也存在一些问题，现行的环境财政监管体系还有待于进一步完善。对比图 9-1 中的排污权财政监管的核心内容，最核心的问题就是解决市场机制中责权对等、激励相容的困境。

（1）排污权交易中心的性质不同直接影响到税率的高低。从理论上讲，排污权交易中心可以有企业性质、事业单位性质等多种性质，不同的性质，经费投入的主体及额度不同，运行维护费的来源也会有所不同。同时，排污权性质的差异，在排污权交易过程中涉及的税费也会有较大的差异。例如，按照《嘉兴市主要污染物排污权交易办法（试行）》规定，排污权交易中心只收取交易额 5%作为日常开支，中心按此交税便可。但是若交易中心的性质为企业，则公共资源的出让按照现有税法规定，全部应视为交易中心的收入，这样需要交纳的税金（地税加国税）则占总交易额的 30%左右。如此重的税收负担，在一定程度上会挫败交易中心的积极性，无法产生足够的激励，这是不利于排污权交易的开展。

（2）排污权交易的财政收支错配问题严重。定价问题是排污权制度实施过程中面临的一个重要问题。在排污权交易刚推出时，部分企业享受到了免费的初始排污权，但更多的企业则没有享受到“免费午餐”，因此，存在一定的“起跑线差异”。同时，初始排污权的申购往往以指导价为基准进行交易，市场化程度不高。例如，嘉兴市的初始排污权有偿使用 5 年期的指导价 COD 为 2 万元/t、SO_2 为 0.5 万元/t，20 年期的指导价 COD 为 8 万元/t、SO_2 为 2 万元/t。同时，为鼓励企业申购初始排污权，给予了一定时期内特定的阶梯式价格优惠。这就造成了新老企业购买初始排污权的基础价格差异。此外，由于嘉兴市排污权期限和浙江省排污权期限的差异，存在着一定的年限转化和折现问题。

① 数据来源于《2012 年中国环境统计年鉴》，中国统计出版社，2012 年。

这都使得排污权定价机制仍需要改进，增加了排污权财政监管的难度。

同时，排污权的有偿使用以及相应的交易制度的推行，使政府募集到了大量的环境保护资金，如初始排污权申购收入、排污权交易税收收入等。这些资金实际上是一种环境财政收入，应该纳入财政收入的相应科目。但是，在实际中，部分排污权交易的收入并没有完全进入财政收入体系，有时以一种“专项资金”的形式存在。然而，这种“专项资金”并没有相对应的财政支出制度相匹配，使排污权有偿使用的收入和支出错配问题突出。一方面，排污权有偿使用收入存在着一定的漏收现象，尤其是排污权储备相关的资金管理，在储备排污权的收储和出让过程中，均存在着排污权储备资金的疏漏现象，专账核算的监管还有待提高。另一方面，排污权有偿使用费长期出不去也是影响收支错配的一个重要原因。以专项资金形式存放的排污权有偿使用收入，往往缺乏相对应的支出账户进行匹配，再加上审批过程、技术等因素导致的确需要资金支持的部分排污减排工程往往得不到相应的财政支持；当然，这一专项资金使用过程中也存在着铺张浪费、效率不高以及使用用途不当等问题。

（3）排污权事权划分不清晰，事权和财权错位问题凸显。在我国分税制改革过程中，并没有以规范的方式明确各级政府间的环境事权关系，政府间事权划分不合理，出现政府缺位、错位和越位等现象。目前，由于中央与地方、政府与市场之间的环境保护事权划分不明确，一些应当由中央政府负责、具有国家公共物品性质的环境保护事务，严重缺乏环境财政的支持。同时，一些应当由地方政府负责、具有地方公共物品性质的环境保护事务，如地方管辖的水环境治理，城市环境基础设施建设、地方环境管理能力建设等，都需要地方财政安排。但是，由于环境保护事权划分不清，导致环境保护财权和资金责任不明，地方政府向中央政府寻租已经成为司空见惯的现象。

在排污权交易过程中，中央政府和地方政府、省级政府与市级政府间对排污权的事权和财权并没有统一。根据图 9-1 中的排污权财权和事权的划归分析可看出，排污权财政收入在各级政府间的合理分配，是与排污权事权的承担有紧密关系。然而，在实践中，仍然存在着部分“上级政府收费、下级政府干活”的现象。

根据 2010 年 10 月 9 日颁布的《浙江省排污权有偿使用和交易试点工作暂行办法》，总装机容量 30 万 kW 以上燃煤发电企业的排污权有偿使用费由省排污权交易中心代为收取，其他排污单位的排污权有偿使用费，根据管理权限由相应的排污权交易机构代为收取。然而，上述大规模的省级项目的事权仍然属于相应的地方政府，相应的环境费用支出等也由对应的地方政府支出。因此，排污权财权与事权错位，不利于排污权交易的长期发展。

针对上述主要问题，必须构建有效的排污权环境财政监管体系，从而确保排污权交易的顺利开展。

9.2 排污权市场收支错配的财政监管机制建设

9.2.1 加强对排污权财政收入的监管

从排污权交易市场中财政收入的对象看（图 9-1），排污权财政收入的监管主要包括排污权初始定价机制的监管、税收率征收监管、收入来源监管和收入分配监管 4 方面。

（1）加强对排污权初始定价机制的监管。根据《浙江省初始排污权有偿使用费征收标准管理办法（实行）》（浙价资[2011]176 号），目前，排污权初始定价采用的是政府定价机制，“浙江省初始排污权有偿使用费征收标准按照统一政策、分级管理原则，由政府价格主管部门会同环保主管部门制定”，其体现的是政府根据环境容量资源的稀缺性、污染物治理成本、经济社会发展水平、排污权有偿使用期限等因素作出的指导定价，但由于各地政府追求目标函数有差异、各地区经济发展水平不一样、环境容量和环境污染程度不一致、污染治理成本有差异等原因，导致了排污权政府定价的原则和方法不一致、排污权价格地区差异显著，在一定程度上扭曲了排污权定价机制，给排污权定价机制的监管带来了一定的难度。因此，要加强对排污权定价机制的监管必须从以下几方面考虑。

- 必须积极开展研究，探索排污权定价“合理与科学”的原则与方法，明确统一的定价机制，制定相关的文件，从而使排污权定价有章可循。例如，在现阶段，由于一级市场政府定价和部分的免费分配、二级市场有价无市，导致了排污权交易价格的扭曲。因此，需要从源头上认真分析影响排污权价格的主要因素，比较分析现有模型的优缺点，构建 F=g（地区发展指标、环境质量、总量控制目标、治理成本、排污权市场环境、行业加成系数）多因素模型，从而确定政府的基本指导价（设为均值），并在此基础上可采用拍卖等多种形式，发挥市场的作用，确定价格的波动范围（设为波动率），从而制定基于政府指导定价基础上的市场定价模型，为排污权定价机制的监管提供测算基础。
- 要提高市场信息的流动：排污权定价机制的不完善，与信息获得存在的障碍有密切关系。因此，要主动将市场主体方供求信息、价格信息等及时发布出来，夯实市场定价的“信息基础”，并严格监督这一过程中信息披露的真实性，防止信息的伪造，以免造成不正常的价格波动。

➢ 要加强对排污权定价过程中各主体的监管：尽管各地区对排污权交易主体的界定有所差异，如嘉兴市以只要是向环境排放污染物的所有排污单位为排污权有偿使用和交易的主体，杭州市等地则限定于特定的行业和特定的企业，绍兴市则根据行政区划来确定排污权交易的市场主体；但是，众多的交易主体在市场化条件下，均以追求自身利益最大化为原则，有时会做出妨碍排污权公正交易的行为。因此，政府环保部门需要对排污权交易主体进行严格监管，本着平等、公开的原则，积极加强对各交易主体在初级市场和二级市场的价格操纵行为和寻租行为，以保障排污权有偿使用和交易制度有序推进。

（2）理清排污权交易中心的定位，合理确定税收。排污权交易中心的定位是排污权制度中实施有效环境财政监管的基础。排污权交易中心往往是实施排污权储备、回购和排污权交易等业务和排污权有偿使用和交易管理工作的重要机构，其负责拟定并组织实施全省排污权有偿使用和交易工作的有关政策、制度和管理办法，组织排污权核定报告技术审核，建立和维护排污权交易信息发布网络平台，并负责交易平台的日常运转。表9-2列举了国内主要的排污权交易中心以及业务范围。

表9-2　国内主要的排污权交易机构一览表

交易机构名称	成立时间	业务范围
嘉兴市排污权储备交易中心	2007-11	中国首家排污权储备交易机构，为COD和SO_2排污权的二级市场交易提供服务
武汉光谷联合产权交易所	2008-03	与武汉市环保局合作开展排污权交易，以电子竞价等方式为COD和SO_2排污权的二级市场交易提供服务
北京环境交易所	2008-08	中国首家环境权益交易机构，为节能减排环保技术、节能量指标、COD和SO_2等排污权益的二级市场交易提供服务，并为温室气体减排量提供信息服务
上海环境能源交易所	2008-08	上海市环境能源交易机构，通过环境能源权益交易管理系统，为COD和SO_2等环境能源领域权益的二级市场交易提供服务
天津排放权交易所	2008-09	中国首家国际化综合性排放权交易机构，建立一级和二级市场为COD和SO_2等主要污染物交易和能源效率交易提供服务
长沙环境资源交易所	2008-11	湖南省内首个环境资源可转让方和需求方交易的二级市场，主要从事污染物排污权交易、环境污染治理技术交易以及生态环境资源的交易
浙江省排污权交易中心	2009-03	负责实施全省排污权储备、排污权交易业务和全省排污权有偿使用和交易管理工作；负责拟定并组织实施全省排污权有偿使用和交易工作的有关政策、制度和管理办法；组织排污权核定报告技术审核；建立和维护排污权交易信息发布网络平台，负责交易平台的日常运转
山西省排污权交易中心	2011-10	山西省排污权交易的唯一指定机构，开展SO_2和COD排污权的交易，具体承办全省排污权交易的管理工作
厦门产权交易中心——碳和排污权交易中心	2011-07	厦门市开展碳和主要污染物排放权（COD、SO_2）的集中交易机构，提供排放权、温室气体减排权储备，碳汇、碳金融产品的开发和交易

在浙江省的实践中，如上文所述，目前既存在事业单位性质的排污权交易中心，也存在国有企业性质的排污权交易中心（表 3-3）。对排污权交易中心的性质界定，不仅影响到排污权交易中心的功能，也影响到排污权税收的征收问题。这可从排污权交易的两个不同阶段进行分析（黄益良，2010）。

- 对企业排污权进行初始分配，交易中心主要的工作是将政府确定给每家企业的排污权按政府的定价卖给企业，帮助政府完成对企业初始排污权的有偿分配。因此，其无疑是在代政府行使权利，所以在交易过程中收取的收入，理应作为政府的非税收入。此时，若交易中心的属性为事业单位，则接受政府授权代政府行使政府职能所获得的收入，可开具政府非税收入票据，不涉及税收问题。然而，若是企业性质，按照目前我国的税收制度，交易中心则需要交纳交易税、所得税、营业税、印花税等税费，若如数征收，将大大提高排污权交易中心的成本，尤其是对企业性质的交易中心，这将会抑制交易中开展排污权交易的积极性。
- 完成企业排污权的初始分配后，所有企业的排污权都已经是通过有偿交易取得的，企业通过节能减排节约的排污权可以作为节约的资源进入市场出售，如果排污需求大，初始的排污权不够用，也可以在市场上通过购买排污权来保证企业的正常运行。在这一阶段，在理论上排污权买卖的价格也应该由市场来决定，排污权交易中心所做的工作可分为两类，①发挥代表环保部门对排污权交易进行监管，同时，可代表政府行使排污权的收储功能，收储本区域企业因关、停、并、转等原因的富余排污权指标。②发挥咨询和服务的中介作用，为排污权买卖企业提供交易信息和帮助交易双方进行交易。对于后者，可通过允许排污权交易中心收取适当的管理费，提高交易中心进行排污权交易的积极性。当然，既然作为中介性质，就应该按税法规定，使用税务发票照章纳税。

根据上述分析，从理论上而言，事业单位性质的排污权交易中心更加符合排污权交易的开展。因为作为事业单位的交易中心，一方面不涉及税收问题，另一方面，其工作经费（包括围绕排污权有偿使用、交易各项工作的开展及日常管理所发生的各项业务费支出等）便可纳入同级财政部门预算，缓解了交易中心的“后顾之忧”，有利于更好地代表环保部门执行储备、回购和交易的管理、监管等责任；同时，中介功能、二级市场交易功能则可由如表 9-2 所示的产权交易所执行，按照规定依法交税，保证各司其职、提高效率，更好地促进排污权的开展。

（3）加强排污权财政收入来源的监管。目前，排污权有偿使用收入包括排污权有偿使用费和政府储备排污权出让收入。其中，排污权有偿使用费，是指现有排污单位在满足环境质量要求和主要污染物排放总量控制的前提下，取得初始排污权指标应缴纳的费用；而政府储备排污权出让收入，是指政府储备、预留的排污权指标，以公开挂牌、拍卖等方式出让给排污单位所取得的收入。因此，对 COD、SO_2、氨氮、NO_x 4 项排污权有偿使用收入来源的监管，成为了环境财政监管的主要内容之一。

表 9-3 对排污权有偿使用收入的监管进行了分析。在现行的环境财政监管中，排污权有偿使用收入属于国有资源类政府非税收入，是按照“非税收入”类“政府性基金收入”款“其他政府性基金收入”项全额上缴至各级对应的财政非税收入财政专户，并纳入区（县市区）排污权交易专项资金统一管理。目前，排污权有偿使用收入主要由各级财政部门（县级及以上）负责征收管理，同级环境保护行政主管部门负责执收，环境保护行政主管部门可委托相应负责排污权储备与交易业务的机构代为执收。排污权储备与交易机构执收或收取排污权有偿使用收入，具有严格的收缴程序。例如，以温州市排污权有偿使用收入的收缴为例：排污权储备与交易机构应向排污单位开具由省财政厅统一监制的《浙江省政府非税收入一般缴款书》。同城缴纳排污权有偿使用收入的排污单位，应按环保部门开具的《初始排污权有偿使用费缴款核定通知单》或排污权交易合同规定的内容，持有关排污权储备与交易机构开具的“缴款书”将资金及时、足额上缴财政。而异地缴纳排污权有偿使用收入的排污企业，应按“通知单”或排污权交易合同规定的内容，通过银行汇兑结算方式将资金上缴财政。排污企业缴讫排污权有偿使用收入后，有关排污权储备与交易机构应在两个工作日内及时补开《缴款书》，确认收入。

（4）加强排污权财政收入分配的监管。排污权财政收入的监管不仅包括来源监管，同时也包括分配监管。对排污权有偿使用收入的合理分配，将影响到各级政府推进排污权交易和治理环境污染、保护环境的积极性。作为“国有资源”，除了初始的免费配额外，排污权有偿使用所得收入均需要在各级政府间进行合理地分配，根据“属地原则”，遵循“谁治理、谁征税”准则，发挥地方政府的主导作用，积极推动排污权交易有偿使用的开展。

表 9-3 排污权有偿使用收入和支出的财政监管

	排污权有偿使用收入	排污权资金支出
性质	国有资源类政府非税收入	专项资金支出
列入	“非税收入”类“政府性基金收入”款“其他政府性基金收入”项	政府收入分类科目政府性基金支出科目“其他支出”类“其他政府基金支出”款
资金去向	开设财政专户，全额上缴财政非税收入财政专户	专项用于：排污权交易平台建设及运行维护，排污权指标核定工作及排污权交易技术应用研究，排污权储备资金，主要污染物排放总量监测监控技术研究和设施建设，污染减排工程建设，重点污染源治理以及生态环境保护等方面的支出等
管理方式	纳入政府性基金管理，收支两条线	必须专款专用，任何单位和个人不得截留、挤占或挪作他用
财政部门	对排污权有偿使用收入执收情况的监督管理；确保市本级排污权有偿使用资金及时、足额缴纳财政专户	对排污权有偿使用资金的情况实行跟踪监督，促使资金使用单位严格按规定范围及标准支出
环保部门	负责初始排污权有偿使用费和政府储备排污权出让收入的执收管理；开具《浙江省初始排污权有偿使用费缴款核定通知单》；对排污权有偿使用资金收缴进行监督检查	对排污权有偿使用资金的支出进行监督检查
排污权交易中心	执收收缴工作；开具“浙江省政府非税收入统一票据”；督促排污企业履行职责、及时足额上缴资金； 自觉接受市财政、环保、价格、审计等部门对排污权有偿使用收缴行为的监督检查，确保资金收支规范	自觉接受市财政、环保、价格、审计等部门对排污权有偿使用支出行为的监督检查，确保资金收支规范

9.2.2 加强对排污权财政支出的监管

如前所述，目前排污权有偿使用资金既存在着“不当使用”的问题，同时也存在着“使用不出去”的问题。造成这一问题的根本原因在于对于排污权“专项资金”的使用用途仍存在一定的“法律盲点”、执法或是监管效力有待提高。因此，一方面需要在法律或规章制度等方面明确这一“专项资金”的支出范围，从而严格规范资金使用用途；另一方面也需要强化排污权专项资金使用的预算管理、理顺上下级排污权财政相关资金支出的审批等权限、提高办事效率。

作为一种“专项资金”，排污权的支出纳入财政预算，需要按照预算资金管理办法，根据“量入为出和专款专用”的原则，全部专项资金用于污染减排和其他污染治理。表9-3 对排污权专项资金的支出监管进行了概括，主要包括以下两大方面：

（1）排污权交易回购储备金，主要用于排污单位发生转产、破产、关停等行为导致停止或减少排污而向交易中心赎回排污权时的支付。例如，嘉兴市规定排污权交易回购储备金所占比例不低于排污权交易专项资金收缴总额的 40%，年度排污权交易回购资金不足由区财政及时补足，节余则结转到下一年度。

（2）减排、环境改善等支出，这是排污权专项资金支出的重点监管对象。其主要包括工程项目直接投入、工程项目补助和环境基础设施建设。工程项目直接投入主要用于区域性减排工程和重大污染物减排项目，包括集中式污水处理厂建设项目、重点行业和重点污染源防治项目等。例如，嘉兴市规定直接投入占排污权交易缴纳资金总额比例原则上不低于 40%。工程项目补助，主要用于企业技术改造、清洁生产和治污工程等实现污染减排项目、“三废”综合利用项目、具有典型意义的污染源减排治理项目或示范工程等。例如，嘉兴市规定每年用于各镇、街道直接投入和项目补助的金额总数原则上不低于该镇、街道所辖企业排污权交易缴纳金额总数的 50%。环境基础设施建设包括生态建设工程、治污工程等。

此外，为更好地保护环境，该专项资金重点支持列入国家、省、市减排计划的重点企业，支持与环保主管部门签订主要污染物减排责任书的企业。当然，排污权财政支出的监管除了检查专项资金是否合理使用于上述项目外，更重要的是监督其是否有用于与污染物减排和污染防治无关的其他项目，从而确保“专款专用”。

9.2.3　强化对排污权财政收支对等的监管

排污权财政收支的错配主要体现在排污权资金收入未能完全匹配用到排污权相关的环境改善等支出上，导致污染减排、其他污染治理、环境质量改善、生态保护、环保基础设施建设等资金不足。因此，加强排污权收支错配的监管重在“制度保障、积极开源、提高效率”。

（1）加强对排污权交易资金管理的体系建设。加强对排污权交易资金管理的体系建设，完善规章，这是排污权财政收支监管的制度保障。一方面，要继续完善排污权交易资金的使用和管理相关规章。表 9-1 显示浙江省部分地区已经出台了一定的监管制度，但是，目前仍然处于试点阶段，有些制度仍有待完善，而且实施的地区也有待于扩展。通过完善排污权交易资金的管理体系建设，提高制度的适应性，从而对排污企业和各监管机构形成激励相容的有效机制。另一方面，要积极深化财税制度改革，通过税收优惠与减免等税收政策、企业污染物治理与环境保护的责任共担机制等，提高排污权交易中心的工作积极性，加强排污企业的环保投入责任，从而对促进企业积极减排、保护和改善环境起到了积极作用。

（2）明确各个主体机构的监管职责。明晰职责是排污权财政收支监管的组织保证。目前，排污权交易过程中涉及排污企业、环保部门、财政部门、物价部门、审计部门等多个实体机构，他们之间的关系较为复杂。若排污权交易的主体不明确、政府各监管部门的机构职能交叉，则容易导致政出多门、职责不清，严重影响排污权交易的成果。因此，要严格规范各监管部门的事权划分问题。对于财政部门而言，重点要对排污权有偿使用收入执收情况和资金使用情况进行跟踪式的监督管理，既确保排污权有偿使用资金及时、足额缴纳财政专户，又促使资金使用单位严格按规定范围及标准支出；对于环保部门而言，重点要负责初始排污权有偿使用费和政府储备排污权出让收入的执收管理，对排污权有偿使用资金收缴和支出进行监督检查；对于排污权交易中心而言，积极执行排污权有偿使用及交易的资金收缴工作，督促排污企业履行职责、及时足额上缴资金，并要自觉接受市财政、环保、物价、审计等部门对排污权有偿使用和支出收缴和支出行为的监督检查，确保资金收支规范；而物价、审计等部门则要加强对初始排污权交易的价格以及排污权有偿使用和支出行为的监督管理。

（3）加强排污权财政收入支出对等的预算管理。加强对排污权相关财政资金的预算管理，做实科目，从而一方面保证排污权资金收入“有渠有水，源源不断”，另一方面使排污权专项资金支出“有理有据，充分高效”，从而较好地实现浙江省排污减排、生态环境建设等目标。

一个国家或一个地区，如果排污减排等投资采取“环境问题导向式”的“应急式”或者说是“相机性”方式，则由于其缺乏持续性、制度性的保障等原因，往往会影响排污减排等目标的实现，具有非可持续性发展的弊端。因此，进行排污减排工程的一个重要保证，同时也是环保部门的一个基本职能，便是拥有“经常性的财政资源”。排污权有偿使用资金在一定程度上便发挥了这一功能，但在目前仍需要建立一定的预算机制，通过夯实资金收入的范围、科学定价等途径，从而形成一个稳定的、专门进行污染减排、环境治理的税收收入来源，建立一个长期稳定的资金支持制度。

同时，在目前排污权有偿使用收入和财政拨款环保资金总量有限的情况下，排污权专项资金使用既存在着“用途有偏”等问题，同时也存在着局部专项资金使用不出去、使用效率并不高、投资管理方式还有待提高和完善等问题，在客观上加剧了排污权专项资金供给的压力。为此，需要切实加强排污权财政支出的预算管理。

- 做实排污权专项资金预算科目。排污权专项资金的支出已经纳入财政预算支出科目中，因此，当前的主要任务是将其做实，确保“有渠有水，源源不断”。为此，建立长期稳定的经费增长机制显得尤为重要。通过将排污权专项资金支出与有偿使用资金、排污减排目标的联动机制，确保排污权专项资金支出的增长幅度，从而将新增财力更多地用于排污减排、环境保护中。同时，要强化对排污权专项资金的预算投入。要确立专项资金支出的优先和重点保障地位，设定具有约束力的投入目标要求。预算安排和执行的环节，要严格按照相关制度和操作规程，确保环保预算资金安全，有效地用于减排、环保领域。
- 积极提高专项资金的使用效率。通过强有力的预算约束机制和有效的监督制度，既强化财政资金支出的强度，又要减少甚至杜绝在建设过程中的挪用、浪费现象，切实将专项资金用于提高排污技术、环境保护基础设施建设等方面。同时，通过市场竞争机制的引入，改善“政府性质”的管理运营模式的效果，并在此基础上，建立排污权专项资金使用的绩效评估体系，提高排污权交易的资金使用效率。

9.3　排污权市场财权和事权错位的财政监管机制建设

9.3.1　排污权财权与事权的划分现状

浙江省排污权的财政监管中存在着“环境事权划分不清、财力与事权不匹配”的问题。

（1）地方政府肩负着本地区环境保护的重担，但是，由于环保历史欠账多，地方政府财税支撑条件与环境责任不对等、企业资金筹措渠道不畅等原因导致投入不足，污染减排、环境治理目标往往受到一定的限制，突出表现为治污工程实际供给与需求不适应。以排污权储备资金为例，各级政府需要安排一定的排污权储备资金，用于收储排污权储备指标；而政府储备排污权收入要应用于排污权储备指标的收储、排污权交易平台的建设和运行维护、污染物减排、环境保护等领域。因此，如果对各级地方政府没有足够的排污权储备资金这一财政资金的安排，地方政府对实现上述排污权相关的环境保护目标往往动力不足。

（2）由于目前我国的分税制改革过程中，并没有以规范的方式明确各级政府间的事权关系，政府间的事权和事权划分不合理，出现政府缺位、错位等现象。部分大企业、大项目的排污权“财权”上交到了中央或上级政府，但治污重担仍在下一级地方政府，使下级地方政府环境责任和财税支持条件不对等。例如，总装机容量 30 万 kW 以上燃煤发电企业的排污权有偿使用费由省排污权交易中心代为收取，但上述大规模的省级项目的事权仍然属于相应的地方政府，相应的环境费用支出等也由对应的地方政府支出。因此，由于上级地方政府和下级地方政府之间的环境保护事权划分不明确，致使环境保护投入重复和缺位并存，各级政府不能很好履行其环保责任；同时，也正是因为环境保护事权划分不清，导致地方环境保护财权不到位，出现了下级地方政府向上级地方政府的权力“寻租”现象。

在排污权事权和财权不对等情况下，容易带来两个问题：①会强化地方保护主义，而这又正构成了各级地方政府不能很好履行其环保责任的主要障碍。在现行体制中，因事权与财权不匹配，造成了中央与地方利益、上级和下级地方政府利益的不一致。在实际中，各级地方政府更多的是追求本地区利益的最大化，因此在执行环境政策时，地方政府在发展经济和环境保护的选择偏好上相对倾向于前者，而将责任推给上级政府。这将不利于激励排污企业进行积极的减排技术改进、提高减排效率，不利于环境质量的提高。②财政转移支付也并不能有效解决目前的地方环保投入不足问题。由于排污权事权和财力不匹配的根源问题没有解决，加之转移支付制度本身尚缺乏明确的法律规范，使得转移支付的支出结构不合理现象难以得到有效解决，从而也就更难以保障地方政府环保投入的缺位问题。

9.3.2 健全与财力相匹配的环境保护事权划分机制

环境保护投融资政策设计的基石是明晰的事权和财权。由于环境污染防治具有明显的外部性，受益和受害往往是在区域之间发生，而具体的工程实施载体又是位于确定的行政区域之内。这造成上游与下游、政府与企业、中央政府和地方政府、上级地方政府和下级地方政府的事权不分，没有形成相应的事权财权划分明细目录，尚未形成财政资金投入的理论基础。这些问题往往与转移支付等交织在一起，使政府财政资金投入严重滞后。

《环境保护法》第十六条明确规定：“地方各级人民政府，应当对本辖区的环境质量负责，采取措施改善环境质量。”确保排污权相关的环保投入，是各级地方政府履行环境保护职责最具体的体现。但遗憾的是，一些地方政府以财政资金短缺为由，推托责任，减少对排污权相关的环境保护的投入，导致相应的环境保护目标屡屡落空。

因此，科学合理地建立与财力匹配的排污权环境保护事权划分机制是环境保护得以顺利进行的关键。排污权环境保护事权划分的一个重要方面即各级政府间的环境保护事权划分，在排污权相关的环保事权得以较清晰界定的基础上，还需要强化合理的排污权交易财力匹配机制建设。

（1）要科学界定各级地方政府的排污权制度的环境事权。从理论上而言，排污权制度等环境保护相关的公共产品究竟该由哪一级政府来提供更为合理，主要取决于其对应的受益范围。根据受益范围的不同，可将其划分为不同的层次。同时，由于公共物品的外部效应溢出性，在分析其受益范围差异性的同时，也不要忽略其受益范围的交叉性，从而实现成本分担和收益分享的对称性。因此，各级地方政府的排污权相关的环境保护责任，应当在减排总量目标的基础上，遵循“一级政府、一级事权、一级财权、一级权益”的原则，使环境事权的管辖范围应当与污染物的影响范围相对应。

（2）要强化地方财政对排污权制度实施相关的环保的预算投入。为了落实相关政府部门和行政官员的环保责任，在预算讨论时，要明确排污权等环保支出的优先和重点保障地位，设定具有约束力的投入目标要求；预算安排和执行的环节，要严格相关制度和操作规程，确保预算资金安全、有效地用于减排等环保支出；在监督评价环节，要建立健全环境保护目标责任制，加强评估和考核。同时，要完善转移支付制度，强化监督，确保上级环保专项资金和转移支付资金必须切实、全部、有效地运用到排污权相关的环保项目的支出上，杜绝任何形式的挪用和截留，从而实现排污权事权和财权的统一，真正促进减排目标的实现。

9.3.3　排污权财权和事权统一的其他保障机制

排污权交易制度建设，既要充分尊重市场机制，同时也要加强政府监管（李寿德、刘敏，2006），尤其需要对事权和财权错配的排污权财政进行监管。除了明确排污权事权和财权划分机制外，各相关监管部门要分工明确又紧密合作，从组织保证这一角度来促进排污权交易的环境财政监管的顺利进行。

例如，环保部门要会同有关部门制定排污权指标核定技术规范，排污权交易管理细则，排污权储备及收储、出售或出让的具体管理规定，加强对省级交易平台的监管，加强对市县环保部门的指导，推动形成有效的排污权交易和管理机制。财政部门会同有关部门制定排污权有偿使用费收支、排污权储备资金管理办法，加强下级财政部门的指导。同时，环保部门、财政部门对排污权交易专项资金使用项目实行跟踪管理，督促项目单位严格按规定使用专项资金，确保项目落实。物价部门要会同有关部门制定出台排污权有偿使用费征收标准管理办法，加强排污权交易价格监管，加强对下级物价部门的指导。排污权交易机构则要具体负责排污权交易的业务指导、信息提供、咨询服务、技术核算和评估，具体办理排污权有偿使用和交易业务等工作。

此外，各职能部门还需要进行科学有效的监管和严格的执法。在排污权有偿使用和交易中，严把项目审批关，优化审批程序，减少审批环节，排除交易障碍，规范市场主体行为，处理排污权交易纠纷，确保排污权初始分配的公平性和公正性，引导排污权交易健康有序发展。同时，要建立科学的环境评估体系，对排污已有项目和新增项目进行严格的排放源管理，利用科技手段对排放源的污染物排放量进行全天候动态监测，掌握及时准确的信息，进行科学的决策管理。要重点监控治理污染的资金使用情况，不断加大执法力度，彻底排查污染源，切实提高执法水平，通过这一积极的环境财政监管，推动排污权交易、节能减排工作的顺利开展。

参考文献

[1] 沈满洪，钱水苗，冯元群，等. 排污权交易机制研究[M]. 北京：中国环境科学出版社，2009.

[2] 黄益良. 促进排污权交易的财政政策思考[R]. 嘉兴市财政局经济建设处内部资料，2010.

[3] 李寿德，刘敏. 排污权交易市场的管制机制研究[J]. 云南师范大学学报，2006（2）.

第10章　排污权市场环境金融监管机制建设

随着全球环保产业的蓬勃发展，环保产业和金融市场互动而产生了全新的环境金融领域。环境金融成为优化环境资源配置、促进环保事业发展和提高环保企业效益的一种有效手段。环境金融标志着现代工业社会解决过去所产生的环境问题的方式和方向发生了根本性转变（肖序、张彩平，2009）。从理论上而言，在排污权交易整个过程中涉及到的金融产品、金融手段、金融市场都属于排污权市场中的环境金融范畴，包括资本市场上的排污权资产证券化、信贷市场上的排污权抵押贷款、信托市场中的排污权租赁、产权市场中的排污权公开拍卖等（鄢斌，2010）。在浙江省排污权交易实践中，主要出现了排污权抵押贷款、排污权二级市场的公开拍卖和排污权租赁等环境金融创新产品（表10-1），因此，本章主要以这3类环境金融产品为例进行排污权市场环境金融监管的分析。目前，这些创新性环境金融产品为推动我省排污权交易的深入开展提供了扎实的金融支持，但这些金融产品的发展目前还面临一些问题，需要通过科学的环境金融监管来不断完善它。

表10-1　浙江省排污权交易的相关环境金融创新产品

	排污权抵押贷款	排污权租赁	排污权公开拍卖
创新地区	嘉兴	平湖市	南湖区
发展范围	嘉兴、绍兴、镇海、建德等	—	—
所属性质	银行贷款	租赁信托（经营性租赁）	产权市场

10.1　排污权抵押贷款的监管机制建设

10.1.1　排污权抵押贷款的发展现状分析

排污权抵押贷款主要是指贷款申请人在遵守国家有关法律、法规和信贷政策前提下，以有偿取得《污染物排放许可证》形式确认的排污权为抵押物向银行申请贷款，或商业银行申请贷款专项用于购买排污权并以该排污权作抵押的融资活动。排污权抵押贷款和一般贷款的最大区别是：排污权抵押贷款人（银行）在对排污权抵押贷款进行审核时，除按照一般贷款要求对借款人履行尽职调查外，还须通过查看征信系统、咨询环保部门、实地调查等方式，了解借款人的污染物排放、污染物处理设施运行、排污权有偿使用费缴纳、环境违法信息等情况，有环境违法行为的企业是不能够申请抵押贷款的。

排污权抵押贷款的产生，源于排污权交易的现状和金融机构的创新。例如，嘉兴在推进排污权交易过程中，发现一些中小排污企业由于购买排污指标，客观上占用了一定量的资金，出现了流动资金紧张的状况。为了帮助这些企业解决融资难、担保难的问题，在金融机构的支持下，2008 年 9 月，嘉兴市为中小企业量身定做了排污权抵押贷款产品，有效地缓解了中小企业资金短缺的压力，减小了排污权交易推进的阻力。截至 2012 年 6 月，嘉兴银行的排污权抵押授信余额为 1 亿多元、累计发放抵押贷款 2 亿多元，累计发放户数达 41 户，主要授信对象位于嘉兴市南湖区、平湖市和海盐县。

随后，2009 年 5 月，绍兴银行也推出了绍兴地区首个排污权抵押贷款产品。其贷款对象是从环保部门有偿取得排污权的企业，贷款额度不得大于抵押排污权评估价值的 80%，贷款担保方式以排污权抵押担保为主。2009 年 5 月至 2012 年 9 月，绍兴地区各银行机构已累计办理排污权抵押贷款 271 笔，涉及贷款金额 24.1 亿元，有效帮助部分企业解决了融资困难的问题。表 10-2 对较早开展抵押贷款业务的嘉兴商业银行和绍兴银行开展抵押贷款业务的状况进行了概括与比较。从表中可看出，尽管两大银行在具体的贷款时间、贷款额度等方面有所差异，但均是面向从环保部门有偿取得排污权的企业为主要贷款对象、以排污权抵押担保为主要担保方式开展业务，并且均取得较好的业绩。

此外，浙江省其他各地区也纷纷开展了排污权抵押贷款业务。例如，2010 年 12 月，宁波市镇海区农村信用合作联社向宁波新福钛白粉有限公司发放 30 万元排污权抵押贷款，成为宁波地区首笔排污权抵押贷款；2011 年 1 月，杭州建德信用联社与大洋化工签订 120 万元排污权抵押贷款合同，成为杭州地区首笔排污权抵押贷款。当然，该抵押贷款的贷款额度要求与嘉兴商业银行和绍兴银行有所差别，其要求不超过抵押排污权评估价值的 65%，贷款主要用于生产经营和环保项目，贷款期限一般为 3 年，期间在最高贷款额度内可循环使用。

表 10-2 嘉兴商业银行和绍兴银行开展排污权抵押贷款的比较

	嘉兴商业银行	绍兴银行
开办时间	2008 年 9 月	2009 年 5 月
贷款对象	全市持有《污染物排放许可证》且排污量未超过规定的企业	全市从环保部门有偿取得排污权的企业
贷款用途和期限	主要用于企业生产经营和环保项目，期限一般为 1 年，最长不超过 5 年	一般以短期贷款为主，确有必需也可以申请期限最长不超过 3 年的中长期贷款
贷款额度	不超过抵押排污权评估价值的 70%	不得大于抵押排污权评估价值的 80%
担保方式	排污权证以抵押授信的担保方式	以排污权抵押担保为主
发展业绩	截至 2012 年 1 月，嘉兴银行已累计发放排污权抵押贷款共 18 295 万元，累计发放 41 户	截至 2012 年 12 月，绍兴银行累计发放排污权抵押贷款 3 730 万元，共计 30 户
意义	在全国首创排污权抵押贷款，有效缓解了企业融资的实际困难，拓宽了企业融资渠道，优化了公共环境资源配置，促进了绿色信贷，开创了金融与环保相互结合、相互促进的新局面，所以一经面世即引起广泛关注，因此该行获得了不少荣誉	是绍兴银行的创新贷款品种，为进一步完善排污权有偿使用和交易管理体系，支持企业融资需求，优化环境资源配置，促进经济发展作出了贡献

概括而言，目前浙江省排污权抵押贷款的业务开展顺利。从贷款对象和条件上看，贷款对象是有偿取得排污权、具有排污权交易主体资格、持有“排污权许可证”的企业，同时要求借款人的污染物排放量不得超过“排污权许可证”规定的总量，借款项目符合国家的环境保护政策规定。从贷款额度和期限看，排污权抵押贷款的额度一般为排污权评估价值的 70%～80%，目前浙江排污权抵押贷款平均抵押率为 73%，目前排污权抵押贷款期限以短期为主。从贷款利率看，排污权价值的确定有两种方式：①企业和银行根据市场交易价格协商确定；②由当地环保部门参照企业有偿取得的排污权价格及政府指导价出具排污权价值评估证明，银行根据评估证明确定，平均利率大约 6.6%。从贷款用途看，基本用于企业流动资金周转和项目建设等生产经营活动，此外，部分企业已尝试将排污权抵押贷款用于购买排污权指标，金融机构采取设置阶段担保或资金监管账户形式，确保所发放的贷款资金专项用于交易市场上购买排污权，并以购得的排污权作为抵押担保。从抵押登记看，核发排污许可证的环保部门为抵押登记的职能部门，双方凭“排污权许可证”“借款合同”等资料在当地环保部门办理排污权抵押登记手续[①]。

总之，排污权抵押贷款作为一种环境金融创新贷款品种，促进了浙江省金融与环保

① 资料来源于《2010 年浙江省金融运行报告》。

的有机结合，是浙江省绿色信贷的重要组成部分，为进一步完善排污权有偿使用和交易管理体系，支持企业融资需求，优化环境资源配置，促进排污权交易作出了贡献。图 10-1 对排污权抵押贷款的共赢模式进行了解读。

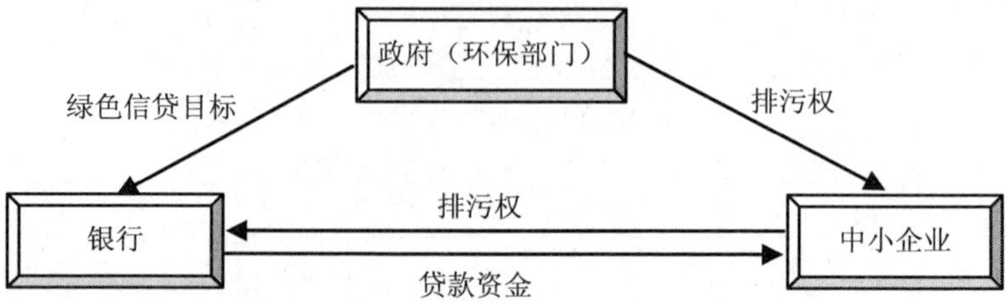

图 10-1　排污权抵押贷款的利益共享模式

（1）三方共赢——利益链的扩展。中小企业融资难是一个世界性的难题，由于其规模小、抵押品不足、经营风险相对较大、信用水平相对较低等原因，中小企业往往是银行信贷的“排斥对象”；与此同时，政府希望将排污权交易制度顺利进行下去，但由于排污权购买的资金支出对于中小企业而言具有一定的资金压力，因此，容易陷入困境。然而，排污权抵押贷款制度的推出，通过将稀缺的排污权作为抵押品，凭借其保值、升值的资源特性，成功化解了这一困境，并实现了三方的利益共享的合作博弈。对于政府部门（环保部门）而言，排污权抵押贷款的开展，有利于政府排污权交易制度的实施，优化环境资源配置；对于排污中小企业而言，排污权抵押贷款的开展有利于扩展融资渠道，缓解担保难问题，从而促进排污权交易的开展；对于银行而言，排污权抵押贷款的开展不仅有助于丰富金融创新产品，而且有利于促进银行绿色信贷的投放，更好地服务于经济转型升级这一目标。

（2）风险共担——合作链的博弈。如前所述，排污权抵押贷款最大的特点在于其抵押物——排污权。由于排污权具有资源的稀缺性特征，同时，随着排污权交易的推广，尤其是二级交易市场的完善，排污权这一抵押物具有一定的保值性和增值性、良好的流动性、政府的隐性担保性。因此，排污权抵押贷款的推出，使具有排污权的企业、银行、政府在基于“排污权”这一标的资产下的风险共担，积极合作，通过排污权抵押贷款这一载体，实现共赢。

（3）不对称降低——信息链的集聚。排污权抵押贷款授信过程中的一个重要环节是银行会向环保部门等政府相关部门咨询申请企业的相关征信系统和环保执行情况，并执行环保一票否决制。在这一过程中，银行便把企业的相关环保信息集聚起来，降低了信息的不对称程度，有利于建立起完整的排污权抵押贷款机制；而对于环保部门等政府部门而言，通过排污权抵押贷款，更好地动态掌握企业的绿色信贷等信息，从而促进绿色信贷、产业结构的调整。

10.1.2 排污权抵押贷款存在的问题分析

尽管排污权抵押贷款已经在实践中取得了一定成绩，但是也存在一些问题。作为一个新生事物，排污权抵押贷款过程中的有些做法还值得商榷，有些问题还没有解决。

（1）排污权价值的估价问题存在争议。一方面，由于排污权本身是属于“低值易耗品”还是“无形资产”这一问题仍未解决，从而影响到对排污权抵押贷款的估价计算方法。如果这一问题未能在法律法规中予以明确的规定，将影响到排污权抵押贷款开展的有效性。另一方面，尽管目前实施的排污权抵押贷款中均对贷款额度作出了明确的规定，如不得大于抵押排污权价值的 70%（嘉兴商业银行），但是，现行的排污权评估价值确定的方式和方法仍存在商榷。由于购买期限的差异、初始购买价格的差异等，均给资产折价、价值评估、资产处置等带来一定的困难，使其在参照有偿取得的价格、根据污染物种类、数量、行业类别和当年度总量指标情况进行评估时存在一定的困难。

（2）排污权抵押贷款要求贷款主要用于生产经营或环保项目建设。人民银行温州市中心支行和温州市环保局联合下发的《温州市排污权抵押贷款管理暂行办法》中指出：排污权抵押贷款只能用于企业流动资金周转、技术改造等生产经营活动，不得用于购买股票、期货等有价证券和从事股本权益性投资，不得用于违反国家有关法律、法规和政策规定的用途。但是，如何真正有效地监督企业具体的资金使用去向，较好地解决信息不对称的问题，这是目前排污权抵押贷款，乃至于绿色信贷中存在的普遍问题。

（3）环保政策的变动性，尤其是排污权初始分配政策的变动，使企业的排污权初始价值不一致，造成了排污权价值评估的起始值偏差。上下级地方政府政策上的差异以及不同地区排污权有偿使用和交易制度的差异等均给排污权价值带来波动和不稳定。企业间不公平的竞争对排污权有偿使用和交易制度的持续发展也是不利的。

（4）目前排污权抵押贷款过程中存在的另一个重要的问题是对抵押贷款的“风险”识别和防控问题。如何科学地判断企业是否合理地利用了排污权这一资源进行贷款申请？尽管目前浙江省的实践中，抵押贷款的额度一般设置为排污权评估价值的 70%～80%，但是对其操作和控制并不是很容易的一件事；进一步来讲，若企业超过额度进行了排污权抵押贷款，那么其所伴随的风险，尤其是违约风险如何防范？由于市场价格波动导致的市场风险又如何防范？对于这些问题的风险监控与防范，目前还是比较薄弱，并没有针对排污权抵押贷款的“标的”特殊性，没有建立起与传统贷款不同模式的风险管理体系。这将不利于排污权抵押贷款的长期发展。

（5）排污权抵押贷款“标的”的特殊性，使抵押贷款违约时的“恢复率”面临一定的挑战。例如，企业破产时，排污权交易中心将依法对企业所拥有的仍在使用期限内的排污权进行回收，此时排污权价值的确认、在申请政府回购储备时交易中心与银行间的业务处理，均存在一定的争议。

（6）排污权购买对象具有一定的局限性，主要是针对有排污行为的特定企业。因此，排污权抵押贷款业务的推广具有一定的局限性。

总之，排污权市场一方面需要排污权抵押贷款企业的积极主动和合理合法操作；另一方面，也需要银行主动构建排污权抵押贷款的特定风险防控体系。同时，为了更好地规范排污权抵押贷款管理、推进“绿色信贷”机制建设、优化环境资源配置、拓宽企业融资渠道、促进产业结构升级，政府环保部门等也需要完善相关制度法规，对排污权抵押贷款这一创新性环境金融产品进行积极的监管，从而促进排污权抵押贷款的可持续性发展。

10.1.3 排污权抵押贷款的监管体系建设

排污权抵押贷款于 2008 年在嘉兴首创，4 年多的实践经验，为排污权抵押贷款监管的实施打下了扎实的基础。

一方面，浙江省绿色信贷政策以绿色信贷机制及监管的成功运行，为排污权抵押贷款奠定了良好的参照基点。通过环保金融信息交流平台和沟通机制、一系列操作流程的监管以及绿色信贷政策实施效果的评价考核等多种方式，浙江省绿色信贷的监管取得了一定的成绩。作为绿色信贷中的一个重要组成，排污权抵押贷款的监管就可以参考绿色信贷的监管思想和方法。

另一方面，浙江省排污权交易机制的成功运行和整体环保氛围的营造，为排污权抵押贷款的监管奠定了较好的执行基础。从 2007 年 11 月嘉兴市开始进行排污权有偿使用交易试点工作以来，公众尤其是排污企业的排污权交易意识越来越浓，排污权交易市场日益活跃，排污权交易机制不断完善，政府相关部门积累了一定的排污权交易相关监管经验。这些成为排污权抵押贷款的监管执行性的重要基石。

考虑到排污权抵押贷款的抵押产品——排污权的特殊性，排污权抵押贷款的监管不仅要符合一般贷款的监管规则，更要针对排污权的特征进行特殊的监管。

（1）完善相关法律法规。尽管浙江省部分地区已经实施了排污权抵押贷款数年，但是，对于排污权本身的相关问题仍然没有得到一致的答案，仍存在法律的缺位问题。因此，本着"立法先行"的思想，需要积极研究担保物权等相关法律问题，通过立法对排污权抵押贷款的相关事项进行明确规定，尤其是以下两类问题：①排污权本身的相关属性问题，如排污权的性质、排污权的价值、排污权是否可作为企业的资产从而进行抵押、抵押的适用面有多大、抵押的排污权如何进行估价等问题，都需要法律法规予以明确；②银行要明确规定排污权抵押贷款的相关事项，如贷款的额度、利率、期限、贷款条件、贷款所得资金的用途限制、抵押处置前应满足什么条件才能进行处置等，从而为监管提供一定的法律制度依据。

（2）构建贷前、贷中和贷后的完整监管体系。排污权抵押贷款的监管是一个系统性工程，涉及很多方面，需要银行、环保部门、财政部门乃至社会公众的共同监督。不仅要建立起包括企业评估、产品设计、风险管控、激励约束、信息披露等在内的排污权抵押贷款机制，确定贷前调查、贷时审查、贷后检查的要点和操作流程，重点将排污企业环保信息和排污权相关信息作为信贷审批的重要内容，并实行环保一票否决制。

➢ 贷前：要充分意识到道德风险和逆向选择问题的存在可能性，重点要对借款人（有排污权的排污企业）的资信和贷款项目进行贷前检查和审批工作。排污权抵押贷款必须以获得的排污权作为抵押进行贷款，其须持有环保部门依法核发的《排污权证》等。它作为绿色信贷的一个重要组成，其不同于一般贷款的最大特征是要充分考虑借款人的排污权等相关环保记录。在进行贷款审查时，除按照一般公司贷款要求对借款人履行尽职调查外，还须通过查看征信系统、咨询环保部门、实地调查企业等方式，重点调查借款人的污染物排放、污染物处理设施运行、排污权有偿使用费缴纳、环境违法信息等情况。例如，借款人在前一年的污染物排放量超过《排污权证》规定的排放指标、近三年内曾造成重大特大环境污染事故或事件，或近一年内曾发生偷排、超标排放等环境违法事件等，均不能申请排污权抵押贷款业务。同时，对于借款人的贷款项目也必须进行严格的审核。该项目首先必须符合国家产业、土地、环保等相关政策；其次要重点对项目的用途进行严格的审查，其主要用于企业减少污染物排放的技术改造和日常生产及经营活动等，尤其要监控是否有用于购买股票、期货等有价证券和从事股本权益性投资等的可能性，对其作出风险评估。此外，贷前调查，也要对拟抵押排污权的持有主体、有效期限、是否已抵押等信息进行规范性检查。

- 贷中：要严格按照贷款程序，进行资格审查和流程管理。重点对排污权价值进行合理的评估；对借款人的排污权抵押贷款申请书、排污权证等进行严格检查；确保环境污染责任险的办理，以分散风险。同时，要对抵押登记过程进行谨慎性监管。根据属地管理原则，由环保部门指定的排污权登记机构进行排污权抵押登记。排污权登记机构要做好审核登记工作，为银行排污权抵押贷款的实行提供良好的条件：重点要检查文件资料是否齐备、真实有效，抵押物是否重复登记等信息，并通过建立和完善排污权抵押登记管理信息系统，实现排污权这一抵押物的信息对称性。在排污权抵押期间，借款人未经贷款人同意，不得以任何形式处置被抵押的排污权。此外，也要特别注意排污权抵押的变动登记、续期登记、注销登记等特殊情况下的操作规范性。环保部门要按照有关规定做好排污权抵押贷款的抵押登记和信息查询工作，加强对借款人排污指标的监管。通过严格监管，减少操作性风险与信用风险，实现排污权抵押贷款的审慎监管。
- 贷后：要实时监控借款人贷后资金用途，关注借款人的经营状况、污染物排放情况和排污权有偿使用费缴纳情况，及时了解影响抵押排污权价值的市场因素和政策因素，持续评估抵押排污权价值，采取有效措施防范和控制信贷风险。若借款合同约定的还款期限届满，借款人到期未履行还款义务或者发生当事人约定的实现抵押权的情形，贷款人可以依法处置抵押的排污权。排污权交易资金由贷款人优先受偿后，有剩余金额的，退交借款人；不足以偿还借款本息的，贷款人对不足部分金额有权向借款人追偿。抵押排污权的处置方式包括：通过排污权交易向符合要求的第三方转让；符合政府回购条件的，可申请政府回购储备等。在这一处置过程中，重点要监督检查借款人（排污企业）的排污权价值，防范可能的信息隐藏、寻租等问题的出现。

（3）强化风险管控。排污权抵押贷款的风险管控包括排污权相关的环境风险管理和排污权抵押贷款作为贷款本身的风险管理等两个方面。

所谓环境风险，是指银行业金融机构的借款者及其重要关联方在建设、生产、经营活动中可能给环境带来的危害及相关风险，包括与耗能、污染、生态保护、气候变化等有关的环境问题。环境风险管理已经成为环境金融的一个重要内容，在排污权抵押贷款的监管中具有重要的意义。银行业金融机构应当有效识别、计量、监测、控制排污权抵押贷款业务活动中的环境风险，建立环境风险管理体系（陈伟光、卢丽红，2011），完善相关排污权抵押贷款风险管理相关的政策制度和流程管理。

就政策制度角度而言，银行应当制定针对借款者（排污企业）的环境风险评估标准，对借款者的环境风险进行动态评估与分类，并将相关结果作为抵押贷款审批的重要依据；应对可能存在重大环境风险的借款者进行重点关注，要求其采取风险缓释措施，包括制定并落实重大风险应对预案，建立充分、有效的利益相关方沟通机制，寻求第三方分担环境风险等。同时，为提高风险管理水平，应在贷款定价、经济资本分配等方面采取差别化的风险管理措施。

就流程管理角度而言，在贷前，要防止道德风险，对拟授信借款者进行严格的合规审查，确保排污企业提交的文件和相关手续的合规性、有效性和完整性；加强对抵押贷款资金的拨付管理，将借款者的环境风险的管理状况作为决定排污权抵押贷款资金拨付的重要依据。在贷中，要加强授信审批管理。根据借款者面临的环境风险的性质和严重程度，确定合理的授信权限和审批流程。对涉及重大环境风险的借款者，在合同中应当要求借款者提交环境风险报告，订立加强环境风险管理的声明和保证条款，设定借款者接受贷款人监督等承诺条款，以及借款者在管理环境风险方面违约时银行业金融机构的救济条款。在贷后，要进行实时监控。对有潜在重大环境和社会风险的借款者，制定并实行有针对性的贷后管理措施；密切关注借款者的经营状况，加强动态分析，建立健全借款者重大环境风险的内部报告制度和责任追究制度。在借款者发生重大环境和社会风险事件时，应当及时采取相关的风险处置措施，并就该事件可能对银行业金融机构造成的影响向监管机构报告。

就排污权抵押贷款作为贷款本身而言，加强对排污权抵押贷款的风险监控、尤其是其伴随的信用风险和市场风险。目前，排污权抵押贷款面临的信用风险是最主要的风险。一方面，排污权抵押贷款的风险监控可以参考传统信用风险的管理手段；另一方面，也要充分认识到排污权抵押贷款本身的特殊性，尤其是需要在贷前全面地对排污权抵押贷款申请者进行潜在风险的评估，包括排污权价值评估、企业的信用评分值、减排项目的财务状况、企业破产后政府回购收储时的价值计算方式（即“恢复率的考虑”）等，从而较好地应对可能存在的违约风险。

就其市场风险的防控而言，主要是要动态监测排污权市场价值的变化，防止因为市场价格的波动带来抵押资产的价值缩水，从而影响银行抵押品——排污权的价值评估。在此基础上，要采取适当的行为，如设定一定的风险承担阈值，当排污权价值贬值至一定的范围时，需要调整企业的贷款额度，以防止市场风险。当然，从目前情况看，由于排污权本身的价值不断上升，因此，该类风险的存在可能性较小，然而，随着排污权交易二级市场的发展和繁荣，该类市场风险将势必存在，在一定程度上，可能会超过信用风险，这时就更加迫切需要政府加强该类风险的监管。

当然，排污权抵押贷款的监管，不仅涉及银行的风险管理，同时，也涉及政府对银行相关风险管理行为的监管。因此，政府需要对银行的风险管理行为“合规”性进行检查，防止银行和企业行为的“合谋”，规范银行排污权抵押贷款的风险管理流程和操作，监督银行排污权抵押贷款朝有效的风险管理方向发展。

（4）加大对违规行为的处罚。环保部门、银行等要提高对相关企业的信息披露要求，加大对违规行为的惩处。良好的信息披露制度将有助于信息不对称程度的降低，有效实现对违规企业的相关处罚，从而更好地实现排污权抵押贷款的目的。一方面，银行要充分利用浙江银监局“金融机构互动信息平台”的相关环保信息，作为排污权抵押贷款授信审查前的必查项目，对于授信借款者存在环境违法事件的，必须做到及时有序退出。例如，因违法行为未完成整改、未通过环评审批和验收等不符合排污权抵押贷款政策的，将会被银行机构否决授信。另一方面，银行也要充分披露排污权抵押贷款的发展情况相关信息，对涉及重大环境风险影响的授信情况，应当依据法律法规披露相关信息，接受市场和利益相关方的监督。在必要时，可以聘请合格、独立的第三方，对银行履行环境责任的活动进行评估或审计，从而更好地促进排污权抵押贷款的顺利进行。

10.2 排污权租赁的监管机制建设

10.2.1 排污权租赁的发展现状分析

所谓排污权租赁，是指排放者将额定的多余排放权“租”给额定排放不够用的企业。由于对企业来讲，每年的排污总量是有一定限制的。那么，当年度排污总量提前用完之后，企业便会陷入停产的境地。为了在控制企业排污总量的基础上，既盘活排污指标，又缓解环境容量对企业发展的制约，嘉兴平湖市进行了积极的创新，2010 年开拓了企业之间点对点的排污权租赁方式。

目前，平湖市通过排污权分配量核定企业共有 137 家，其中涉及 COD 排放指标的企业有 82 家。自 2010 年 6 月以来，环保部门根据核定量，每月对企业进行实时监控，对超总量排污企业实施限期治理，要求减产限产，并给予相应的行政处罚。然而，平湖市的造纸、印染、电镀等行业的企业，大多为订单加工式企业，产量受订单影响较大，经常会出现企业所购买的年度排污指标有多余或不足的现象，一些企业因为订单增多而面临排放指标不够，而一些企业则因为订单减少或节能减排而产生排放指标富余。

在这样的情况下，平湖市环保局在 2010 年下发文件，就开展排污指标租赁的目的意义、适用范围、租赁原则、租赁程序等进行了详细规定。该文件的出台，不仅使平湖市“COD 排放指标租赁市场”孕育而生，同时也为众多排污企业开出了控污“良方”。自 2010 年以来，平湖市共完成排污权租赁 18 笔，交易金额 38.5 万元。其中，2010 年，共开展企业间的租赁业务 7 起，涉及企业 16 家，产生租金 18.56 万元；2012 年，6 家企业参与了排污权租赁，实际完成租赁交易 3 笔，租赁金额 3.5 万余元。

排污权租赁的产生，不仅可以解决部分企业的燃眉之急，也能有效地防止偷排漏排现象的发生。同时，对于拥有富余指标的企业来讲，也能在产量降低或节能减排中获得一笔额外收益。因此，排污权的租赁是对排污权有偿使用和交易行为的进一步拓展和延伸，旨在以“有余”补“不足”，既解决了企业短期需求，又为企业发展提供了有力保障。

10.2.2 排污权租赁存在的问题分析

排污权租赁自 2010 年开展以来，取得了一定的成效，不仅有利于树立“环境容量有效、排污指标无效”的观念，增强环境保护意识；而且有利于建立环保投入回报机制，促进产品结构调整，提高治污的积极性。然而，截至目前，排污权租赁业务仍然主要在平湖市实施，而其他地区还较少实行。一方面是由于排污权租赁业务是一个新兴事物，接受与发展需要一定的时间和条件；另一方面也是存在排污权租赁业务还存在着一些不完善的地方，具体如下：

（1）排污权租赁的法律法规建设仍需加强。目前，仅平湖市环保局下发了《关于开展 COD 排放指标租赁的意见（试行）》这一文件，因此，针对排污权租赁业务的法律法规仍需加强与完善，尤其就开展排放指标租赁的目的意义、适用范围、租赁原则、租赁程序等具体细节需要明确规定，从而更好地规范市场的发展。

（2）排污权租赁业务存在一定的市场失灵现象。目前，排污权租赁是企业之间点对点进行的。“按什么价格、租多长时间”等主要是都由参与租赁的双方协商决定，体现的是“市场原则”。但该市场原则有时会“失灵”，如价格形成机制有偏颇、可能会存在一定的价格操纵等现象。这时需要政府加以适当的监管，从而解决排污权租赁的价格形成机制等问题。此外，由于信息不对称问题的存在，排污权租赁潜在企业对于排污权租赁的供给信息往往并不充分，并可能存在一定的道德风险。因此，政府一方面需要提前公布有排污权租赁意向企业的相关信息，另一方面也要对排污权租赁开展后的实时情况进行网上公布，从而为承租双方及时了解供需信息，更好地促进排污权租赁市场发展提供一定的保障。

（3）政府监管作用仍需要进一步发挥。如上所述，排污权租赁“市场原则”的失灵，不仅会出现在价格机制方面，同时也会出现在“交易标的、交易方式、信息披露”等多方面，通过“单方违法”或“双方合谋”，从而导致“不同行业、不同企业间的租赁”、租赁指标年限超限，多重排污、交叠排污等，从而威胁到总量控制的目标。因此，在这一过程中，急切需要政府部门发挥监管者的作用，明确排污权租赁的责任主体，在此基础上，通过信息披露、技术监管手段等，既要保证租赁市场的公正公平，又要解决环保行政许可的长期性与租赁的短期性的矛盾，以避免总量控制存在风险、项目中止、环境违法等问题。

10.2.3 加强浙江省排污权租赁的监管

开展短期排污权出租业务有其存在的理由。由于国家实行区域主要污染物排放总量控制，这就带来了区域环境目标总量的利用问题。①由于生产状况的差异，一些企业当年度的主要污染物排放指标得不到有效合理的利用，而另一些企业则又不够用，面临减产和停产的危险。这两者之间可以通过排污权交易中心开展临时租用主要污染物排污权业务进行调剂。②新进入市场的企业在排污权交易中心购买了排污权之后，由于该项目尚在建设过程中，并不排放污染物，因此，企业所购排污权处于闲置状态，而这些闲置排污权是可以拿到交易中心平台进行出租的。这可使区域有限的环境资源利用达到最大化，同时，也使因没有排污权而面临减产或停产的企业摆脱困境，而出租排污权的企业得到相应的收益。因此，排污权租赁既能解决企业的短期需求，又能盘活排污指标，使闲置的资源产生效益。

基于上述分析，排污权租赁必须建立在“同行、同年”基础上，遵循市场定价原则而展开。这也是排污权租赁监管的重要内容。遵循依法、公开、公正、效率的原则，政府部门必须对排污权租赁市场中存在的“市场失灵”现象进行适度的监管，从而保证排污权租赁业务的良性发展。

（1）制度保障，明确责任主体。排污权指标租赁的一个必要前提是在严格控制全市排污总量，在此基础上，可结合减排管理过程中出现的一些实际情况，适度、灵活开展排污指标租赁工作。因此，立法先行，要对排污权租赁的适用范围、租赁原则、租赁程序、监督管理等作出制度性规定。2010 年，平湖市环保局下发了《关于开展 COD 排放指标租赁的意见（试行）》文件，就开展排放指标租赁的目的意义、适用范围、租赁原则、租赁程序等进行了规定，为其他地区开展排污权租赁提供了一定的借鉴；但仍然需要在一些重要问题以及相关细节方面进行法律法规的完善，如排污权租赁的责任主体方的确认。从理论上而言，排污权租赁的责任方包括“出租方和承租方”。因为出租方必须对其租赁的排污权真实性等负责，而承租方必须在排污权的期限、用途等规范内严格进行排污。在实际案例中，既有出租方“打法律擦边球”。将即将到期的排污权租赁给承租方而引起的纠纷，也有承租方私自删改排污权的使用用途等而扩大排污量等引起的问题，同时，也存在双方合谋出现的多重排污、交叠排污等现象。因此，对于排污权租赁的责任主体必须根据具体的情况进行分别处理，以相关法律、规章形式明确双方的责任义务。如果出现合谋等责任不清情况，则应以承租方承担主要责任为主的原则进行处理。因为一方面对于出租方责任过错的检测相对比较简单，另一方面强化承租方的责任也有利于更好地从企业排污行为上执行排污总量的控制目标，更好地促进排污权租赁市场的有序发展。

（2）尊重市场，严防价格操纵。排污权租赁是在遵循严格控制排污总量基础上主要由企业之间点对点进行的，所以可根据市场定价原则，双方协商决定价格、租赁时间等合约要素，从而实现环境资源的市场化配置目标。排污权租赁正是在排污权交易这个大的制度框架下进行的创新，真正对企业形成约束和激励机制，实现了排污权环境资源的市场化配置。因此，在排污权租赁监管过程中，要尊重市场定价规则，严格监督价格操纵行为。

（3）通报预警，严格控制总量。在排污权租赁业务中，政府（环保部门）作为出租人，借助期限性租赁契约调整排污权这一环境资源的使用情况，并以所有权人和民众代表的双重身份对承租人的使用情况进行监控管理（李艳丽、李利军，2010）。例如，平湖市通过排污权分配量核定企业共有137家，其中涉及COD排放指标的企业有82家。自2010年6月以来，环保部门根据核定量，结合月度水量通报制度，每月对企业进行实时监控和总量控制，若发现企业废水排放已达到预警状态，且企业也未向环保部门提供租赁备案的，环保部门可通过短信或者电话形式及时提醒企业主及时办理租赁手续；对超总量排污企业，则严格实施限期治理，要求减产限产，并给予相应的行政处罚。通过对企业排污流量进行实时的监控和相关的预警机制，使排污权租赁的发展空间仍处于总量控制范围内，较好地促进排污权租赁业务的发展。同时，为了确保排污权租赁市场的公正、公平，租赁必须在同行业企业之间进行，租赁指标也仅限于在本年度内使用。这一点是排污权租赁监管的重点监控内容，通过信息披露和相应的技术手段，防止部分企业多重排污或交叠排污。

（4）发布信息，扩宽业务边界。为切实推进排污权指标租赁制度的有效实行，方便企业及时了解企业间供需要求，环保部门需认真做好信息服务工作。对于提供申请表要求拟出租或拟承租排污权的企业，经环保部门核实后，均予以网上公布，为承租双方及时了解真实的供需关系、服务企业、拓宽市场等提供更大的平台，从而尽可能地优化排污权租赁的可能空间，拓展最优边界。

（5）全程监控，强化信息披露。在排污权租赁的监管中，要以信息披露为重点开展监管，在排污权租赁的信息发布、真实性审核、租赁实效性、租赁定价等方面都要体现强制信息披露的要求。从长远看，监管部门可借鉴美国的经验，做好信息披露方面的监管，对租赁前、租赁中、租赁后的信息披露都应作详细的规定。而中介机构（或平台）应制定严格的服务机构信息披露标准，针对特定服务内容规定相应的内容、格式和报告方式，要及时披露预期的进展和可能的风险，建立起排污权租赁信息披露的监管模式。

10.3 排污权公开拍卖的监管机制建设

10.3.1 排污权公开拍卖的发展现状分析

除了排污权抵押贷款、排污权指标租赁业务外，嘉兴市还推出了排污权公开拍卖这一创新性环境金融业务。实际上，排污权作为一种稀缺性资源，从发展趋势看，体现价值规律，由供需关系决定价格，排污权拍卖正是充分体现排污权价格的一个有效途径。作为一种重要的产权交易，排污权公开拍卖成为环境金融中一个重要的创新业务。

2011 年嘉兴市南湖区将部分公共资源和排污企业削减指标进行公开竞拍，通过竞拍，成交价远远高出了排污权交易的指导价，COD 最高价按每吨计算达到了 36 万元，较最初价格大幅增长 350%，实现了市场定价的原则。截至 2011 年 12 月，南湖区共进行 7 次公开拍卖，实行拍卖企业 44 家，成交金额 736.8 万元。

在排污权公开拍卖传统模式基础上，2012 年，南湖区按照“政府联合监管、统一网络平台、企业集中进场、标的公开交易、全程接受监督”的运作模式，在全国率先探索推出排污权网络电子拍卖机制。截至 2012 年年初，已成功拍卖 COD 6.907 t，成交金额达 107.6 万元；全区参与排污权交易企业已达 940 余家次，交易金额达到 8 800 万元。自排污权交易制度运行以来，共举行过 7 次现场拍卖会，其中一家企业以每吨 25 万元的价格购买了 COD 指标，创下了交易单价的历史新高。

排污权公开拍卖的实施，大力推动了排污权交易的市场化，充分体现了排污权作为稀缺性资源的价值含量，为今后调整排污权交易指导价提供了依据。而排污权网络电子拍卖，则在传统公开拍卖基础上，进一步降低了参与成本及交易风险，提升了企业实施排污权交易的积极性。凭借着受众面广、快捷高效、程序简便等优势，网络电子拍卖极大地节省了行政机关运行成本和竞买企业的拍卖成本，方便了竞买企业的参与，全面提高了办事效能。同时，它降低了信息收集和处理的难度，提升了政府优化环境资源配置的水平。排污权网络电子拍卖机制成为排污权交易管理平台建设中的新载体，成功实现了电子信息化时代排污权信息资源的共享，有利于环保部门及时掌握交易动态，科学分析交易形势，全面掌握排污权市场的供求状况，从而促进环境资源的优化配置；此外，通过将排污权拍卖的全过程向社会实时公开，在有效避免现场人工拍卖中容易产生的竞买者串通炒作等问题的同时，更进一步保障了社会公众的知情权、参与权和监督权，有利于进一步实现政务公开和信息公开；并且借助互联网的广泛辐射作用，加深了社会公众对排污权制度的了解，使拍卖平台成为宣传环境资源有偿使用理念的新阵地。因此，排污权公开拍卖，尤其排污权网络电子拍卖具有重要的意义。

总之，采用拍卖方式进行排污权交易具有诸多优势：①能提高环境管理部门的财政收入，并将这些收入用于环境治理；②可减少扭曲性税收，降低无谓损失，提高社会福利；③能激励企业技术创新，提高技术水平；④能减少免费分配所产生的各利益集团之间的争执，从而体现公平、公正的原则。

10.3.2　排污权公开拍卖存在的问题分析

作为排污权交易的创新方式，排污权公开拍卖取得了较好的效果。嘉兴市南湖区自排污权交易制度运行以来共举行过 7 次现场拍卖会，其中一家企业以每吨 25 万元的价格购买了 COD 指标，创下了交易单价的历史新高。然而，传统的（人工）排污权公开拍卖方式，在实践中存在着一定的问题。既包括人为因素造成的非法操纵排污权拍卖价格、信息提前透露、串通炒作等问题，也包括由于法律制度和市场环境不完善造成的具体拍卖方式值得商榷、拍卖效率有待提高、受益面需要扩大等问题。

对实践中人工拍卖存在的不足和缺陷，南湖区经反复调研遴选，确定了中国拍卖行业协会网络电子拍卖平台，作为全区实施排污权网络电子拍卖的指定平台，从而加快排污权市场资源优化机制的建立，提高企业参与交易的积极性。这一平台通过公告发布、拍卖师主持、网络竞价等程序运行，并具备政府监管、信誉评价等功能，确保实现拍卖过程的全面公开透明，有利于接受社会各界的监督。

然而，由于目前我国还没有专门的一部法律对网络拍卖作出明文规定，使排污权网络电子拍卖模式“无法可依”。尽管南湖区环保局曾制定了《南湖区排污权网络电子拍卖规则和须知》，形成了《排污权网络电子拍卖委托合同》格式文本，出台了相应的应急预案；但是，该规则和须知的法律地位还有待于提高，许多细节性问题仍然需要深入探讨，排污权网络电子拍卖模式的法律基础亟待务实，从而保证排污权网络电子拍卖的合法有效。

在此基础上，鉴于网络电子拍卖可能存在的网络阻塞、时钟误差、黑客攻击、系统反应等因素影响，排污权网络电子拍卖存在着一定的技术漏洞，一旦该网络性问题发生，将会对排污权网络电子拍卖系统带来深重的"灾难"，影响排污权公开拍卖制度的进行。因此，排污权网络技术和相关系统的建设，将成为排污权网络电子拍卖的重要技术基础。

同时，对于排污权网络电子拍卖的过程监管仍有待加强。目前，南湖区采用的是对当期的排污权指标拍卖数量进行确定并形成拆分方案，采取了有底价的增价拍卖方式进行交易，交易平台将自动保存竞价全过程。因此，该过程主要依赖于网络技术。在这一过程中，监管的地位和作用还没有明确，如何更好地监督网络电子拍卖全过程、将成交相关信息进行监控、又由谁来作为监管方实施全程的严格监督等问题，需要深入研究。此外，在排污权网络电子拍卖过程中，仍然存在着一定的"寻租"现象、"不正当竞争""执法人员徇私舞弊"等问题。对于这些问题，急切需要加强监管，从而确保竞价过程有序、平稳进行。

10.3.3 加强我省排污权公开拍卖的监管

针对排污权公开拍卖存在的问题，需要加强对排污权公开拍卖的监管，遵循"立法先行、完善规则、加强监管"的监管原则，更好地促进浙江省排污权公开拍卖市场的发展。

（1）完善排污前拍卖相关法律制度。由于目前我国还没有专门的一部法律对网络拍卖作出明文规定，更鉴于网络电子拍卖可能存在的网络阻塞、时钟误差、黑客攻击、系统反应等因素影响。为保证排污权网络电子拍卖的合法有效，本着立法先行的原则，总结已有的试点经验，尽快出台符合我省省情的相关法律，为排污权公开拍卖交易制度的实施提供法律保障，通过立法来进一步明确排污权买卖的统一法规，并对排污权公开拍卖的机制设计、调查和监管等作出明确规定。为保证排污权公开拍卖、尤其是排污权网络电子拍卖的合法有效性，需要制定出相关的排污权公开拍卖（网络电子拍卖）程序和要求，规范形成排污权公开拍卖（网络电子拍卖）合同的格式文本，出台相应的应急预案，从而确保排污权公开拍卖（网络电子拍卖）模式有法可依。

（2）建立健全排污权拍卖市场。在排污权公开拍卖过程中，完善的拍卖市场是必不可少的，因此，必须建立健全拍卖市场规则，使得排污权拍卖在政府的监管下，通过市场经济行为完成交易，提高效率。

➢ 要搭建一个具有权威性的拍卖平台。例如，嘉兴市选择将中国拍卖行业协会网络电子拍卖平台作为实施排污权网络电子拍卖的指定平台。该平台通过公告发布、拍卖师主持、网络竞价等程序运行，并具备政府监管、信誉评价等功能，能够较好地确保排污权交易网上拍卖的公开透明、有效便捷。当然，在这平台构建中，环保部门要切实加强过程的监管以及日常的审慎性监管。

- 要设计一组具有实用性的拍卖流程，并对此进行严格监管。例如，南湖区排污权交易中心委托专业拍卖机构进行摸底调查，对当期的排污权指标拍卖数量进行确定并形成拆分方案。拍卖人于拍卖会前7天在当地主要媒体和指定平台上发布拍卖公告，区排污权交易中心对申报的竞买企业进行严格资格审查，做好报名和标的物展示咨询工作；竞买人办理网络竞买登记并缴纳信用保证金后，根据分配所得的网络竞买账号进入指定的电子拍卖大厅，在倒计时结束后可正式进行拍卖①。在这一过程中，要加强对竞价过程的监控，保证程序公正性、存档规范性，以确保竞价过程顺利进行。

（3）要加强监督管理。政府要做好监督管理工作，规范排污权公开拍卖的操作。环保部门要强化对拍卖过程的全程式监管，对排污权公开拍卖的交易规则、交易程序、交易方式等进行明确的监督。同时，要加强对“不正当行为”的监督管理，杜绝有关管理部门以及部分企业的“寻租”行为，对非法操纵排污权拍卖价格、限制竞争行为，以及环保行政部门工作人员在排污权公开拍卖监督管理过程中徇私舞弊、滥用职权、玩忽职守等行为加大处罚力度。通过监督管理，以确保排污权公开拍卖的合法性和公平性，形成高效的市场机制，提高排污权拍卖的效率，实现排污权交易的可持续发展。

参考文献

[1] 肖序，张彩平. 环境金融：一门新兴的学科[J]. 统计与决策，2009（21）.

[2] 鄢斌. 排污权资产证券化及其制度构建探析[J]. 环境经济，2010（11）.

[3] 陈伟光，卢丽红. 中国商业银行绿色信贷外部障碍与环境风险管理框架的构建[J]. 广东金融学院学报，2011（3）.

[4] 李艳丽，李利军. 环境生产要素的租赁化管理分析[J]. 河北师范大学学报（哲学社会科学版），2010（2）.

① 资料来源：http://www.sepb.gov.cn/fa/cms/shhj//shhj5082/shhj2254/2012/07/73779.htm。

第 11 章　排污权市场环境执法监管机制建设

环境执法监管是排污权有偿使用和交易的制度性监管机制，也是一个保障性监管机制。排污权交易的环境执法监管是一个多方参与的过程，环境执法的效果既取决于执法主体执法能力的提高，也需依靠执法对象的积极配合，同时还需要社会公众的积极监督。鉴于此，应在完善排污权交易相关法律规范的基础上，围绕排污权交易环境行政执法主体、执法对象以及社会公众 3 个方面来完善排污权交易环境执法监管机制。

11.1　排污权市场环境执法的基础理论

11.1.1　排污权市场环境执法的内涵及特征

环境执法是国家执法活动的一个组成部分，它是指有关国家机关按照法定权限和程序将环境法律规范中抽象的权利义务变成环境法主体的具体权利义务的过程，或者说是国家有关机关将环境法规范适用于环境法主体的过程（解振华，1997）。环境执法按照执法机关的不同，可以分为环境行政执法和环境司法执法。环境行政执法即环境行政机关的执法。环境行政执法包括一般性的环境行政执法和准司法性的环境行政执法两个方面。一般性的环境行政执法是指依法进行环境监督管理的行政行为，准司法性的环境行政法特指依法解决环境纠纷的行政调解、环境行政仲裁、环境行政裁决和环境行政复议等行政行为。一般性环境行政执法按执法机关的不同可分为环境保护行政主管部门的执法和环境保护行政相关部门的执法。一般性环境行政执法按照执法效力是否具备强制性，又可分为强制性环境行政执法和非强制性环境行政执法。[①] 根据上述定义，可将排污权交易环境执法定义为：环境保护行政主管部门按照法定权限和程序将排污权交易法律规范中抽象的权利义务变成排污权交易主体的具体权利义务的活动，包括强制性的环

① 本节主要讨论的是环境保护行政主管部门的执法，包括强制性执法和非强制性执法。

境执法活动和非强制性的环境执法活动。

排污权交易环境执法具有下列特征：

（1）排污权交易环境行政执法的超前性。根据环境法的预防原则，环境行政执法不能等到污染事故发生后再执行，而要在污染事故发生之前的日常生产中采取积极的手段对排污者进行监督。一旦环境遭到污染和破坏，想要消除和恢复，往往是不可能的，或者即使是消除了对环境的损害，往往要耗费巨额资金和大量的人力资源，造成社会资源的耗损。因此，环境行政执法应当具有一定的超前性，而足以阻止污染和破坏环境。例如，在排污权交易实施后，交易双方需严格按照变更后的排污许可证进行排污，而环境保护主管机关应对排污者的污染物排放实施监测，发现排污者超标、超量的排污行为，应立即采取相应措施制止排污者的违法排污行为，防治污染的发生。

（2）排污权交易环境行政执法的专业性。环境法具有不同于其他部门法的突出特征，即较多地运用科学技术手段和技术规范来调整人与自然、人与人的关系。这就决定了环境行政执法不同于其他行政执法，具有十分强的专业性。排污权交易是一个复杂的过程，需要进行排污总量的核定、排污指标的分配、排污情况的监测等。这些过程需要依赖环境科学技术和设备，否则环境行政执法人员就难以发现和认定环境违法行为，也难以正确地理解和运用环境法律规范。排污权交易环境执法的专业性对环境行政执法能力提出了较高的要求，不仅要求环境执法人员熟悉、掌握排污权交易法律规范的相关内容，还要求环境执法人员具有一定的环境科学技术知识。此外，还需要先进的环境执法装备和监控设施。

（3）排污权交易环境执法手段的多样性。环境行政执法手段的多样性指环境行政部门在具体执行法律的行为过程中采用多种方式来实现环境执法的目标。这是由环境违法行为的多样性所决定的。排污权交易环境执法手段的多样性既包括强制性的环境执法手段，也包括非强制性的环境执法手段。强制性的环境行政执法手段既包括以说服教育性质为主的申诫罚，又包括经济制裁性质的财产罚和能力罚，对严重的行政违法行为甚至可以处以人身罚。非强制性的环境执法包括环境行政指导、环境行政协议以及环境行政奖励等。

11.1.2　排污权市场环境行政执法的方式

排污权交易环境行政执法方式是指环境行政执法机关依法贯彻执行排污权交易法律规范，针对排污权交易主体所采取的各种方法、手段和措施。环境行政执法具体采取什么样的执法方式，是由排污权环境执法的内容决定的，并为履行环境执法内容服务。

排污权环境执法分为强制性的排污权环境执法和非强制性的排污权环境执法。强制性的环境执法方式包括环境行政处理、环境行政处罚、环境行政许可、环境行政执行、环境行政监督检查等；非强制性的环境执法方式包括环境行政指导、环境行政协议和环境行政奖励等。

11.1.2.1 强制性环境执法方式

（1）环境行政处理。排污权交易行政处理是指环境行政执法主管机关依法针对特定的排污权交易主体所作出的具体的、单方面的、能直接发生行政法律关系的决定。环境行政处理是环境行政执法的重要方式之一，同时也是一个重要步骤。在作出环境行政处理决定后，常常需要对排污者执行该决定的情况进行监督检查（某些情况下，是先监督检查，再做出行政处理决定），对不执行决定的相对人视情况可作出行政处罚。排污权交易环境行政处理包括限期治理的决定、限产、停产的决定等。例如，《杭州市主要污染物排放权交易管理办法》第二十三条规定：环保行政主管部门跟踪各排污单位的指标执行情况，对排放污染物超过规定的排放总量指标的，环保行政主管部门应当责令排污单位采取限产、停产等措施实施限期治理。这里对排污权交易后不按排污许可证规定的排污指标进行违法排污的，给予限期治理和限产、停产的行政处理决定。

（2）环境行政处罚。排污权交易行政处罚是指环境行政执法主管机关依照法定职权和程序对实施了违反排污权交易法律规范的排污权交易主体实施的一种行政制裁。环境行政处罚是环境行政执法中最常用的一种执法方式，同时又是一种环境行政法律责任形式。我国行政处罚一般分为 4 种：申诫罚、财产罚、能力罚和人身罚。在环境法中，有明确规定的申诫罚只有警告一种。财产罚是对违反排污权交易法律规范的排污者的财产利益加以剥夺的制裁方式，包括罚款、没收、责令支付费用等。能力罚是依法剥夺违法相对人的某种法定资格，如吊销排污许可证。人身罚又称为自由罚，在环境法中，自由罚的形式只有行政拘留一种（周珂，2008）。目前，在排污权交易环境行政执法中运用得较多的是财产罚和能力罚。例如，《浙江省排污许可证管理暂行办法》第二十五条规定，排污单位未按照排污许可证的规定排放污染物的，由环境保护行政主管部门责令限期改正，并依照有关法律、法规的规定予以处罚。第二十六条规定，排污单位未按照规定办理排污许可证变更手续的，由环境保护行政主管部门责令限期改正；逾期不改正的，处 2 000 元以上 1 万元以下的罚款。

（3）环境行政监督检查。排污权交易行政监督检查是指环境行政执法机关为实现排污权交易的监管职能，对排污权人是否遵守排污权交易法律规范、是否执行环境行政处理决定或环境行政处罚决定所进行的监督检查。排污权交易环境行政监督检查依监督检查所处的时间阶段不同可分为事先监督检查、事中监督检查和事后监督检查；依监督检查目的的不同可分为环境守法监督检查与环境执行监督检查；依监督检查的方法不同可分为实地监督检查（现场检查与执法性的环境监测是排污权交易环境行政执法中两种常用的实地环境监督检查方式）与全面环境监督检查。环境行政监督检查在排污权交易环境行政执法中具有极其重要的地位，贯穿排污权交易的始终，从总量核定、排污许可证的发放到排污权交易后的排污监管，都离不开行政监督检查。例如，《浙江省排污许可证管理暂行办法》第十八条规定，环境保护行政主管部门应当通过自动监测监控、现场检查、书面核查等方式，加强对排污单位排污许可证许可事项执行情况的监督检查，记录监督检查情况和处理情况，建立排污许可证管理档案。《杭州市污染物排放许可管理条例》第二十五条规定，环境保护行政主管部门根据污染物排放申报、实际排放等情况对污染物排放许可证实施定期检查，定期检查情况载入污染物排放许可证副本，并记入污染物排放许可证管理档案。第二十六条规定，环境保护行政主管部门应当通过书面核查、现场检查及自动监控等方式，加强对排污者污染物排放情况的监督检查，并记录监督检查情况和处理结果，并向社会公布检查结果。《杭州市主要污染物排放权交易管理办法》第二十六条规定，环境监察机构要加强对排污单位的现场监督检查，环境监测机构要按规定对排污单位进行监督监测，并将监督检查和监督监测情况输入主要污染物排放权交易管理系统。

（4）环境行政强制执行。排污权交易行政强制执行是指环境行政执法机关依法对不履行排污权交易法律规范直接规定的义务或环境行政主管机关依法规定义务的排污权主体，采取必要的强制措施，强迫其履行义务或达到与履行义务相同的状态的行政执法行为。我国的环境行政强制执行措施包括强制划拨、强行扣缴、强行拆除、强行检查、强行停产、强制关闭等形式。应注意的是，环境行政强制执行的对象只能是财产和行为，不存在人身强制的问题（周珂，2008）。目前，我国的环境行政强制执行措施是由环境行政执法机关向人民法院申请执行。这种将环境行政强制执行权赋予人民法院的做法不利于环境保护的目的。

11.1.2.2 非强制性环境执法方式

非强制行政行为是指行政主体在其法定职权范围内，为实施特定行政目的，依据法律规则或法律原则、精神、国家政策，适时灵活地采用计划、指导、奖励、合同等非强制行为方式，并施以利益诱导，促使行政相对人为或不为某种行为的行政行为（牛凯，2002）。排污权交易非强制性执法是指排污权交易环境主管机关采用指导、奖励、合同等非强制性执法方式诱导、促使排污权交易主体主动履行排污权交易义务的一种执法方式。主要包括：

（1）环境行政指导。排污权交易环境行政指导是指排污权交易行政主管机关在其职权和所管辖事务范围内，通过制定诱导性法规、政策、计划、纲要等规范性文件以及采用具体的示范、建议、劝告、鼓励、提倡、限制等非强制性方式并辅之以诱导，促使排污权交易主体自愿作出或不作出某种行为，从而实现排污权交易目标的一类权力性行政行为。目前，排污权交易还处于试点阶段，许多排污企业对排污权交易制度的认识不够，参与排污权交易的积极性不高。在这样的情况下，环境行政主管机关应当进一步加大宣传力度，加强政策引导，推行优惠政策，让排污企业明确政策的效益，充分调动企业购买排污权的积极性和自觉性。

（2）环境行政合同。排污权交易环境行政合同是指排污权交易行政主管机关与排污权交易主体签订的环境保护和治理协定，是排污权交易行政主管机关为实现特定的环境保护目标和行政管理职能，根据环境法和其他相关政府组织法的规定，在自己的职权和自由裁量权范围内，与排污权交易主体在平等协商的前提下就双方的权利（力）、义务及相应法律后果达成一致协议的一种环境执法行为。在排污权交易的监管方面，环保部门可利用环境行政合同与排污权交易主体就污染源限期治理、削减污染物排放量以及排污权交易后的污染控制等达成协议，明确双方的权利义务。

（3）环境行政奖励。排污权交易行政奖励是指排污权交易行政主管机关依照法定条件和程序，对在排污权交易过程中实现减排目标、排污绩效考核突出的排污权交易主体给予物质或精神鼓励的具体行政行为。在排污权交易工作还处于试点阶段、排污企业对排污权交易制度认识不够的情况下，利用行政奖励的刺激方式有利于引导和激励的排污权主体主动实施义务，减少环境行政执法中遇到的阻碍。

11.2 排污权市场环境执法监管存在的问题

11.2.1 排污权市场环境执法依据不完善

11.2.1.1 排污权交易规范的不完善

执法是对法律的事实贯彻活动，规范、严格、完备的立法是执法的前提。目前，我国排污权交易制度相关立法尚处于探索阶段，国家层面的立法缺失，地方立法不完善。

（1）排污许可证的相关规范不完善。排污权交易的对象是富余的排污指标，排污权交易制度的建立是以总量控制制度和排污许可证制度的建立为前提。换言之，实施排污权交易必须具备完善的总量控制制度和排污许可证制度。但目前我国的总量控制制度和排污许可证制度没有统一的立法，相关规定散见于各单行法中。例如，2000 年 3 月，国务院修订发布的《水污染防治法实施细则》第十条规定，地方环保部门根据总量控制实施方案，发放水污染物排放许可证。2000 年 4 月，全国人大常委会修订的《大气污染防治法》第十五条规定，对总量控制区内排放主要大气污染物的企事业单位实行许可证管理。2008 年全国人大常委会修订的《水污染防治法》明确规定实施排污许可证制度。但这些规定过于原则、缺乏可操作性。排污许可的具体办法和实施步骤需由国务院来规定。虽然，2007 年国务院法制办将《排污许可证管理条例》列入了当年的立法计划，并于 2008 年 1 月向全国公开征求意见稿，但至今无下文。总的看来，有关排污许可证制度的立法滞后于实践，自然也影响了国家层面的排污权交易制度的立法。此外，缺乏排污许可证管理国家层面的立法，使得地方发放的排污许可证法律效力存在问题。虽然《行政许可法》第十五条规定省、自治区、直辖市人民政府规章可以设定临时性的行政许可。但是这样设立的许可效力等级不高，且临时许可满一年需要继续实施的，需提请制定地方性法规，而至今浙江省仍没有出台有关排污许可证管理的相关法规。另外，有些地方在没有排污许可证管理相关立法情况下，直接出台了排污权交易的规章，这使得缺乏前提的排污权交易显得底气不足。

（2）排污权交易规范不完善。在国家层面上，我国缺少关于排污权交易的相关立法。在排污权界定、排污权分配、排污权保障、排污权监管、排污权交易中可能出现的纠纷的裁决等均缺乏明确法律依据。虽然已经有了为数不少的地方性立法，但是这些地方性的排污权交易立法效力等级低，且地方立法与上位法之间存在冲突。例如，《行政许可法》第九条对于行政许可的转让有明确的规定，除法律法规的特别规定，否则不得转让。排污权交易，实际上交易的就是排污许可中的排污量的一部分。由于排污权交易没有法规以上级别的规范先行对其作出规定，使得我国当前的排污权交易试点工作与行政许可法的相关规定存在着冲突，这对于进一步深入开展排污权交易工作存在制约。总之，已有排污权交易规章的制定基本上属于没有上位法的情况下的自主创新和探索。这就意味着这项工作“可以做，也可以不做”，所以有些地区宁可等待观望，也不愿改革创新，以规避改革可能带来的风险（沈满洪等，2009）。

如前所述，排污权交易环境行政执法是环境保护行政主管部门按照法定权限和程序将排污权交易法律规范中抽象的权利义务变成排污权交易主体的具体权利义务的过程。但目前排污权交易规范缺失、不完善，排污权交易主体的权利义务规定不明确，更谈不上排污权交易的行政执法监管了。

11.2.1.2 环境行政执法规范的不完善

我国环境立法的法律条文原则化条文过多，具有可操作性的条文较少，导致法律条文过于抽象化，难以具体操作，使环境行政执法有法难依，很多立法趋于形式化，给我国环境行政执法带来了难度。具体体现在：

（1）环境行政执法现场检查权的规定不规范、不完善。我国《环境保护法》第十四条规定："县级以上人民政府环境保护行政主管部门或者其他依照法律规定行使环境监督管理权的部门，有权对管辖范围内的排污单位进行现场检查。被检查的单位应当如实反映情况，提供必要的资料。检察机关应为被监察机关保守技术秘密和业务秘密。"本条仅仅规定了"现场检查权"这个概念，并未对环境监察部门如何行使现场检查权作出规定，更加没有涉及现场检查的程序、内容以及方法等问题，而且仅仅规定了"检察机关应当为被检查的单位保守技术秘密和业务秘密"，并未对检查机关并未保守技术和业务秘密的情况下该如何处罚或者应负怎样的法律责任。现有的地方性排污权交易规范中对此也仅作了原则性规定，如《杭州市主要污染物排放权交易管理办法》第二十六条仅规定了"环境监察机构要加强对排污单位的现场监督检查"。

（2）环境行政处罚力度不够、处罚数额过低。例如，《水污染防治法》第七十条规定："拒绝环境保护主管部门或者其他依照本法规定行使监督管理权的部门的监督检查，或者在接受监督检查时弄虚作假的，由县级以上人民政府环境保护主管部门或者其他依照本法规定行使监督管理权的部门责令改正，处一万元以上十万元以下的罚款"。而地方受立法权限的限制，对违法者的处罚力度就更弱了。这样的处罚规定对排污者的威慑力可想而知。

（3）环境行政强制措施执行不力。环境行政强制措施是环境行政执法的保障，如果强制措施执行不力，环境行政执法的效果将大打折扣。目前，我国的环境行政强制执行措施是由环境行政执法机关向人民法院申请执行。对于行政处罚决定，只有在相对人超过 15 天未起诉，超过 60 天未申请复议，又不履行处罚决定的，作出处罚决定的环保部门才可以申请人民法院强制执行。可想而知，对于一个严重超标的排污企业来说，如果在 60 天以后才可对其施以强制措施，已无任何意义可言，因为到那时只能导致两种恶果：要么违法者人去楼空逃脱法律制裁，要么因违法者的持续排污行为致使环境受到更大程度的破坏，面对这种情况，没有任何强制执行权的环保部门只能终止环境行政执法。

11.2.2 污染源排污执法监管机制不完善

在排污权交易中，准确掌握污染源排污情况既是排污权交易的先决条件，亦是排污权交易后对交易者进行监管的要求。无论是排污总量的核定、排污指标的合理分配还是交易后的排污监管都以排污单位的实际排污情况为依据。所以，建立经济、高效的污染源执法监管机制以监控排污权的使用情况是排污权交易执法监管的基础和关键。目前，从现行的污染源执法监管机制的运行情况看，一些行业、区域的污染源执法监管情况不容乐观，呈现出高投入、低效率，环境监管成本高昂，污染源长效管理效果差的态势。究其原因，主要表现在以下几个方面：

（1）污染源执法监管机制僵硬，成本高、效率低。传统的命令-控制型监管手段无法应付数量庞大、情况复杂的污染源执法监管任务；一些行业、区域的排污单位偷漏排、隐瞒真实排污状况等逃避环境责任的行为时有发生，难以禁绝；长效监管效果差，一旦环境监管力度稍有放松，污染反弹严重；政府几乎包揽了所有的环境监管工作、负担重，容易成为矛盾的集中点，政府在很大程度上承担着本应由排污单位自行承担的污染源执法监管责任，高额的行政开支由社会大众承担，造成社会不公平，同时缺少权力的监督制约易引起权力寻租行为。一旦排污权交易制度开始实行，受巨额经济利益的驱使，排污单位逃避环境责任的动力更大，污染源执法监管的难度和压力将更大。

（2）污染源执法监管能力不足。主要表现在污染源执法监管力量分散、环境监测能力不足、技术力量薄弱、技术方法不完善，污染源执法监管基础设施不完备、技术上还有待于进一步完善，尤其是污染物排污总量监测监控能力不足。我国从 20 世纪 90 年代后半期开始推行总量控制，并投入大量人力物力加强污染源监测监控能力建设，虽取得了一定的实效，但仍存在明显不足：污染源在线监控设施尚未通过计量认证，尚不能成为执法依据。环境监测人员、实验条件、仪器装备缺乏，难以满足污染源监督性监测和在线监控设施监测比对工作的要求等。

（3）缺少社会公众监督机制。国外成功经验表明，社会公众监督机制效率高，成本低。若将排污单位至于社会公众、环保团体、新闻媒体的监督视野下，违法排污单位的压力增大，违法成本增高，能对违法排污单位起着很好的“阻吓”作用。但目前污染源执法监管中缺乏社会公众监督机制，环境信息披露制度不完善，公众环境信息不通、环境维权渠道不畅，监督手段缺乏，造成一些违法排污单位肆无忌惮，也引发了严重的群体性事件。

11.2.3 环境行政执法配套机制不完善

环境行政执法目标的实现，除需建立完善的行政执法机制，还需要完善相应的执法配套机制。目前，排污权交易环境行政执法的配套机制不完善，主要表现在：

（1）部门联动机制不完善。长期以来，环境问题被认为是环保部门一家“大包大揽”的事，单枪匹马、孤军奋战，在污染肆虐的形势下，显得势单力薄。近年来，我国党和政府对环境保护工作给予高度重视，在许多全国性的环保执法专项行动中，建立了“联席会议制度”。在相关文件中也频繁见到诸如：对新建企业或排污企业整改不到位，发改委不立项、工商部门不注册、安监部门不发证、国土部门不批土、金融部门不贷款、电力部门不供电等规定，然而，一些地方政府为了保证地方的财政收入，对于一些利税大户采取“睁一只眼闭一只眼”的做法，缴足了一定金额的污染罚款后，企业就可以照常营业，出现了“地方保护”现象，限制了环保部门的执法。这些地方，在强势阻挡面前，不是“联而不动”，就是“动而不合”，联动成了一个个“稻草人”。目前，排污权交易的地方立法中在这方面进行了有益的尝试，如《浙江省排污许可证管理暂行办法》第二十条规定，环境保护行政主管部门和工商、水利、住房和城乡建设、城市管理行政执法等行政主管部门应当建立执法信息互通共享机制，及时通报相关行政许可、监督管理、行政处罚等情况。但这些简单的规定还不能满足建立多部门联动长效机制的需要。

（2）奖励机制不完善。环境行政执法虽然普遍存在困难的局面，但也不乏存在积极配合环保部门进行环境行政执法的企业，它们能够诚实地提供企业的污染数据，也能按照环保部门的要求，自觉遵守排污许可证的相关规定。然而，面对这些花高“代价”守法的企业，环保部门或其他权利主体并未对其采取特殊的政策予以奖励，这样，企业环保的积极性很容易受到挫伤。当过高的守法成本导致它们在市场上的竞争力下降时，它们很可能会动摇环保的选择，从而影响环境行政执法的进行。

（3）环境行政执法监督机制不完善。绝对的权力往往会导致腐败。由于对环境执法机构自身的执法活动缺乏监督机制，难以避免会出现有法不依、人治代替法治的情况。有的地方环保部门受经济利益的驱使，将执法看做一种创收的渠道，乱收费，滥用处罚权，导致执法的随意性和有损执法的严肃性。长此以往，社会公众对环境法律法规和执法机关失去信任感，守法意识也会下降到较低的水平。

11.3 排污权市场环境执法监管机制构建

环境执法活动是一个多方参与的过程，环境执法的效果既取决于执法主体执法能力的提高，也需仰赖执法对象的积极配合，同时还需要社会公众的积极监督。排污权交易中，环境保护主管部门是环境执法主体；参与交易的排污单位（包括出让方和受让方）

是环境执法的对象；社会公众和相关的经济实体是环境利益相关方。因此，建议在完善排污权交易相关法律规范的基础上，围绕排污权交易环境行政执法主体、执法对象以及社会公众3个方面来完善排污权交易的环境执法监管。

11.3.1 完善排污权市场执法监管的法律依据

要构建完善的排污权交易法规保障体系，首先应在法律中明确环境资源有价、环境资源有偿使用、以经济手段治理环境等基本原则。只有从法律层面明确排污权交易等一系列治理环境的经济手段，才能解决排污权交易在地方立法时的上位法依据和实施中的法律效力问题。

如果说从法律层面进行排污权交易制度的建构还比较遥远，目前，尽早通过排污许可证管理条例是比较可行的，也是在全国范围内构建排污权交易的法律保障体系至关重要的一步。排污许可证制度是排污权交易制度的前提，从排污权交易的法律保障体系的完善来看，需在排污许可证管理条例中明确规定我国建立总量控制制度和排污权交易制度，给地方实施排污权交易提供法律依据。鉴于地方立法权限的制约和地区差异，排污许可证管理条例还应当适当授权地方可根据实际情况，结合自身特点，制定相应的实施办法。

浙江省若要在全省范围内实施排污权交易，应早日通过《浙江省排污许可证管理条例》（以下简称《排污许可证管理条例》）和《浙江省主要污染物排放权有偿使用和交易管理办法》（以下简称《交易管理办法》）。其中，《排污许可证管理条例》属于行政许可，需达到法规层级，且许可证的发放关系到污染物排放，若管理不善可能引起严重的环境污染，属于行政区域内特别重大事项的地方性法规，应当由浙江省人民代表大会常务委员会通过，作为地方性法规。《交易管理办法》作为实施排污权交易的专门性立法，属于排污许可证管理制度中的一种措施，作为《许可证管理条例》的下位法（规章）比较合适。《许可证管理条例》应当围绕排污许可证的实施、监管进行规定。包括《许可证管理条例》的基本原则、排污许可证的适用范围、排污许可证的审批发证机关、排污许可证的申请和审批、排污许可证持证人的权利义务、对排污许可证的监管、法律责任等内容。《交易管理办法》应当以排污权交易制度为核心，内容包括：交易原则，概念界定，适用范围，交易中介机构，排污权指标的核定和分配、新老污染源排污指标的确定和行政救济措施，排污权有偿使用和交易条件，排污权的申购、出让，排污权交易程序，排污权的定价，资金管理，排污权监管及奖惩措施等。

11.3.2 强化排污权市场环境行政执法主体的能力

11.3.2.1 强化污染源执法性监测能力

如前所述，排污者排污情况的准确掌握和测定是实施排污权交易制度的前提和基础，是排污权交易执法监管的依据。对污染源的监管应当作为排污权交易执法监管的核心，因此，污染源执法性监测能力的建设是排污权交易环境执法监管能力建设的重点。为此，应加强下列工作：

（1）加强环境监测监察队伍建设，提高执法人员的业务素质和执法能力。目前，浙江省环境监测和环境监察任务繁重，但环境监测和监察队伍建设滞后，人员编制不足，远远不能满足需要。大大制约了污染源的监管工作。因此，应加大环境监测、监察的人力、物力投入，使其能真正履行法定职责。同时，对环境监测、监察人员应进行专业培训，提高其执法水平。

（2）建立覆盖全省的污染源监测网络。进一步完善污染源监测方法，充实污染源监督性检测内容，定期开展人员培训和工作交流，提高仪器设备装备水平，改善实验室条件，提高污染源监测水平和覆盖面。

（3）充分利用现代高科技手段提高污染源监管能力和监管效率。进一步加大污染源在线监控系统建设力度，扩大污染源在线监控设施的安装范围，完善现有的污染源在线监控设施，推行并加强第三方运营的监督管理，提高设施完好率和可靠性，确保主要污染源的污染物排放得到有效监控。此外，将目前在某些地区实行 “刷卡排污”的水污染自动控制系统与在线监测系统进行有效对接，把在线监控的浓度控制与水污染物自动控制系统的流量控制进行有效结合，从而实现排污总量远程控制的目标，为污染减排和排污权交易提供确凿有利的数据保障，加强环保部门的远程监管能力。

（4）建立全面、准确、完整的污染源动态管理信息系统。在污染源普查的工作成果上，逐步将现有的各类污染源信息数据库整合为统一的动态管理的污染源信息管理系统，将环境监测、环境监察、项目审批、排污申报、环境统计、排污许可证管理、企业环境行为信用等级评比等信息进行统一整理、分析、储存，以提高污染源监管能力。

11.3.2.2 完善环境行政执法责任制

在赋予环境保护主管部门环境行政执法权的同时，应明确其责任负担，做到权责分明，是加强环境执法部门内部自律的前提。而环境行政执法责任制度的实质是对环境行政执法主体依法行政的一种监督和控制。完善环境行政执法责任制应着力做好两方面工作：

（1）建立环境行政违法责任制。环境违法责任制，是指在环境执法活动中，如果环境行政执法人员或者与环境行政执法活动有直接关系的人员因为故意或者重大过失，违反了法律、法规的规定，或者因其他原因导致环境行政执法行为违法，且造成了较严重后果时，法律对其设定的一种行政问责制度。加大对环境执法失职、违法执法的处罚力度。建立环境行政违法责任制包括：确立实施环境执法责任追究机制的主管部门并明确其职责；确定环境执法违法责任的认定标准；环境执法违法责任的具体形式；明确环境执法责任的追究程序。建立环境行政违法责任制应注意处罚 “度”的把握。处罚太轻，执法人员可能会用各种手段逃避处罚；处罚太重，不利于我国的行政管理和经济的发展。所以制定处罚力度标准和保证处罚的实现是这个问题的关键。

（2）建立环境执法“领导责任制”。环境执法的领导责任制，是指不论环境执法人员执法的情况及过错如何，主要责任由这个部门的主要领导人承担。实施责任追究时，要实事求是，分清集体责任与个人责任，主要领导责任和一般领导责任。责任的确定和追究的方式，应以法律法规的形式确定下来，并严格执行。

11.3.2.3 完善部门联动执法机制

如前所述，目前环境执法联动制度流于形式、背离初衷，除了体制上的原因外，一个关键的问题就是缺乏科学、高效、务实的联动机制，光有一层“皮”，没有“瓤子”。建立高效、务实的联动机制关键是建立信息共享机制。环境行政执法部门将环境行政执法信息纳入其他如工商、金融等对排污企业有约束力部门的管理系统，形成信息联动，借助其他部门的力量加强环境监管。如将排污权交易环境执法信息纳入银行征信管理系统，对于违反排污许可证规定违法排污的企业，银行严格信贷管理，加强风险防范。再如，排污权交易环境执法还可借助工商管理部门的年检制度，与工商部门形成联动执法。工商管理部门进行年检时，可根据环保部门提供的名单，对纳入排污许可证发证范围而未取得排污许可证的企业和未通过排污许可证年检的企业，暂不予通过年检。多部门的联动，建立联合执法机制，形成监督合力，将促使排污企业强化守法意识和自律措施，规范自身环境行为，自觉加强环境污染防控，提高执法效果。各执法部门既权责分明，又相互配合，但为防治各部门相互推诿、造成执法不力的情况以及为防治出现行政垄断、损害相关人利益，建议通过有约束力的“协议”来规范环境执法部门的联合执法。而且协议中的责任承担要确定、分明且具有强制性，并保证其可行性。

11.3.3 综合多种执法措施对排污权交易主体实行全方位、多角度的全程监管

11.3.3.1 完善强制性环境执法措施加强对执法对象的监管

为实现对排污权交易主体的全面执法监管，应加强对排污权交易的事前、事中和事后的监管。

（1）加强对排污者实际排污量的监测。排污权交易的前提制度是总量核定和排污许可证的发放（排污指标的分配），而总量准确核定和排污许可证公平发放关键在于对企业实际排污量的准确掌握。因此，对排污权交易前的环境执法监管重点应当是对排污者实际排污量的监测。当然，排污权交易后的配额跟踪也离不开对排污者实际排污量的监测。加强对排污者实际排污量的监测，主要是加强污染排放的日常监督监测。污染排放的日常监督工作包括：污染源的排污监测、现场检查、公众监督、投诉的处理等。在现行的环保监测体系基础上进一步完善污染排放的日常监管，包括污染源的在线监控、浓度控制及日常抽测，尽快建立主要区域的污染排放连续监测系统，对污染源总量进行监测，建立排污总量在线监控系统。要求排污企业安装连续在线监测系统是保障环境行政执法机关获取企业的真实排污数据的最可靠的措施，但是企业安装连续在线监测设备费用太高，对于一些中小企业来说会增加其成本，所以很难在短期内全面实施。为了尽可能获得排污权交易企业的真实排污数据，对未安装连续在线监测系统的企业可采用“三核定”系统。所谓“三核定”系统包括自动监控、监测对比和物料衡算 3 个部分。其中自动监控系统是基础，通过该系统的实时监控可以获得企业的排污数据，接着把获取数据通过网络进入数据库，把企业所应排污配额与此对比，对企业是否依法排污进行监控。“由此获得的企业排污数据将和环境监测数据以及物料衡算得到的理论数据进行对比，若相差较大，该企业受到实地监察的频率和力度将增加”（俞钦钦、毕军，2009）。对日常监督还应建立污染源管理台账，记录日常监督中的污染源排放基础数据。根据排污权交易中心的排放许可证交易动态信息，建立许可排放跟踪系统，将企业污染排放实际数据与排污权交易中心核发的排污许可量进行比较，真实地反映区域实际污染排放情况。

（2）加强对排污权主体交易的监管。①加强对排污主体的资格审查。排污主体的资格条件包括获得排污许可的资格和进行排污交易的资格。排污主体获得排污资格是其进行排污交易的前提。监管机关首先要对排污主体是否可以获得排污许可资格实施审查。只有排污主体的排污技术和设备达到法定要求，才有资格购买排污许可，主体资格不符合排污要求的只有通过整改后符合法定要求才能有资格购买排污许可。另外，监管机关还应对排污交易的主体资格进行审查。排污主体的排污交易客体是富余的排污指标，要

加大对出售排污指标的主体进行监测和审查，防止超标排放。只有企业通过技术改造或者是缩减生产规模获得了富余的排污指标才可以进行排污交易。②要求企业进行相关的登记和报告。每年度每个参与排污权交易企业必须提交一份排污指标登记表和年度总量排放情况报告。排污指标登记表登记了该企业在年度内排污指标的变化情况。报告中的登记至少包括排污申报登记、排污指标登记和排污指标交易登记3个部分。排污申报登记为排污交易提供企业的排污数据；排污指标登记是指参与排污权交易的企业或事业单位必须将自己所持有的排污指标的种类和数量等情况进行登记，排污交易指标登记由环保部门帮助每一个参与企业设立一个账户，当企业发生交易后，交易双方账户信息的变更要登记。年度总量排放情况报告中应如实核算企业上年度主要污染物的实际排放量，并与其所拥有的排污配额数量进行比较。如有富余的排污配额，则储存剩余排污配额不超过一定期限，如《杭州市主要污染物排放权交易管理办法》规定期限是两年，超过规定期限的由政府按基准价强制回购。③各级环保部门每年度应对排污企业上一年度的排放情况和排放权交易执行情况进行检查。各排污单位必须如实按照排放情况进行申报，并在各级环保部门对其排放量进行检查和核实时提供协助，同时保存污染物排放的各种相关资料，以备各级环保部门和有关部门现场查验。

（3）建立排污配额跟踪系统，加强排污交易后的排污监管。排污配额跟踪系统是一套用来收集、确认和维护财务数据以及交易配额所有权和交易记录的综合系统。它在排污权交易的过程中发挥着重要的作用，环境部门应尽快建立排污配额跟踪系统。排污配额跟踪系统准确地记录了交易配额的流向和流动数额，环保行政机关可以检查企业的交易数额是否正确。当企业提出交易申请后，政府环保行政机关参考排污配额系统模拟交易将会产生的影响，综合考虑交易指标的用途与产业结构调整等做出是否可以交易的决定，或者与企业进行协商调整排污交易数额。在企业的交易数额通过验证后，排污配额跟踪系统会将交易的排污权数额从卖方的账户扣除并转到买方的账户。交易结束后，环保行政部门利用排污监测系统对排污权交易的双方跟踪监测，确保交易双方按照交易后的新配额合法排放。

（4）加大对违规企业的处罚力度。排污权交易实践中，排污企业可能存在谎报排污交易的申请材料、违反交易程序、不按规定安装监测装置、拒绝或谎报监测结果，超标排污，偷排等违法行为。因此，制定相应的处罚措施是强制排污企业履行义务的必要手段。但如果处罚力度不够，造成排污企业的“违法成本”低，则不能阻止排污企业的违法行为。受立法权限的限制，目前，浙江省有关违反排污许可证以及排污权交易制度的处罚力度不够，不足以威慑违法企业。只有当政府对企业违法行为处罚的预期费用大于企业的预期效益时，才能有效地阻止企业的违法行为。因此，可以考虑把对企业违法行为的处罚与排污许可证的市场价格挂钩。对于轻度违规行为，如谎报排污交易申请材料、违反交易程序、不按规定安装排测试装备等，由环保部门责令其限期整改；中度违规行为，如超标排污，可处以3～5倍于市场价格的罚款；对于严重违规行为，如偷排污染物行为处以10倍于市场价格的罚款。对于违规行为特别严重的可以吊销其排污许可证，并控制下一期排污许可证的发放。

11.3.3.2 完善非强制性执法措施促使执法对象积极配合执法

强制性环境行政执法在环境行政执法中起着重要的作用，但强制性环境行政执法执法成本高、效率低的缺陷也是不容否认的。在我国，由于受资源、法律等多方限制，环境监管能力不足的局面相当普遍并将长期存在（齐晔，2008）。而非强制性环境行政执法，注重与行政相对人的充分协商和沟通，注重信息的准确及时发布，注重相对人积极性的发挥，让相对人主动做出有益于环境管理目标实现的相关行为。从而有利于减少环境行政执法的成本、提高环境执法效率。此外，非强制性环境行政执法还有利于填补法律空白，进行法律试错。依照行政法“法无明文规定则禁止行政”的原则，强制性环境行政执法在法律规定不完善或没有规定时显得束手无策。非强制性环境行政执法则通过一系列诱导性和协商性的措施，使相对人自愿接受相应的指导或进行某种合作，避免在无相应规定的情况下，出现执法不作为、错误执法的情况。非强制性环境行政执法往往还具有试错的功能，环境行政执法人员在没有相关法律法规和标准出台之前，可以用环境行政指导等非强制性的执法方式，对相对人进行引导和规制，在成熟后或上升为相应的法律法规和标准，或根据实际情况进行扬弃，减少立法的盲目性和不适性。非强制性环境执法在排污权交易执法监管中具有广泛的运用空间。①排污权交易制度是一种通过引入市场机制来实现污染控制的制度安排，市场机制能否发挥作用，有赖于排污权主体的积极、主动参与，否则这一制度的功能难以实现，将会出现“有平台无交易”的局面。②目前我国的排污权交易制度还处在摸索、试点阶段，相关法律规范缺失、不完善，排污权交易强制性行政执法监管往往处于无法可依的状态。因此，有必要在排污权交易环境执法监管中运用非强制性监管措施。主要包括：

（1）建立、完善环境行政指导。如前所述，环境行政指导是通过示范、建议、劝告、鼓励、提倡等非强制性方式促使相对人自愿履其义务的行政行为。目前，排污权交易还处于试点阶段，许多排污企业对排污权制度的认识不够，参与排污权交易的积极性不高。在这样的情况下，环境行政主管机关应当进一步加大宣传力度，加强政策引导，推行优惠政策，让排污企业明确政策的效益，充分调动企业购买排污权的积极性和自觉性。如

《杭州市主要污染物排放权交易实施细则》（试行）关于指标分配中规定“为鼓励对生活污水进行集中处理，因处理生活污水新增的 COD 部分由环保部门无偿划拨。处理工业污水新增的COD部分可从现有纳管工业企业的COD配额中优先通过排放权交易获得。”“热电联产机组因增大供热量而增加的 SO_2 排放量，其所需配额从被替代的现有小锅炉腾出的 SO_2 排污配额中优先通过排放权交易获得”。设立环境行政指导制度，应关注行政相对人一方的利益诉求，对相关的程序、效力依据、相关的法律后果、指导的监督等许多方面内容进行细致的规定，确保其可行性。

（2）充分利用环境行政合同实现污染控制目标。环境行政合同是随着 20 世纪初西方发达国家民主化改革中行政合同的出现而逐步发展起来的，在世界许多国家污染防治领域得到了广泛的运用。环境行政合同从 80 年代在我国得到应用，并在环境管理的制度化、程序化、公开化等方面起到了较大作用，如污染源限期治理合同，建设项目的“三同时”承包合同，使用污染费合同等。在排污权交易的监管方面，环保部门也可利用环境行政合同与排污企业就污染源限期治理、削减污染物排放量以及排污权交易后的污染控制等达成协议。但由于环境立法的滞后，法律上一直没有明确的环境行政合同的相关规定，因此，环境行政合同在我国的发展一直是缓慢的。《清洁生产促进法》第二十八条规定：“本法第二十七条第二款规定以外的企业，可以自愿与清洁生产综合协调部门和环境保护部门签订进一步节约资源、削减污染物排放量的协议。”但该规定只是一项原则性规定，要充分利用环境行政合同，还需对环境行政合同的性质、效力依据、合同的生效、变更和解除程序、合同双方当事人的沟通、协调与联系、合同的监督、合同的解释以及违约责任等内容进行规定。

（3）充分利用环境行政奖励激励相对人。环境行政奖励是我国环境法中所运用的一种激励措施。例如，《环境保护法》第八条规定，对保护和改善环境有显著成绩的单位和个人，由人民政府给予奖励。《水污染防治法实施细则》第五条规定，对水污染防治有显著贡献的单位或个人，由人民政府给予奖励。环境行政奖励和环境行政处罚都是为了实现一定的环境保护和治理目标的一种执法方式，有罚就有赏，有赏就有罚，奖惩结合的执法方式有利于引导和激励的相对人主动实施义务，减少环境行政执法中遇到的阻碍。但我国关于环境行政奖励的规定只是针对有“显著成绩”和“显著贡献”的主体进行，范围过于狭窄。实际上，在环境行政处罚多且杂的情况下，为充分利用环境行政奖这种正面引导和激励的执法方式，应当扩大奖励范围。只要排污者的排污行为符合环境执法部门相关的环境管理目标，并取得环境保护和治理的特定实效就应当纳入到环境行政奖励体系中。在排污权交易监管中，可以建立定期排污绩效考核机制，对于排污企业所购买的不同类别污染源的排污权许可证额度，在一定期限内与污染监测体系所监控的实际排污数据和年度环境统计数据进行比较，同时参考环保局下达的节能减排目标，对企业排污权配额的实际运作绩效进行考核。对考核合格的企业，在今后年度排污许可拍卖以及新建扩建项目排污权配额时予以优先申购权利，以促进排污权的优化配置。环境行政奖励在具体运行方面，还需对奖励的具体标准、奖励的内容、奖励的程序、奖励的监督方面、相对人的救济等方面进一步完善。

11.3.4 完善排污权市场的公众参与制度

排污权交易制度会导致一个地区的环境发生变化。这种变化既有可能是减少环境污染，也有可能是环境发生恶化。这种变化尤其是环境恶化带来的危害作用直接影响着生活在其周围的公众。所以受排污权交易影响的社会公众包括社会组织应当作为利益相关方，对排污权交易的监管对象——排污企业进行监督。建立完善的社会监督机制，发挥公众、环保组织、新闻媒体的监督作用，有助于降低监管成本、提高监管效率和实现长效管理。我国环境行政执法虽然已经建立了公众投诉、检举、控告等制度，但是总的来说，公众参与环境保护的热情和能力仍然不充分。要建立有效的公众监督机制，必须加强下列 3 方面的工作：

（1）提升公众的环保观念，增强公众的环境监督能力。公众的环保意识高低，直接影响国家的可持续发展的战略的实施。将人们的切身利益与环境保护联系起来，在全社会树立环保忧患意识，是解决环境行政执法种许多问题的有效途径。应采取多种方式，利用各种传媒，加强宣传教育提高社会公众维护环境权益的意识和能力。

（2）完善公众参与监督制度。公众在排污权交易中的监督作用主要是通过听证会的途径来实现的。听证会是指由排污权的购买方所在地的政府环保部门组织召开，排污权的购买者和可能受影响的公民或公民代表等利益相关者等参加，就排污权交易可能带来的影响进行评价和讨论的过程。排污权交易的听证会是一个民主、透明和公开的过程，要保障公众的知情权、参与权和监督权。因此在排污权交易的相关立法中，应明确公众有权要求举行听证会以及信息的获取、参与的公众范围，参与的程序，权利的救济方式等。要保障公众的参与监督权，相关信息的获取是关键。因此，应当建立企业环境信息披露制度和政府环境信息公开制度。环境监管机构应当将排污许可证管理和排污权交易管理过程中的相关详细信息，包括排污申报信息、项目审批信息、环境监测结果信息等，除了涉及国家安全、商业秘密等依法需要保密的以外，全面公开，让公众能够通过合法的途径获取这些信息，公众可以将从公开途径获得的数据资料直接用于维护自己权益和其他合法活动之中。除此之外，环保部门应当鼓励企业向外界公布排污权交易的相关信息。环境监管机构和持证者如果违反信息公开义务，应承担相应的责任。

（3）完善环境诉讼制度。环境诉讼也是公民参与实现环境权的一种途径。与听证会相比，这种方式是在排污权交易带来消极影响之后发生的，即排污权交易已经造成了购买方所在地区环境的恶化，生活在其周围公民的环境权已经受到侵害。为了终止这种侵害，受侵害的公民或公民代表可以采用诉讼来予以救济。各级政府部门应当鼓励和支持环境污染群体诉讼，为受害者提供支持。为鼓励公众参与监督，可以建立有奖举报制度，对举报属实的予以奖励。此外，尽快建立适于我国的环境公益诉讼制度，亦是保障公众监督权利的有效途径。

参考文献

[1] 解振华. 中国环境执法全书[M]. 北京：红旗出版社，1997.

[2] 周珂. 环境法[M]. 北京：中国人民大学出版社，2008.

[3] 牛凯. 非强制行政行为论纲[D]. 北京大学博士学位论文，2002.

[4] 沈满洪，钱水苗，冯元群，等. 排污权交易机制研究[M]. 北京：中国环境科学出版社，2009.

[5] 俞钦钦，毕军，等. 论排污交易市场的监管问题[G] // 王金南，毕军，排污交易：实践与创新——排污交易国际研讨会论文集. 北京：中国环境科学出版社，2009.

[6] 齐晔. 中国环境监管机制研究[M]. 上海：上海三联书店，2008.

第 12 章　排污权市场监管机制的保障措施

浙江省排污权有偿使用和交易制度实施所面临的问题，主要依靠加强监管机制予以解决。在排污权监管机制的实施过程中，明确并履行三大经济主体的监督职责、构建三大经济主体之间的制衡机制、加强机制失灵时的惩处机制是关键。

12.1　明确排污权市场各经济主体的监管职责

12.1.1　政府的监管职责

虽然政府部门对排污权交易的具体活动不应过多干涉，但是，政府承担着排污权使用和交易的监管职能，因此，世界上所有实施排污权交易制度的国家均对交易活动建立了严密的监管制度。可见，监督管理应该成为政府部门在排污权交易中的核心职能。

12.1.1.1　排污总量确定与初始排污权分配的监管

（1）排污总量确定的监管。确定排污总量需要充分结合当地环境容量与经济社会发展的阶段性特征。如果排污总量确定过大，将会导致环境恶化，说明“总量控制”的前提没有设置好，这是“重经济发展，轻环境保护”；如果排污总量确定过小，环境质量可能得到改善，但会阻碍区域经济发展，也是“总量控制”的前提没有设置好，这是“只顾环境保护，不顾经济发展”。政府不仅是排污总量的确定者，而且是排污总量确定的监管者。一方面，要监管排污总量确定的科学性与合理性，使“总量”兼顾环境保护与经济发展；另一方面，要监管排污总量确定的合法性与合规性，防止人为因素干扰总量确定。

（2）初始排污权分配的监管。排污权初始分配模式主要有 3 种：无偿分配、定价出售、公开拍卖。无论是哪种初始排污权的分配方式，都关系到企业排污权原始取得的公平问题，也关系到排污权使用的效率问题，而且都面临着政府“设租”和企业“寻租”

的风险。因此，无论对何种初始排污权的分配方式，都必须加强政府监管。对于无偿分配，特别需要关注基期年的排污量的核定，同时要关注新老企业之间的公平配置；对于定价出售，特别需要对定价机制加强监管，防止价格的畸高畸低现象；对于公开拍卖，特别需要营造好良好的市场秩序和市场环境，防止市场失灵。比较而言，政府对公开拍卖的市场监管的成本投入远小于无偿分配的数量管制和定价出售的价格管制的成本投入。因此，在市场机制比较完善的情况下，要鼓励公开拍卖。

12.1.1.2 排污权交易的审核与交易监管

就排污权交易标的而言，企业出售的排污权必须是真正减排后的“富余”部分或项目终止后的“闲置”部分，企业购买的排污权必须是符合区域排放总量控制范围内的指标。因此，企业间的排污权交易活动必须经过环境保护主管部门的审核与登记。全面监管企业间的排污交易活动需要建立3个维度的监管机制。

（1）排污主体资格审查的监管。排污主体的资格条件包括获得排污许可的资格和进行排污交易的资格。环境保护主管部门首先要对排污主体是否可以获得排污许可资格实施审查。另外，环境保护主管部门还应对排污交易主体的富余环境容量使用权进行审查，加大对出售排污指标的排污主体的检测和审查的力度，防止超标排放。

（2）排污登记和报告的监管。对排污企业的排污情况要求建立排污台账制度，以便政府的监督监管。一个简单的做法是，要求每一个参与排污权交易的企业必须提交一份年度报告表，这份报告表登记了该企业年度内排污指标的变化情况。报告中的登记至少包括排污申报登记、排污指标登记和排污指标交易登记3个部分（朱家贤，2010）。这些均需要环境保护主管部门的监管。

（3）排污配额跟踪系统的监管。政府要对企业排污配额的使用、结余、处置等环节进行跟踪监管。

12.1.1.3 企业污染排放监测状况的监管

排污权交易制度能够发挥功效的关键在于确保企业的真实排污量与其资格排污量一致。但是，由于企业的“经济人”本性，其所进行的一切活动都是为了追求经济利益最大化，加之排污权交易可能面临市场失灵，所以实践中企业的真实排污量与资格排污量可能存在偏差。因此，环境保护主管部门必须加强对企业实际排污量进行监测监管。桐乡市最早实施、现在全省推行的刷卡排污系统的建设就是对企业污染排放的技术监管。

12.1.2 企业的监督职责

在排污权交易体系中，企业是追求利润最大化的经济组织，它不仅是政府决策的执行者，也是排污权交易管理中一个不可或缺的监督者。

12.1.2.1 企业的自我监督

企业的自我约束是排污权市场顺畅运作的基础。企业作为社会的一员，是排污权交易的主体，应该肩负起环境保护的社会责任，进而为了维护自身利益而自发地在排污权交易中实现自我监管。致力于可持续发展的企业，必须树立良好的社会声誉，而环境信誉便是企业信誉的重要组成部分。所以，从长远来看，要致力于教育宣传、舆论引导、道德灌输等手段以强化企业的社会责任意识，加强企业在排污权市场中的自我监管，逐渐把政府和社会的外部约束转化成企业的内部约束。

12.1.2.2 企业的相互监督

在排污权市场中，企业之间既是竞争关系，又是合作关系。如果所有企业都严格遵守环保法律法规，可以做到非零和博弈的结局；如果有的企业采取欺骗隐瞒的手段，最终会导致大家都欺骗，就可能出现零和博弈的结局。企业是最了解企业的，因此，对于非法排污、超排和偷排等现象，要加强企业之间的相互监督；对于排污权二级市场的交易，要加强企业之间的合作性监督。

12.1.2.3 企业对政府的监督

政府在排污权交易市场中，无论是初始排污权的分配，还是排污权交易的监管、排污许可的使用监管等，均可能出现政府失灵的危险。作为“被监管者”的企业十分清楚作为“监管者”的政府的所作所为，因此，企业能对政府起到十分重要的监督作用。企业对政府的监管重点在于：与排污权制度相关事务上，政府是否存在设租行为、政府的服务质量如何、政府的管理效率如何、公共物品的投资效率如何等。

12.1.3 中介机构与社会公众的监督

12.1.3.1 中介机构的监督

中介机构在排污权交易市场中不仅是排污权交易的媒介，而且是排污权交易市场的特殊监督者。中介机构既可以对违法排污交易企业进行监督举报，同时对政府环保政策的制定及环境执法行为进行监督。具体包括两个层面：较为基础的层面是，中介机构由于涉及自身利益而参与监督过程，这时它是作为一种制衡力量而发挥作用的，其作用大小取决于它所涉及的利益问题的轻重程度；在更高层面上，中介机构关心国家公共事业，对公共利益有着强烈的责任感，带着国家观念和集体主义精神参与决策，虽然力量不大，却拥有较为广泛的社会基础，增强了决策中公平和正义的分量。

12.1.3.2　社会公众的监督

社会公众是排污权交易制度实施的利益相关者和制度实施效果好坏的最终评判者，因此，对排污权交易的监督最有发言权。

（1）对排污单位的监督。企业之间的排污权交易处于政府部门的审核与监督之下，如果出现政府失灵问题，市场机制不可避免地将受到冲击，这时社会公众的监督对于政府监督是一个重要而有效的补充。政府部门在人员、资金、设备等硬件条件以及法律、法规等软件条件不完善的情况下，对于企业排污权交易的监督不可避免地出现漏洞，而社会公众作为第一线的环境利益相关者，对于企业污染物偷排、漏排等现象可以起到有效的监督。

（2）对政府部门的监督。政府在排污权市场上的监管行为难免会遇到政府失灵问题。在解决这种失灵时，需要借助公众的力量。社会公众作为环境污染、生态破坏的直接受害者和最主要的利益相关者，将是一个最有效的社会监督主体。因此，应赋予社会公众监督政府环境行政的权力，可以通过召开听证会、交易公示等手段，让公众参与进来，接受社会公众监督，实现排污权交易的公开透明。在阳光下的交易可以防范设租行为乃至腐败风险。可以预见，建设和完善排污权交易中的公众参与，必将有力地推动政府行为模式变革，加强政府与公众的对话，促进排污权交易的有效实施。

（3）作为经济主体参与排污权交易。在总量控制的条件下，环境保护主管部门把排污权分配给各个企业，然后由企业去进行交易调配，企业可以将富余的排污权卖给其他企业，同样也可以卖给排污权交易储备中心。在这一机制下，排污储备中心可以通过向市场购买排污权来削减地区污染物总排放量，起到优化环境的目的。而这一机制同样适合社会团体和个人。热心环保事业的社会团体或者个人，可以通过排污权交易储备中心，申请购买企业出让的排污权。而公众购买排污权的目的既不是为了使用，也不是为了投资，而是以此减少市场上流通的排污权，达到削减地区污染物总排放量，提高环境质量的目的。在市场机制运行下，社会公众不仅起到监督市场的作用，还可以成为市场参与者。

总之，明确各个经济主体的监管职责，就可以明确谁监管、监管谁、监管什么等基本问题。这些关系可以用表 12-1 作一简单概括。

表 12-1 排污权市场中各个经济主体的监管对象及其内容

谁监管	监管谁	监管什么
政府	企业	环境保护主管部门对企业合法排污的监管、合法交易的监管；财税部门对企业在排污权交易中依法纳税的监管；反贪部门对企业非法寻租的监管
	中介	政府部门监管交易中介、银行中介、监测中介等的履职情况，以及监管是否保持“中介”的相对独立性
	政府	政府部门的横向监管：政府其他部门对环境保护主管部门实施排污权制度及环境质量改善的监管，审计部门对财政部门排污权交易收支的监管，反贪部门对政府设租的监管；政府上下级之间的监管：上级政府对下级政府总量减排、总量控制、排污权交易的市场秩序等方面的监管，下级政府对上级政府的排污权核定、排污权公平分配等方面的监管
企业	政府	企业对政府履职的监管、设租的监管、总量资源配置的监管
	中介	企业对交易中介的公平交易维护、交易佣金收取、交易平台服务的监管
	企业	排污权买卖双方的相互监管、同行企业的相互监管、跨行企业的相互监管（获取排污权、出让排污权、买进排污权、排污等）
中介机构与公众	政府	中介与公众对政府区域环境质量改善的监管、对政府履职和设租的监管等
	企业	交易中介对企业合法交易和合法排污的监管，金融中介对企业环境信用和其他信用的监管
	中介	交易中介与金融中介的相互监管、中介与公众的相互监管

12.2 建立排污权市场各经济主体之间的制衡机制

12.2.1 监督作为“裁判员”的政府

12.2.1.1 排污权交易中政府自我监管

排污权交易中政府的自我监管主要表现在两个方面：①政府系统的纵向监管；②政府部门的横向监管。

纵向监管主要是环境保护部门，上级对下级的监管、下级对上级的监督。虽然环境保护职责总体上以属地管理为主，但是，环保系统的指导与被指导、监管与被监管的关系还是十分重要。加强纵向监管，有利于上情下达和下情上达。

横向监管主要是同级政府不同部门之间的监管。包括政府发展改革部门等对环境保护主管部门实施排污权制度及环境质量改善状况的监管；政府财政部门对排污权制度建设及其他环境保护投资效益状况的监管；审计部门对财政部门在排污权交易中收支状况的监管，纪检监察部门对其他政府部门在排污权市场中的“设租”问题的监管等。

12.2.1.2　排污权交易中企业对政府的监督

环境容量资源是有限的，排污总量也是给定的。排污企业竞争有限的排污权的过程中，一部分企业多得，就意味着另一部分企业少得。政府行为直接关系到企业的利益。而且，政府环境的决策权很有可能出现权力异化，可能会出现环境保护主管部门的“设租”行为和排污企业的“寻租”等不正当竞争手段获取排污权的行为。因此要充分调动排污企业的积极性、自主性，使其不仅是排污主体，而且真正成为排污权交易中的监督主体，监督政府在排污权核定、排污权核减、排污权分配等方面的十分公平、是否存在权力寻租等现象。

12.2.1.3　排污权交易中中介机构对政府的监督

政府环境保护主管部门对排污企业的排污行为进行有效的监督管理，是排污权交易实施的保障，排污权交易市场的交易秩序需要由政府环境保护主管部门来维持和管理。但是排污权是具有一定公法色彩的私权，排污权交易在本质上是平等民事主体在市场上的自由转让行为。这种行为尽管要受到政府环境保护主管部门的监管，但终究是民事行为，转让的发生应该是出于交易主体对经济利益的内在追求而不是因为政府的行政命令，交易是自愿的而不是强制的。中介机构应该防止政府环境保护主管部门对排污权交易市场的过多干预；否则只会使排污权交易过多地依赖政府，使排污企业丧失了对排污权进行交易的积极性和主动性。

12.2.1.4　排污权交易中社会公众对政府的监督

政府环境保护主管部门作为公权力主体，在经济利益与环境利益、短期利益与长远利益、个体利益与公共利益相矛盾时，政府环境保护主管部门有可能忽视环境利益、长远利益与公共利益，而选择经济利益、短期利益和个体利益。在这种情况下，社会公众必然参与到排污权交易中来，对政府环境保护主管部门做出的损害社会环境利益的决策提出意见，形成政府环境保护主管部门管理和社会参与相结合的环境保护制衡机制。

12.2.2　监督作为“运动员”的企业

12.2.2.1　排污权交易中政府对企业的监管

在排污权交易实践中，难免会出现排污企业不按照排污许可证的规定进行排污的现象。只有采取严格的防范措施，才能保障排污企业按证合法排污。国外对超标排放污染物的行为规定了严格的处罚措施，对于超标排污企业，不仅要扣留许可证，还要进行严厉的罚款，而罚款金额比从排污权交易市场上获得许可证支出的 20 倍以上。这样的超额罚款，使那些原本想超标排污的企业的预期收益大打折扣，有力地防范了企业的超标排污。浙江省也可以借鉴这一做法，在对超标排污企业的监管治理中，加大超标排污企业的惩罚力度，降低排污企业的预期收益，迫使企业放弃侥幸心理，主动按证排污。总体上看，浙江省的环境质量尚未根本好转，在这种背景下，要采取“重典治污”的策略，对于在排污权市场中的违法乱纪者进行严厉制裁。此外，健全管理机构，对有关工作人员的行为进行有效监督，防止他们利用许可证的买卖谋取私利，也是实现政府有效监督管理企业的重要一环。

12.2.2.2 排污权交易中企业之间的监督

排污企业作为理性的“经济人”，在衡量企业利益得失时，只要具备条件，就会努力追求企业利益的最大化，为了获得政府环境主管部门的种种优惠，它们往往不再通过增加生产、降低成本的方式来增加利润，而是通过一些不正当的竞争手段寻求政府环境保护主管部门的特殊待遇。从长期来看，由于排污权可以买卖，其价格呈上升趋势，会出现炒卖排污许可证的现象，甚至有可能出现某些人通过垄断排污权市场牟取暴利的现象。这些因素都不利于排污企业之间的公平竞争，损害某些排污企业的利益。企业是最了解企业的行为特征的，同行企业尤其如此。因此，企业之间要建立互相监管机制，从自身利益出发，对不公平现象进行检举和监督。

12.2.2.3 排污权交易中中介机构对企业的监督

在环境容量资源愈来愈稀缺的情况下，为限制竞争对手的发展，一些通过提高生产力、改进技术而拥有富余排污权的企业不肯出售或者提高交易价格扰乱交易秩序的行为经常发生。显然，这不利于排污权交易市场的健康发展，造成排污权交易价格的不稳定，同时会严重干扰其他排污企业的正常经营活动。中介机构要维持排污权交易市场的秩序，使排污权交易有序健康发展。

12.2.2.4 排污权交易中社会公众对企业的监督

作为环境容量资源的使用者，排污企业将排污设备安装、排放监测数据，排污权交易费用、环境影响评价等信息向社会公众公开是十分必要的。特别是出现严重的环境污染事件时，排污企业若能主动、公正、透明地公开相关数据，保障社会了解信息渠道的畅通，积极维护社会的环境利益，不仅能赢得社会的信任，降低企业的经济损失，更能为环境问题的解决构造一个和谐的环境。

12.2.3 监管作为“联络员”的中介组织

12.2.3.1 排污权交易中政府对中介机构的监管

目前，排污权交易中介机构以政府主导开办为主，主要负责政府信息的发布，对初始分配提供场所，为二级市场搭建平台等。因此，中介机构必须接受政府部门对其的监管。监管的主要内容是排污权交易中介机构日常运作的资金，监督交易中介的日常运作，从而把握排污权交易市场发展方向。排污权交易中介机构也许会独立于政府部门以外，成为真正的“第三者”，此时政府更应该在区域间建立起协作机制、方式和途径，进一步完善对排污权交易中介机构的监督管理，明确界定中介机构的法律地位和行为权限。

12.2.3.2 排污权交易中企业对中介机构的监督

排污权中介机构主要负责排污权信息发布、对初始排污权分配提供平台、为二级市场排污权交易搭建平台、提供政策法规服务、公示并解读交易程序、为环境技术转让提供平台等，必要时还可以充当排污权储备银行，备案具体交易以供行政部门日常监管和公众查阅等，是衔接二级市场主体和政府部门之间的必要媒介。中介机构在向企业提供服务的过程中，同样可能出现行为扭曲，偏离自己的宗旨，或者在服务过程中对企业有偏袒，或者在服务过程中向企业要利益。这些都需要最知情的相关企业，勇于站出来监督。

12.2.3.3 排污权交易中社会公众对中介机构的监督

社会公众在排污权市场中具有参与权、知情权和监督权。在排污中介组织排污权交易中，社会公众可以对排污中介进行监督并对排污权交易过程进行参与，中介机构在排污权交易市场中的活动可能会出现失灵，甚至损害社会的环境利益，这样社会公众需要对中介机构的相关行为进行监督，对损害社会环境利益的情况提出诉求，并要求交易中介机构公开相关信息，让排污中介机构在社会的监督之下更加具有社会责任感，促使中介机构公平、公正地组织排污权交易。

总之，单向监督的机制是不健全的机制，双向监督乃至多向制衡的机制是完善的机制。在排污权市场中必需构建起政府、企业、中介与公众之间三足鼎立、相互制衡的制度结构，才有可能避免该市场运行中的市场机制失灵、政府机制失灵和社会机制失灵。

12.3 构建排污权市场机制失灵时的惩处机制

12.3.1 排污权交易惩处机制概述

完整的法律规范应该有明确的惩罚机制。唯有这样，才能促使义务主体履行其法定的义务；保证权利主体在其合法权利受到侵害时有救济的机会和途径。通过法律构建排污权交易制度，也必须要制定与之相匹配的法律责任。排污权交易的法律责任是排污权交易法律关系主体因违反法律义务承担的否定性法律后果。排污权交易法律责任同其他法律责任一样，应当是由法律法规明确加以规定，以国家强制力保证其实施，由国家授权机关依法追究的不同于其他社会责任的法律制裁。

根据我国有关法律规定的排污权交易法律责任具有如下特征：

（1）排污权交易法律责任的综合性。这种综合性表现在责任主体的复杂性和责任形式的多样性上。排污权交易制度规定了与排污权交易有关的各方主体的行为，明确了各方主体的义务。如果这些主体违反了规定，就应该承担相应的法律责任。排污权交易制度既是国家治理环境污染的行政管理行为，又存在着平等主体的交易行为。这一制度特性决定了排污权交易法律关系至少涉及三方主体：行政主管部门（主要是环境保护主管部门）、中介组织和排污权主体。相应地，排污权法律责任应当包括行政主管部门的责任、中介机构的责任以及排污权主体的责任。除了责任主体的复杂性，排污权交易法律责任的综合性还体现在法律责任形式的多样性。排污权交易法律责任既包括排污权主体因违法应承担的行政责任、合同责任和侵权责任，甚至严重违法触及刑律所应当承担的刑事责任；也包括中介组织应承担的行政责任、民事责任和刑事责任；还包括国家环境保护机构违反相关法律而应承担的行政责任乃至刑事责任。

（2）排污权交易法律责任的始终贯穿性。基于排污权行使的负外部性影响以及国家战略和政策的考虑，排污权交易法律责任贯穿于排污权法律关系主体存在的始终（王金南等，2000）。排污权交易法律责任同其他法律责任一样，随法律关系产生而产生，变更而变更，终止而终止。

（3）排污权交易法律责任承担的有因性。不管是民事责任的承担还是行政责任的承担都是因为排污权交易法律关系主体没有正确行使权利或违反相关义务而存在或受到的不利性（刘建辉，2006）。排污权交易法律责任是排污权交易法律关系主体因其法律行为所必须承担的不利法律后果。

12.3.2　排污权交易法律责任形式

12.3.2.1　民事责任

排污权交易引起的民事责任主要发生在排污权交易市场交易行为中或者因排污主体行使排污权而引起损害的责任。排污权交易民事责任包括合同责任和侵权责任。发生在排污权交易主体之间的民事责任应适用合同责任原则；而排污主体行使排污权引起侵权责任应承担过错推定原则。具体分析如下：

排污权主体之间通过合同形式实现排污权的转让，两者之间形成了契约关系，当然其权利义务的安排及责任的追究以合同为准。合同责任原则有利于使排污权市场交易主体之间的关系明确和简便，有利于排污权市场交易主体直接地通过合同关系来解决对相对方的损害问题。

排污权交易主体因行使排污权造成损害（包括财产损害、人身损害和环境损害）的，理应承担侵权责任。但适用何种归责原则来追究其侵权责任尚值得探讨。目前，我国的侵权责任归责原则包括了过错责任原则、无过错责任原则以及过错推定原则。过错责任原则以行为人存在过错，存在损害行为和损害事实，并且损害行为和损害事实之间存在因果关系为构成要件。如果要让行为主体承担法律责任，受损方必须证明行为主体存在过错。但是，由于排污权行使造成的损失常常是无形的，且计算难度大，受损方要成功证明难度极大。排污权交易不同于其他的商品交易，它是通过市场机制的引入实现对环境的保护，其制度安排固然有利于保护排污权人的合法权益，但最终的目的在于保护环境利益。过错责任原则不利于督促排污者主动采取措施防治污染损害的发生，也不利于受害方损失的填补。如果适用无过错责任原则，行为主体无论是否自己有无过错都要承担责任，除非能证明其行为与损害结果之间没有因果联系才能免责。此原则有利于保护受损害方，但对排污者过于严苛，可能阻碍排污者进行排污权交易的积极性。过错责任推定原则，一方面，行为主体的过错是其承担责任的前提；另一方面通过举证责任倒置或事实自证原则免除受害人对行为主体过错举证责任的承担。这种原则既有利于调动排污者的积极性和自主性，也兼顾了对损害方的利益维护。因此，宜将过错责任推定原则作为排污权交易侵权责任的归责原则。

应当注意的是，排污权交易过程中，还涉及排污权交易中介组织和排污权交易主体之间的关系。如果中介组织由于过错给排污权交易主体造成损失的，也应承担相应的赔偿责任。此时，中介组织侵权责任的追究还是应当依照过错责任原则，当中介组织的过错行为（包括故意和过失）造成了排污权交易主体的财产损失，中介组织应承担赔偿责任。

12.3.2.2 行政责任

环境行政法律责任是指环境行政法律关系主体违反环境行政法律规范或不履行环境行政法律义务所应当承担的否定性的法律后果。它以当事人违法或不履行环境行政法律义务、主观上存在故意或过失为前提。环境行政责任的承担主体包括行政主体和行政相对人。我国的环境行政责任形式主要包括环境行政处罚、环境行政处分和环境行政赔偿。

排污权交易行政责任主要发生在排污权交易市场管理领域，发生在具有命令和服从关系的排污权交易监管机构和排污权主体之间，以及具有监督管理关系的排污权交易监管机构和中介组织之间。排污权主体违反排污权交易的相关法律规范，不履行相应义务的，由排污权交易管理主体对其行政处罚。行政处罚的形式包括警告，罚款，责令停产整顿，责令停产、停业、关闭，暂扣、吊销许可证或者其他具有许可性质的证件，没收违法所得、没收非法财物，行政拘留等。排污权交易中介组织如违反相关管理规定，由排污权交易监管机构给予警告、责令停止违法行为、罚款及吊销资证书等。排污权交易管理机构及其工作人员在对排污权交易的管理与监督过程中违法行使职权，给排污权交易主体的合法权益造成了损害，应当承担行政赔偿责任。排污权交易机构工作人员的违法、失职但尚未构成犯罪的，由排污权交易机关给予相应的行政处分，包括警告、记过、记大过、降级、撤职和开除等。

12.3.2.3 刑事责任

刑事制裁是最具威慑力的法律责任形式。许多发达国家均注重运用刑事制裁手段保护环境，并且起到了较好的威慑效果。环境刑事责任是行为人违反环境法造成严重污染或破坏，构成犯罪时所依法应当承担的以刑法为处罚方式的法律后果。追究环境刑事责任是对环境违法行为最严厉的制裁。排污权交易法律制度的刑事责任是对排污权交易犯罪的打击和惩罚，也是排污权交易法律关系保护的必不可少的内容。刑事责任的追究贯穿整个排污权交易过程。无论是排污权交易监管机构人员、中介组织工作人员还是排污权主体，只要在排污权交易过程中违反法律规定，构成犯罪的，都应当承担刑事责任。鉴于环境法制的经济性特性，刑事责任的具体适用宜主要采用财产刑的形式。

12.3.3 排污权交易法律责任的具体内容

12.3.3.1 排污权交易监管部门的法律责任

排污权交易的行政主管部门负责有关排污权交易的行政管理和监督。其中主要的职责由环境保护行政主管部门承担。其他有关部门在各自的职责范围内承担相应的监督管理工作。这里主要讨论环境保护主管部门的法律责任。环境保护主管部门作为环境资源的管理主体，一方面代表政府负责处置国家所拥有的环境容量资源，是排污权交易市场中初始排污权唯一的供给者；另一方面，在排污权交易机制中承担排污权总量以及排污权核定，排污企业的资格审查、排污权的初始定价、排污许可证的核发、交易中心的资质认证及管理、排污权交易过程的监管、交易后污染排放的监测以及排污权配额考核等职责。环境保护主管部门对排污权交易的管理与监督，必须依法进行，这样才能积极推进污染治理的市场化运行。如果环境保护主管部门在对排污权交易的管理与监督过程中出现了违法违规行为，就应当承担相应的法律责任。排污权交易监管部门的法律责任包括外部责任和内部责任。

（1）外部责任。排污权交易监管机关外部责任的承担主要表现为监管机关及其工作人员在监督管理过程违法行使职权给行政相对人（包括排污权人、中介组织）造成损失的，应对行政相对人做出经济补偿。排污权交易监管机关承担行政赔偿的范围包括：违法实施的环境行政处罚造成行政相对人财产损害的，如责令停止生产、责令停业关闭等；违法采取行政措施而造成财产损害的，如违法吊销、注销排污许可证、强制减少或停止排污的；因实施不作为的违法行为而造成财产损害的，如申请颁发排污许可证，监管机关违法不予批准的；监管机关违法要求履行义务而造成损害的，如违法决定限期治理的。排污权交易监管机关侵犯行政相对人的财产权造成损害的，应按下列标准予以赔偿或处理：违法实施罚款或征收排污费的，应返还违法收取的罚款或排污费；违法吊销、注销排污许可证、责令停止生产、停业关闭的，赔偿停业期间必要的经常性费用开支；强制减少或停止排污、违法决定限期治理的，应给付与所造成的直接损失相应的赔偿金；不履行法定义务的，应给付与所造成的直接损失相应的赔偿金；对财产权造成其他损害的，按照直接损失给予赔偿。

排污权主体和中介机构的合法权益在遭受了行政主管部门的侵害时，可以选择行政复议或是行政诉讼的方式进行救济。如果遭受了损害，则可以申请行政赔偿。但如果监管机关工作人员与行使职权无关的个人行为或行政相对人自己的行为致使损害发生的，监管机关不承担赔偿责任。

（2）内部责任。环境行政主管部门内部究责的对象分为两大类：一是具有管理、执法权的环境行政机关及法律法规授权的机构。这部分对象其作为单位形式出现，所以其所能承担的责任表现为以责令改正、处分、通报处罚为主，一般不涉及财产性处罚。二是针对监管机关工作人员追究的责任。这些责任就比较复杂，种类也比较多。首先，就责任追究对象而言，应具体区分参与监督管理的直接责任人以及负有领导责任的工作人员。目前被追究较多的是直接责任人，因为其直接参与了环境行政执法行为，是自己的具体行为引发的不当，所以对这部分人员究责是理所当然的（刘成帅，2011）。但目前比较缺乏的是关于负有领导责任的工作人员的责任追究。这类人员虽可能不直接参与监督管理，但其在这一过程中负有领导监督责任，出现不当的监管行为，也应对其究责。其次，对于工作人员个人来讲，除常规承担责任方式（行政处分）外，如警告、记过、记大过、降级、撤职和开除等，还应当加大财产性处罚的范围和程度。目前对监管机关工作人员的不当行为一般都采取行政处分，基本不对工作人员个人做出财产性处罚。这种不涉及工作人员切实权益的责任追究，易导致工作人员对行政处分根本就不在乎，影响了监督作用的发挥。因为个人的重大过失或者故意造成了行政机关的重大损失或者对外承担了较大的责任，直接责任人员就需要对于自己的行为承担必要的财产性责任，这既是一种制裁，同时也是一种权责相统一原则的体现方式。排污权交易机关工作人员的违法行为情节严重、触犯刑法构成犯罪的，则应该依法追其究刑事责任。

12.3.2.2 排污权交易中介机构的法律责任

排污权交易中介机构作为排污权交易的平台，一方面需要接受行政主管部门的领导，如接受行政主管部门对其进行资格认证、落实行政主管部门关于排污权交易的监督；另一方面又要为排污权交易主体提供相应的服务，如发布排污权交易的信息、为排污权交易双方提供交易场所、指导排污权交易双方签订排污权交易合同、出具交易双方进行排污权交易的凭证等。如果中介机构在上述方面出现了违法违规行为，例如提供虚假材料获得行政主管部门的资格认证、出具虚假的排污权交易凭证，那么不但影响了排污权交易的行政管理效果，还损害了排污权交易双方的经济利益。因此，对于中介机构应该进行严格的筛选并明确规定中介机构违法违规的处罚方式、方法。根据我国现行的行政处罚法的规定、民法中关于侵权的规定以及刑法的相关规定，中介机构的排污权交易法律责任包括行政责任、民事责任和刑事责任：

（1）如果排污权交易中介机构存在弄虚作假的行为，如提供虚假材料获得行政主管部门的资格认证，则行政主管部门应撤销其资质证书；如出具虚假的排污权交易凭证，则行政主管部门应当撤销中介机构开出的交易凭证，并可对其进行罚款；如排污权交易中介机构违反交易程序的，主管部门可责令其改正。

（2）如果中介机构的行为损害了排污权交易主体的合法权益，那么行政主管部门应责令其改正；给交易主体造成损害的，还应当承担相应的民事赔偿责任。

（3）如果中介机构工作人员的违规行为构成犯罪，则应该承担相应的刑事责任。

12.3.2.3　排污权主体的法律责任

排污权主体在排污权交易制度中处于重要的地位，从行政主管部门对排污权交易的宏观管理到排污权主体之间的交易，都有排污权主体的行为，排污权主体在排污权交易制度中每一个环节都具有相应的义务（张旭阳，2011）。排污权主体在申领排污许可证时，应保证其提供的材料真实有效。在申请交易前，保证其持有的排污许可证合法有效。进行交易时，应遵守排污权交易的规则和程序，服从监管部门的管理。例如，转让的排污权指标必须是富余的，双方的交易应得到许可，不得私自交易。不得非法操纵排放权交易市场价格，或者利用掌握的排污配额限制竞争者进入市场交易的行为。使用储存的指标不能突破当时、当地的污染排放总量等。排污权交易后，必须合法排污，排放污染物必须符合规定的标准及相关要求。不仅排放污染物的种类、浓度、数量要满足达标排放的要求，排放的方式、排污的去向、计量的方法等也要按规定执行，切实做到按照排污权限排放污染物。排污权主体进行排污权交易，不免除其应当承担的法定环境保护义务。排污权主体如果违反了这些义务性规定，就应承担相应的法律责任。

（1）在申请排污权时，如果排污权主体提供虚假材料，以欺骗的方式获得排污许可的，行政主管部门一经发现，应该撤销其排污许可证，并对其进行行政处罚。

（2）在进行排污权的交易时，对私下交易、谎报虚报排污权交易申请材料、违反交易程序行为的，由监管机关责令其限期改正。对于骗取富余排污配额出售获利、非法操纵排污权交易市场价格、采用不公平竞争手段交易的排污者，监管机关可以对其处以罚款、没收违法所得等行政处罚；涉嫌犯罪的，依法移送司法机关追究其刑事责任。如果排污权主体违法损害交易对方合法利益，造成经济损失的，应承担民事赔偿责任。

（3）在排污权交易发生后，排污权交易双方应及时进行排污许可证的变更，并按照变更后的排污许可证进行排污。如果存在超出变更后的许可进行排污的行为，行政主管部门应责令其停产，或是采取行政强制措施。如果造成了严重的环境污染，还可以对排污主体进行行政处罚，造成环境损害的，应承民事担赔偿责任；如果构成了犯罪，则应当承担刑事责任。

参考文献

[1] 朱家贤. 排污权交易中的政府监测[J]. 经济研究参考，2010（24）.

[2] 王金南，杨金田，马中，等. 二氧化硫排放交易——美国的经验与中国的前景[M]. 北京：中国环境科学出版社，2000.

[3] 刘建辉. 排污权交易的中国困境[J]. 决策，2006（1）.

[4] 刘成帅. 我国环境行政执法内部究责机制探析[D]. 延边大学硕士论文，2011-03-20.

[5] 张旭阳. 我国排污权交易法律制度研究[D]. 黑龙江大学硕士论文，2011-04-30.

本书前期成果目录

1. 周楠，徐铭，沈文婷，裘宁宁，沈玲佳创作；沈满洪，谢慧明指导. 浙江省排污权制度改革调查研究，先后荣国浙江省 2013 年“挑战杯”大学生课外学术科技作品竞赛一等奖，第十三届“挑战杯”全国大学生课外学术科技作品竞赛一等奖.

2. 沈满洪. 推进排污权制度改革 促进环境质量根本好转. 浙江省公共政策研究院、浙江大学公共政策研究院编，公共政策内参，第 13142 期，2013-01-04.

3. 沈满洪，张兵兵. 交易费用理论综述. 浙江大学学报：人文社会科学版，2013（2）.

4. 沈满洪，谢慧明，周楠等. 排污权制度改革的“浙江模式”. 中共浙江省委党校学报，2013（6）.

5. 沈满洪. 生态文明制度建设的“浙江样本”. 浙江日报，2013-07-19.

6. 沈满洪，谢慧明. 生态经济化三问. 环境经济，2013（3）.

7. 沈满洪，黄文若. 工业化进程中环保促调的实践探索——以嘉兴市秀洲区为例. 环境污染与防治，2012（5）.

8. 周树勋，陈齐. 排污权交易的“浙江模式”. 环境经济，2012（3）.

9. 谢慧明，沈满洪. 排污权制度失灵原因探析. 浙江理工大学学报：社会科学版，2014（4）.

10. 谢慧明，沈满洪. 生态经济化制度与区域发展协调性——一个基于长江三角洲地区生态经济化制度安排的经验研究. 浙江社会科学，2011（8）.

11. 谢慧明，沈满洪. 中国环境污染责任保险的推进方式与模式研究. 环境经济与政策（第四辑），科学出版社，2013.

12. 魏静. 排污权交易的非强制性行政执法研究. 浙江理工大学学报（人文社科版），2014（1）.

13. 余冬筠，沈满洪. 排污权抵押贷款的理论分析. 学习与实践，2013（1）.

14. 余冬筠，沈满洪. 排污权抵押贷款：地方金融创新的嘉兴经验. 浙江经济，2012（24）.

后 记

排污权制度改革是我长期跟踪研究的一个课题。2002 年我主持了浙江省自然科学基金项目“排污权交易制度在我省环境保护中的应用研究”，结题后的成果成为我主笔的《绿色制度创新论》（中国环境科学出版社，2005）的第三篇“排污权交易制度研究”；2008 年我主持了浙江省环境保护局重大调研项目“排污权交易机制研究”，其最终成果成为我主笔的《排污权交易机制研究》（中国环境科学出版社，2009），该成果是推进浙江省排污权有偿使用和交易试点的理论基础，两次得到浙江省前省长吕祖善的肯定性批示，并先后获得了浙江省环境保护厅“浙江省环境保护科学技术奖一等奖”（2009）和浙江省政府第十六届哲学社会科学优秀成果奖二等奖（2010）。

随着环境保护事业的不断发展，一方面排污权制度需要向纵深推进和全面推广，另一方面排污权制度改革却面临着市场机制失灵、政府机制失灵和社会机制失灵等问题。因此，排污权制度的改革和完善亟待研究。也正是在这一背景下，2012 年浙江省排污权交易中心推出了政府采购招标项目“浙江省排污权有偿使用和交易监管机制研究”。经过周密地准备和认真地设计，我牵头的浙江省重点创新团队（文化创新类）——生态经济研究团队一举中标。《排污权监管机制研究》便是在该课题最终成果的基础上修改而成。如果说《排污权交易机制研究》重点关注的是如何“建立”，那么《排污权监管机制研究》重点关注的是如何“完善”。

该书是多学科团队合作的成果。正是由于团队成员涉及环境经济学、环境管理学、环境法学、环境金融学、环境财政学、环境监测学、环境统计学以及环境社会学等多学科，有效的多学科交叉研究使得本研究得以顺利进行并具有一定的创新性。全书由我和浙江省排污权交易中心主任周树勋设计研究框架并负责统稿，谢慧明做了大量统稿的基础性工作。当然，课题组成员的潜心研究、认真撰写是保证书稿质量的关键。对于课题组成员刻苦钻研的科学精神、协同创新的合作精神、不辞辛劳的奉献精神，我深感欣慰并表示衷心感谢！各章执笔情况如下：

第 1 章　谢慧明（浙江理工大学生态经济研究所）、周楠（浙江理工大学经济管理

学院）、周树勋（浙江省排污权交易中心）

第 2 章　谢慧明、周树勋

第 3 章　沈满洪（宁波大学商学院、浙江省生态文明研究中心）、沈文婷（浙江理工大学经济管理学院）、周楠

第 4 章　裘宁宁（浙江理工大学经济管理学院）、沈满洪

第 5 章　周楠、谢慧明

第 6 章　徐铭（浙江理工大学经济管理学院）、谢慧明

第 7 章　沈文婷、沈满洪

第 8 章　魏静（浙江理工大学法政学院）

第 9 章　徐少君（浙江理工大学经济管理学院）

第 10 章　徐少君

第 11 章　魏静

第 12 章　周树勋、魏静、裘宁宁

除了上述执笔者外，余冬筠、张兵兵、黄文若、陈齐、沈玲佳等从不同角度支持了本书及其前期成果的写作。前言、后记由沈满洪执笔。

本书是以浙江省为样本在广泛实地调查的基础上所形成的研究成果。在调查研究的过程中，课题组得到了浙江省环境保护厅、浙江省排污权交易中心、嘉兴市环境保护局、嘉兴市排污权储备交易中心、嘉兴银行梅湾支行、嘉兴市秀洲区环境保护局、桐乡市环境保护局等有关单位及其领导的大力支持。没有调查就没有基本素材，没有调查就没有理论提炼。在此，对于所有为本书写作而开展调查研究提供过支持的朋友表示衷心感谢！

在中期检查、课题验收等各个环节，课题组得到了众多学者和管理工作者的指导与帮助。他们是：浙江大学光华法学院钱水苗教授、浙江工业大学政治与公共管理学院院长鲍健强教授、浙江省工业经济研究所所长兰建平研究员、浙江省环境监测中心教授级高工方路乡、浙江大学经济学院张自斌副教授、浙江省环境保护科学设计研究院高工吴健、浙江省产权交易所主任姚上毅、金华市排污权储备交易中心主任胡生康等专家以及浙江省环保厅、浙江省财政厅、浙江省金融办、浙江省法制办、浙江省物价局等部门的有关领导。

排污权监管机制研究涉及面广、问题多、难度大。本书只是在完善排污权监管机制方面走出了一小步。其中必然存在这样那样的问题和不足。恳请各位读者批评指正！

沈满洪

2014 年 9 月